BVT

Eines der größten Wunder des Universums ist es, dass es dieses überhaupt gibt. Denn Sekundenbruchteile nach ihrer Entstehung vernichten sich Materie und ihr parallel entstandenes Spiegelbild, die Antimaterie, gleich wieder selbst. Der Anfang des Universums hätte also unmittelbar zu seiner Selbstauslöschung führen müssen. Doch irgendetwas ging schief, denn zweifelsohne gibt es Materie, das Universum, also uns. Anhand erstaunlicher und anschaulicher Beispiele macht Frank Close uns mit dem Phänomen vertraut, dass dem so unglaublich ausbalancierten Universum eine ebenso eigentümliche wie entscheidende Unregelmäßigkeit zu Grunde liegt.

Frank Close ist Professor für Physik, leitet die Abteilung für Theoretische Physik am berühmten *Rutherford Appleton Laboratory* in Großbritannien und forscht unter anderem am Europäischen Zentrum für Elementarteilchenphysik CERN bei Genf. Für seine großen Verdienste um die laienverständliche Vermittlung physikalischer Themen wurde er mit der Kelvin-Medaille ausgezeichnet.

Frank Close

LUZIFERS VERMÄCHTNIS

Eine physikalische Schöpfungsgeschichte

Aus dem Englischen
von Thomas Filk

Berliner Taschenbuch Verlag

März 2004
BvT Berliner Taschenbuch Verlags GmbH, Berlin
Die Originalausgabe erschien 2000 unter dem Titel
Lucifer's Legacy. The Meaning of Asymmetry
bei Oxford University Press

Umschlaggestaltung: Nina Rothfos und Patrick Gabler, Hamburg,
unter Verwendung einer Fotografie von © Bilderberg
Gesetzt aus der Fairfield durch Fotosatz Amann, Aichstetten
Druck und Bindung: Clausen & Bosse, Leck
Printed in Germany · ISBN 3-8333-0019-1

INHALT

Für Katie und Lizzie:
Das eigentliche Vermächtnis

DANKSAGUNGEN

Der Nachspann eines Films dauert oft viele Minuten, die dem Dank an sämtliche Mitwirkenden und Beteiligten gewidmet sind. Irgendjemand muss Buch geführt haben über alle Personen, die mehr oder weniger zufällig mit dem Film zu tun hatten, so dass sie zusammen mit den anderen Fantasienamen aus dem Theaterjargon, wie »Maske« oder »Kostüm«, erwähnt werden. Ich bedaure, nicht so effizient gewesen zu sein. Manche Anekdoten gehen auf Leute zurück, die nach irgendeinem meiner Vorträge eine kluge Frage gestellt oder einen Kommentar gemacht haben und über die ich kein Buch geführt habe. Außerdem kann ich die unzähligen Diskussionen mit Angehörigen der Britischen Gesellschaft zur Förderung der Wissenschaften sowie mit Kollegen am Europäischen Zentrum für Teilchenphysik, CERN, in Genf oder am Rutherford Appleton Laboratorium leider nur in ihrer Gesamtheit erwähnen.

Einigen unter ihnen möchte ich jedoch besonders danken. Es waren Vorträge über Symmetrie von Denys Wilkinson, Ian Stewart und Chris Llewellyn Smith, die mein Interesse an diesem Gebiet geweckt haben. Gerne erinnere ich mich an ein Treffen mit Henning Genz und den Gedankenaustausch über die Möglichkeiten, den Higgs-Mechanismus allgemein verständlich darzustellen. Zu Dank verpflichtet bin ich auch Peter Higgs, der mir Kopien seiner Originalmanuskripte zugänglich machte und von dem ich einige Anekdoten erfahren habe. Die Einsichten von Peter Kalmus in seinem Vortrag über die Kräfte der Natur verdienen ebenso erwähnt zu werden wie die Hilfe, die ich von Lewis Wolpert, Chris McManus,

Steve Laval, Dahlia Zaidel, Charles Stirling, Peter Watson und Ken Zetie über die bizarre Rolle von Spiegelasymmetrien bei Atomen, in der Chemie und bei lebenden Organismen erhalten habe. Von Neil Calder, Mick Draper und Rolf Landau am CERN sowie Bryson Gore von der *Royal Institution* stammen einige der konzeptuellen Darstellungen, und Tim Radford und David Newnham vom *Guardian* halfen mir bei der Ordnung meiner Gedanken zur Antimaterie. Gute Lektoren sind wichtig, und so danke ich besonders Carole Sunderland sowie Susan Harrison und Beth Knight von der Oxford University Press für ihren Beitrag, *Luzifers Vermächtnis* zum Leben zu erwecken.

Kapitel 1

LUZIFER

»Kopfloser Körper in Oben-ohne-Bar gefunden«
(Überschrift in einer amerikanischen Zeitung)

Die Welt ist ein asymmetrischer Ort voller asymmetrischer Wesen. Wäre die Schöpfung perfekt gewesen und ihre Symmetrie ungestört geblieben, so hätte nichts von dem, was wir heute kennen, jemals existiert. Es hätte Sie als Leser ebenso wenig gegeben wie mich als Autor. Es gäbe kein Paris im Frühling und keine Tuilerien. Und somit wäre ich auch nicht auf jenen kopflosen Körper gestoßen – eine zufällige Begebenheit, die mich darüber nachdenken ließ, wie sich aus trockenen mathematischen Gleichungen das Leben entwickeln konnte.

Bevor Sie bei dem Ganzen an primitive Bauernfängerei oder gar eine Mördergeschichte im Stile von Hercule Poirot denken, sollte ich klarstellen, dass es sich bei dem fraglichen Körper um eine Steinstatue handelte. Ihr Kopf lag im Kies am Fuße eines Sockels, der die Aufschrift *Luzifer* trug. An jedem anderen Ort wäre ich vermutlich ohne Zögern weitergegangen, aber die Gärten der Tuilerien sind mit einer wunderbaren und beispiellosen mathematischen Präzision angelegt. Ich stockte und betrachtete den kopflosen Luzifer nochmals. Seine verunstaltete Gegenwart inmitten einer ansonsten alles durchdringenden Perfektion ergriff mich ebenso wie der unaufgelöste Akkord am Ende der Matthäuspassion von Bach. Es war wie eine Metapher des Existierenden.

Nur langsam hatte der Frühlingstag begonnen, als ich aus London mit dem Zug nach Paris fuhr. In kleinen Bögen schlängeln sich die Waggons durch das südliche England, als ob sie dem Reisenden ausreichend Zeit geben wollten, die Postkartenansichten von Kent nochmals zu genießen. Später eilen sie durch die gleichförmige Landschaft Nordfrankreichs, um sich schließlich ungeduldig der eleganten Architektur von Paris zu nähern. Hier findet der Betrachter auch eine der beeindruckendsten Perspektiven Europas: Schaut man von der Mitte des Triumphbogens die Champs-Élysées entlang, so trifft der Blick zunächst auf den Obelisken im Zentrum des Place de la Concorde, führt weiter durch die Gärten der Tuilerien und endet schließlich in den offenen Armen des Louvre. Im Bereich der Tuilerien wirkt diese Linie wie ein Spiegel: Die beiden Hälften der Gärten sind mit reißbrettartiger Präzision die perfekten Spiegelbilder voneinander (Abb. 1.1).

Am deutlichsten wird diese Symmetrie, wenn man zunächst vom westlichen Ende des Place de la Concorde in Richtung Louvre am anderen Ende der Tuilerien schaut. Innerhalb des Parks rund einhundert Meter zur Rechten befindet sich die Orangerie, ein von Napoleon III. errichtetes Gewächshaus, das heute für Kunstausstellungen genutzt wird. Sein Pendant in der gleichen Entfernung zur Linken ist das Museum Jeu de Paume, Napoleons Tennisplatz. Spiegelbildlich identisch angeordnete Wege verbinden die beiden Gebäude mit dem Haupteingang des Parks. Unmittelbar zur Linken sieht man eine hohe gebogene Steinmauer auf sich zulaufen; zur Rechten befindet sich eine zweite Mauer – das perfekte Spiegelbild. Beide zusammen sind eine verkleinerte Nachbildung der gebogenen Kolonnaden, von denen man vor dem Eingang zum Petersdom in Rom in die Arme geschlossen wird. Während Michelangelos Schöpfung von Engeln dekoriert wird, umfasst der Eingang zu den Tuilerien meist ernste Statuen von Philosophen, Göttern und verstorbenen französischen Persönlichkeiten. Zur Linken und zur Rechten stehen diese Wächter in einer perfekt symmetrischen Ordnung. Der Eindruck ist ähnlich wie in Rom: Die beiden symmetrischen Bögen wirken wie die Arme einer Mutter, die ihr Kind aufnimmt; sie heißen Sie willkommen und ermuntern Sie zum Eintritt.

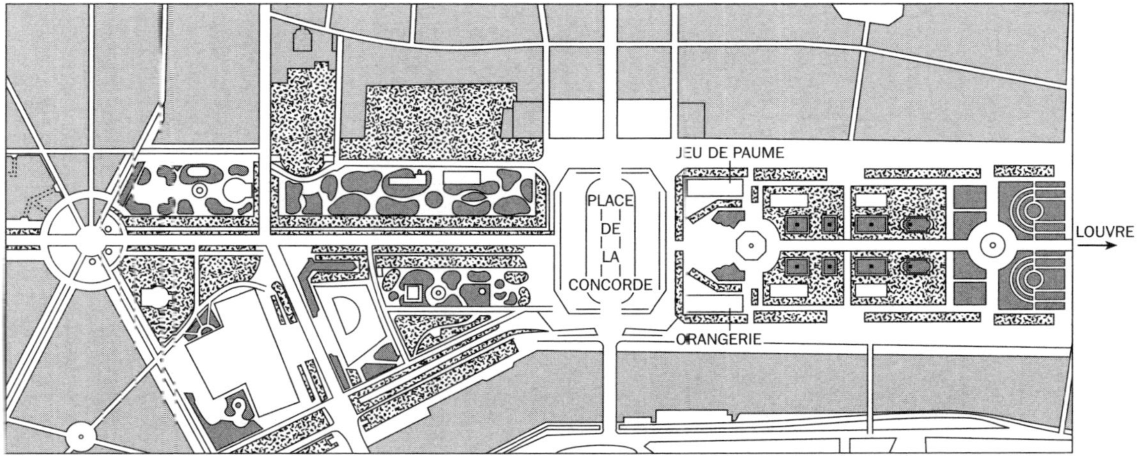

Abb. 1.1: Plan der Gärten der Tuilerien.

Auf der anderen Seite des Bogens beginnt prachtvoll die Hauptallee durch die Gärten. Dieser kiesbedeckte ehemalige Kutschenweg bildet die Achse des imaginären Spiegels und wird zu beiden Seiten von gleichartigen Bäumen und Blumenbeeten flankiert. Setzt man sich kurz auf eine der Bänke am Rande des Weges und lässt den Blick über die Schönheit des Gartens schweifen, so sieht man auf der gegenüberliegenden Seite des Weges eine entsprechende Bank. Zu jeder Statue auf der einen Seite existiert eine Statue auf der anderen, jeder Baum hat seinen gegenüberliegenden Baum, zu jedem Blumengarten auf der Nordseite wurde ein entsprechender Blumengarten im selben Abstand im Süden angelegt. Ein Springbrunnen ergießt sich aus dem Mund einer Nymphe, die sehnsuchtsvoll zu ihrem Ebenbild hinüberschaut, von dem sie für immer durch einen Abstand getrennt ist, der doppelt so groß ist wie ihr Abstand zur Mittellinie des Parks.

Und so ging es weiter, bis ich in einem Seitenweg nach rund zwanzig Metern auf den kopflosen Luzifer traf. Ich wusste, dass hinter mir das Spiegelbild dieses Weges lag, der zu einem entsprechenden Sockel und einer entsprechend satanischen Statue führte. Halb erwartete ich, auch diese Statue zerbrochen zu sehen, so dass der Park immer noch seine Symmetrie besaß, doch als ich mich umschaute, entdeckte ich den diabolischen Zwilling, der von seinem Sockel herabgrinste wie am ersten Tag. Dieser riesige Park besaß eine vollkommene Symmetrie, die nur durch den kopflosen Luzifer gebrochen wurde.

Die Symmetrie der Gärten der Tuilerien und ihre Brechung durch den entstellten Teufel sind gleichsam Metaphern unserer allgemeinen Naturerkenntnis. Symmetrie ist etwas Faszinierendes und Ansprechendes. Die Wissenschaftler suchen nach ihr in ihren Messdaten und bauen sie in ihre Theorien ein, ironischerweise sogar dann, wenn keine unmittelbaren Hinweise auf ihr Vorhandensein vorliegen. Das vielleicht geheimnisvollste Beispiel dafür betrifft die Natur der Materie und des Existierenden, so wie wir sie heute in der kosmologischen Beschreibung der Schöpfung sehen.

Es gibt direkte Hinweise darauf, dass der Stoff, aus dem wir bestehen, nur die Hälfte eines symmetrischen Ganzen ist. Wissenschaftler sprechen meist von Antimaterie, dem genauen Gegenstück der uns vertrauten Materie. Die Symmetrie ist perfekt: Trifft ein Teilchen der gewöhnlichen Materie auf sein entsprechendes Antiteilchen, so vernichten sie sich gegenseitig. Dieser romantische Partnerselbstmord und der ihn begleitende Ausbruch an Energie machten die Antimaterie gerade bei Sciencefictionautoren besonders beliebt. Der Antrieb des Sternenschiffs *Enterprise* aus der Fernsehserie »Star Trek« beruht beispielsweise auf Antimaterie. Die Physiker am CERN, dem Europäischen Zentrum für Teilchenphysik, können diesen Prozess der gegenseitigen Vernichtung sogar sehen und so immer aufs Neue die Anfälligkeit der Materie für Antimaterie überprüfen. Sie beobachten auch den umgekehrten Prozess, bei dem sich eine ausreichende Energiekonzentration in die beiden Formen von Materie umwandelt: Materie, wie wir sie kennen, und ihr Spiegelbild, die Antimaterie.

Diese beiden Zwillinge sind sich so ähnlich und ihr Verhalten ist so symmetrisch, dass sie nach einem Dogma der neuen Theologie (oder zumindest der Theologie, die unter den Kosmologen am verbreitetsten ist) bei der Schöpfung in gleichen Mengen erschaffen wurden. Im Anfang, so heißt es, gab es keinen Raum, keine Zeit und keine Substanz von irgendeiner Art. Dies ist eine moderne Fassung von »Die Erde war wüst und leer, Finsternis lag über der Urflut«. Dann erfolgte ein Ausbruch an Energie: »Es werde Licht! Und es ward Licht.« Wo kam diese Energie her? Das ist eine gute Frage. Ich weiß es nicht, und nach meiner Meinung weiß es auch kein Wissenschaftler mit Sicherheit. Fragen nach etwas Existierendem »vor« diesem singulären Ereignis scheitern meist schon an der philosophischen Debatte, ob diese Fragen überhaupt sinnvoll sind: Was bedeutet »vor«, wenn es keinen Raum und keine Zeit gab? Einige populäre Beschreibungen skizzieren gerne die verschwommene Vorstellung eines Universums, das als Quantenfluktuation aus dem Nichts entstanden ist. Vielleicht war es so, doch das wirft die Frage nach dem Warum auf. Fragen in Bezug auf jene »spontane« Erscheinung, diesen ersten Blitz sengender Hitze, die wir landläufig als Big Bang bezeichnen, beginnen meist mit »Warum« und gehören daher nicht in den (heutigen) Rahmen experimenteller naturwissenschaftlicher Untersuchbarkeit.

Bei der oft verwirrenden Debatte zum Thema Wissenschaft »versus« Religion wird vielfach nicht zwischen den »Warum«- und »Wie«-Formen einer Frage unterschieden. *Warum* die Leere zu Licht wurde, darüber sollen andere debattieren; *wie* unser heutiges materielles Universum aus diesem Licht der Schöpfung entstanden ist, liegt im Bereich der Wissenschaft. Die Antworten kommen aus dem Experiment – ein wichtiger Gesichtspunkt, durch den sich unsere moderne wissenschaftliche Schöpfungsgeschichte von anderen Entstehungsmythen unterscheidet. Die heutigen Vorstellungen zur Entstehung von Materie und Antimaterie beim Big Bang beruhen daher teilweise auf den Experimenten am CERN, bei denen einfache Teilchen und Antiteilchen aus Strahlungsenergie erzeugt werden. Eine perfekte, vollkommen symmetrische Schöpfung hätte Materie und Antimaterie in exakt gleichen Mengen erschaffen – und im nächsten Augenblick hätten sie sich wieder verbunden und gegenseitig vernichtet: Ein vollkommen symmetrisches Universum wäre unmittelbar nach seiner Entstehung wieder verschwunden. Eine gleichförmige kosmische Ursuppe hätte kaum zu dem asymmetrischen Universum führen können, von dem wir heute ein Teil sind und in dem es praktisch keine Antimaterie zu geben scheint.

Irgendetwas hat unmittelbar nach der eigentlichen Schöpfung dazwischengefunkt: Die vollkommene Symmetrie, bei der es zu jedem einzelnen Atom ein entsprechendes Antiatom gab, war daraufhin für immer verloren. Die Symmetrie zwischen Materie und Antimaterie verschwand, mit dem Ergebnis, dass nach der großen gegenseitigen Vernichtung ein kleiner Rest von Materie übrig blieb. Daraus sind wir entstanden und alles um uns herum, so weit wir sehen können. Wir sind die kümmerlichen materiellen Überreste einer vermutlich weitaus reichhaltigeren Schöpfung.

Uns blieb nur ein unvollkommenes Werk, doch ohne diese Unvollkommenheit wären wir nicht. Daher erinnerten mich die zerbrochene Luziferstatue und die durch sie zerstörte Vollkommenheit der

Tuilerien an die vielen Asymmetrien in unserer Welt. Das verschlagene Grinsen in Luzifers Gesicht erschien mir wie das eines Siegers, so als ob die Menschheit, ja sogar das gesamte materielle Universum ewige Zeugnisse von Fehlern sind, die irgendwie in den Schöpfungsakt hineingeschmuggelt wurden.

Als ich diesen kleinen Makel in einem ansonsten großartigen Entwurf sah, fragte ich mich, wie viele natürliche Asymmetrien wohl notwendig gewesen waren, damit ein Geschöpf wie der Mensch hatte entstehen können. Der Sieg der Materie über die Antimaterie war ein notwendiger Schritt, ohne den nichts existieren würde, doch das alleine war nicht genug. Wäre es dabei geblieben, so bestünde unser Universum nur aus einem langweiligen Teilchenplasma, ohne das Periodensystem der für das Leben so wichtigen chemischen Elemente und ohne eine feste Erde als Entstehungsort einer solchen Struktur.

Wasserstoff, das einfachste Element, entstand zuerst. Die Gravitationskraft zog ihn zu riesigen Klumpen zusammen, die dann zu Sternen wie unsere Sonne wurden. Wäre die Gravitation die einzige vorhandene Kraft gewesen, hätte das wiederum das Ende der Geschichte bedeutet: aufeinander zufallende Wasserstoffteile, von den Wirbeln schwarzer Löcher eingefangen – und vorbei. Eine einfache Geschichte ohne wahrnehmungsfähige Wesen, die davon irgendetwas bemerkt hätten. Doch die Natur hat noch andere Kräfte ausgebildet, die weitere Elemente entstehen ließen und damit die großartige Version eines Universums, in dem wir das Privileg haben, entstanden zu sein.

Der Brennstoff Wasserstoff verschmilzt in den Sternenöfen zunächst zu Helium, später zu den schwereren Elementen wie Kohlenstoff, Stickstoff und Sauerstoff, die für unsere Form von Leben so notwendig sind. Die Sonne befindet sich seit fünf Milliarden Jahren in dieser ersten Phase der Verbrennung von Wasserstoff, und sie strahlte in dieser Zeit ununterbrochen ihr Licht über einhundertfünfzig Millionen Kilometer durch den Raum zu unserem Planeten. Diese Wärme gab den chemischen und biologischen Prozessen des Lebens ihre Energie, und diese riesige Zeitspanne war notwendig, damit sich so komplexe Systeme wie der Mensch aus urzeitlicher DNA entwickeln konnten.

Auch hierfür war Asymmetrie eine Voraussetzung. Die Wärme der Sonne, d. h. die Strahlung der elektromagnetischen Kraft, hat ihren weiten Weg zur Erde gefunden, aber die Kraft, die in der Sonne für die Umwandlung von Wasserstoff zu Helium verantwortlich ist, hat einen Wirkungsbereich, der kleiner als die Abmessungen eines einzelnen Atoms ist. Sie ist sehr viel schwächer als die elektromagnetische Kraft. Doch nur auf Grund dieser Schwäche konnte die Sonne überleben. Wäre es anders gewesen, hätte die Kraft, die die Verbrennung in der Sonne in Gang hält, die gleiche Stärke wie die elektromagnetische Kraft, so wäre der gesamte Treibstoff der Sonne bereits innerhalb von fünfhunderttausend Jahren verbraucht worden. Diese Zeitspanne ist viel zu kurz, als dass auf der Erde oder sonst wo Leben hätte entstehen können. Dieser Unterschied zwischen der elektromagnetischen Kraft und ihrem »schwachen« Bruder ist nur eine der kritischen Asymmetrien, die für unsere Existenz notwendig waren.

Auch die atomaren Bausteine sind asymmetrisch. Biologische Prozesse, chemische Prozesse und alle Formen von Leben sind das Ergebnis elektrischer Ströme. Sie fließen durch unser Nervensystem, schaffen aus Nahrung Energie, lassen unsere Körper entstehen und geben unserem Planeten seine Struktur. Dieses rastlose Umherwandern der Elektronen, den Trägern der elektrischen Ladung, bestimmt alles, was wir um uns herum wahrnehmen. Jedes Atom enthält negativ geladene Elektronen, die um einen ruhenden, massiven, positiv geladenen Kern schwirren. Nahezu die gesamte Masse eines Atoms befindet sich in seinem zentralen Kern, doch es sind die leichten Elektronen, die nur rund den 2000ten Teil der Masse tragen, die zwischen den Atomen hin und her springen. In Form von Strom fließen sie durch Drähte und treiben die moderne Industrie an, und angeregt durch elektrische Felder strahlen sie elektromagnetische Wellen ab. Diese negativen Ladungen vermitteln und steuern die biochemischen Prozesse in Lebewesen, während die positiven Ladungen – zu schwer, um groß umherbewegt zu werden –

eher an ihrem Platz verweilen und so ein festes Gerüst bilden. Diese Asymmetrie der Massen ist für die Struktur der Materie wesentlich.

Doch auch das alleine scheint für die Existenz von Leben nicht auszureichen. Die Funktionsweise von Organismen basiert vermutlich auf einer Asymmetrie unter Spiegelungen, also einer Unterscheidung zwischen links und rechts in der Grundstruktur organischer Moleküle. Ich möchte das etwas ausführlicher darlegen, da es für unsere Absichten wichtig ist.

Die positiven Kerne bilden zusammen mit ihren negativen Vasallen die Atome und Moleküle. Es gibt einfache Moleküle wie Wasser und kompliziertere wie Aminosäuren, Proteine und DNA und wiederum andere, die das menschliche Genie erfunden hat, wie Kunststoffe, Keramiken und Medikamente. Die meisten dieser Moleküle haben Formen, die sich von ihren Spiegelbildern unterscheiden. Oberflächlich betrachtet, gleichen sich diese Spiegelbilder in allem, außer der Vertauschung von rechts und links. Daher hätte man vernünftigerweise erwarten können, dass beide Formen in der Natur gleich häufig vorkommen. Das ist jedoch nicht der Fall; das Leben ist asymmetrisch unter Spiegelung. Hier geht es nicht um die Frage, ob es mehr Rechtshänder als Linkshänder gibt oder ob unser Herz und unser Magen sich im Allgemeinen auf der linken Seite befinden. Die Aminosäuren und Moleküle der einen Form bilden lebende Organismen und haben die Fähigkeit erlangt, sich ihrer Existenz bewusst zu werden und das Universum zu erkennen. Ihre Spiegelbilder sind anorganisch und leblos. Lebende Organismen wählen nur die eine Form, die andere wird verstoßen. Der Körper kann Substanzen in der einen Form als notwendige Nahrung aufnehmen und verdauen, während er die gespiegelte Form ungenutzt ausscheidet oder, noch schlimmer, sogar von ihr vergiftet wird. Wie und warum ist es zu dieser Asymmetrie unter Spiegelungen gekommen?

Je genauer man hinschaut, umso mehr Asymmetrie wird offensichtlich, die anscheinend auch notwendig ist, damit überhaupt etwas »Sinnvolles« entstehen konnte. Ohne Asymmetrie und Struktur wäre das Universum gleichförmig und langweilig. Warum sind wir davon überzeugt, dass die Schöpfung vollkommen war? Beruht das auf unserem Wunschdenken, obwohl die Indizien der Unvollkommenheit und Asymmetrie überall zu finden sind, sogar in uns selber? Ich frage mich manchmal, ob die Fülle an Asymmetrie als Beweis dafür gelten kann, dass wir nur das Ergebnis reiner Zufälle sind, und ob die Philosophen und Wissenschaftler das quasireligiöse Gleichnis der Symmetrie, das die wirkliche Erklärung verschleiert, nur erfunden haben. Oder gab es wirklich ein vollkommenes, symmetrisches Grundprinzip, das irgendeine noch zu entdeckende wunderbare Beigabe enthielt, aus der sich alle für das Leben notwendigen Asymmetrien spontan entwickelten?

Wie kann die Natur Symmetrien verbergen, und wie können Struktur und Muster aus einer tiefer liegenden Strukturlosigkeit entstehen? Einer der Schwerpunkte der heutigen Forschung besteht in der Suche nach einer Antwort auf diese Fragen. In den Gärten der Tuilerien erwachte in mir der Wunsch, diese Quelle aller Asymmetrie und damit die Ursache jeglicher Form und Existenz zu finden, und er gipfelte in diesem Buch.

Dieses Buch gliedert sich, grob gesagt, in drei Teile. Zunächst wird in den Kapiteln 2 bis 4 das eigentlich Seltsame nochmals eingeführt. In den Kapiteln 5 bis 7 beschäftigen wir uns mit den experimentellen Hilfsmitteln, die für die Lösung von besonderer Bedeutung sind. Hier erzählen wir von den Entdeckungen der Röntgenstrahlen, der Radioaktivität und der Struktur der Atome vor rund einhundert Jahren, aus denen sich die grundlegenden Erkenntnisse über den Ursprung und die Evolution des Lebens und des Universums entwickelt haben. Diese drei Kapitel sind in sich abgeschlossen und in erster Linie von historischem Interesse. Sie bilden eine Art Hintergrund für unsere eigentliche Geschichte. In den Kapiteln 8 bis 13 werden diese Hilfsmittel eingesetzt, und es wird erläutert, was die Wissenschaftler derzeit als Ursache von Struktur und Asymmetrie in der Natur ansehen. Und wir werden auf die Pläne der Wissenschaftler eingehen, die Lösung dieses Problems in den ersten Jahren dieses neuen Jahrtausends zu vervollständigen.

Kapitel 2

SYMMETRIE IM GROSSEN

Reist man von Europa nach Australien oder von Nord- nach Südamerika, dann hat man sich (fast) auf den Kopf gestellt. Wenn wir uns als Kinder dieser Tatsache das erste Mal bewusst werden, überlegen wir oft, wie die Australier überhaupt auf dem Boden stehen können oder ob man durch das dauernde Auf-dem-Kopf-Stehen keinen roten Kopf bekommt. Später treffen wir vielleicht unsere Zeitgenossen von »der anderen Seite« und erfahren, dass sie in Bezug auf uns dieselben Bedenken hatten. Dann wissen wir bereits, dass die Schwerkraft zum Erdmittelpunkt hin gerichtet ist und dass die Bewohner der südlichen Halbkugel sich als ebenso aufrecht empfinden wie die der nördlichen.

Trotzdem, relativ zueinander stehen wir auf dem Kopf, und wie ich bei meiner ersten Reise zur südlichen Hemisphäre feststellen konnte, gibt es dafür auch objektive Beweise, besonders bei Nacht. Es war Januar, und über England erstreckte sich ein kristallklarer Himmel. Nachdem der goldene Kreis der Sonne im Westen untergegangen war, erschienen Venus und Jupiter, die wie Spiegel das Sonnenlicht reflektierten. Später folgte der Vollmond im Osten, und in südlicher Richtung beherrschte das Sternbild des Orion den Nachthimmel. Orion, der Jäger, gehört zu den Sternbildern, die am leichtesten zu erkennen sind. Beteigeuze befindet sich an der Schulter und Rigel an den Füßen, drei Sterne markieren seinen Gürtel, von dem weitere Sterne wie ein Dolch herabhängen. 24 Stunden später war ich in Südafrika. Als die Sonne hinter dem Horizont verschwand, erschien sie identisch mit der Sonne des Vorabends, doch der folgende Nachthimmel war ein anderer. Natürlich sah ich viele Sterne, die für meine »nördlichen« Augen bisher von der Erde verdeckt waren, wie das Kreuz des Südens, doch die Sternbilder in der Nähe des Äquators, beispielsweise der Orion, waren auch hier sichtbar, aber trotzdem irgendwie fremd. Der Dolch des Orion zeigte wie ein satyrischer Phallus nach oben; das Gesicht des Mondes mit seinen Augen unterhalb des Mundes erschien ernsthaft krank. Plötzlich wurde mir klar, was passiert war: Ich sah alles verkehrt herum, so, als ob ich auf dem Kopf stünde, und in gewisser Hinsicht war das auch der Fall.

Bei Nacht zeigen uns die unregelmäßigen Formen der Sternbilder oder die charakteristischen Züge des Mondes, welche Richtung für uns oben ist, doch am Tage ist das nicht ganz so offensichtlich. Von der südlichen Halbkugel aus betrachtet, wandert die Sonne von rechts nach links statt von links nach rechts, wie es auf der nördlichen Halbkugel der Fall ist. Aber es dauert eine Weile, bis man sich dieses Unterschieds bewusst wird (es sei denn, Sie sind ein Liebhaber von Sonnenuhren und bemerken, dass auf der südlichen Halbkugel die Ziffern der Sonnenuhren im Vergleich zu ihren europäischen Kollegen spiegelbildlich angeordnet sind). Zu einem festen Zeitpunkt sieht die Sonne im Süden nicht anders aus als im Norden – ein perfekter Kreis. Betrachtet man nur die Sonne über dem Horizont, so gibt es keinen Anhaltspunkt, der einem sagt, wo »oben« ist. Die Sonne ist symmetrisch und hat für alle Orientierungen dieselbe Gestalt.

Natürlich gab es keinen Zweifel, dass ich in Südafrika war und nicht in England, denn statt im winterlichen Schnee befand ich mich am sommerlichen Swimmingpool. Die Neigung der Erde relativ zur Sonne verändert sich im Laufe des Jahres, und im Januar zeigt ihre südliche Hälfte zur Sonne, während die nördliche Hälfte von den Strahlen nur gestreift wird. Im Januar kann die Antarktis für 24 Stunden das Tageslicht genießen, während der Nordpol unter der langen Nacht des arktischen Winters leidet. Aus Fotos, die das Jahr über zur Mittagszeit bei Sonnenhöchststand aufgenommen wurden, können wir die Jahreszeit ablesen. Die Sonne selber würde jedoch auf allen Bildern gleich aussehen. Das ist nicht selbstverständlich, denn wir sehen die Sonne jeden Tag unter einem anderen Blickwinkel. Im Verlauf eines Jahres führt uns die Erde auf einem großen Bogen um die Sonne herum. Im Januar und Juli sehen wir die Sonne von gegenüberliegenden Seiten, während wir im April oder Oktober in gewisser Hinsicht eine Seitenansicht haben. Jeden Tag erscheint uns die Sonne als gleicher perfekter Kreis, obwohl wir sie aus immer anderen Richtungen sehen. Das liegt natürlich daran, dass es sich bei der Sonne um eine Kugel handelt und sich daher dem Betrachter, gleichgültig, aus welcher Richtung er schaut, immer die Form eines Kreises bietet.

Überall im Kosmos finden wir Kugeln. Nicht nur unsere Sonne ist kugelförmig, sondern auch alle anderen Sterne, alle Planeten und der Mond (abgesehen von unregelmäßigen Oberflächenstrukturen). Aus der unendlichen Palette möglicher Formen haben die Himmelskörper sich alle für die Kugel entschieden. Doch nicht nur die einzelnen Sterne haben diese Gestalt, sondern der Kosmos insgesamt scheint die Symmetrie einer Kugel zu haben, bei der keine räumliche Richtung gegenüber irgendeiner anderen ausgezeichnet ist. Unsere Sonne ist nur einer von Milliarden Sternen in unserer Galaxis, der Milchstraße, die wiederum zu einem Galaxienhaufen gehört. Jenseits dieses Haufens, tief im Weltraum, gibt es weitere Galaxienhaufen. Der gesamte Kosmos hat seinen Ursprung im Big Bang, dem Beginn von Raum und Zeit vor ungefähr 15 Milliarden Jahren. Als Folge dieser unvorstellbaren Explosion entfernen sich die Galaxienhaufen voneinander. Denken Sie sich das Universum durch einen riesigen Schnitt in zwei Hälften geteilt. Unabhängig von der Lage dieses Schnitts werden die groben Züge des Universums auf beiden Seiten gleich sein: Die Dichte der Galaxienhaufen wird gleich sein, ihr Auseinanderstreben wird gleich sein, und sie werden die gleiche Sternenvielfalt enthalten. Das Universum als Ganzes hat die Symmetrie einer Kugel.

Die Grundstruktur des Raumes, zumindest soweit wir sie wahrnehmen können, scheint keine Richtung auszuzeichnen. Das ist eine wichtige Beobachtung. Ein Merkmal, das sich im gesamten

Abb. 2.1: Isaac Newton auf einer alten britischen Pfundnote. Die Planetenbahnen sind als Ellipsen dargestellt, deren Formen allerdings weit übertrieben sind. Tatsächlich sind in unserem Sonnensystem die Bahnen nahezu Kreise. Außerdem befindet sich die Sonne in Wirklichkeit in einem der Brennpunkte der Ellipse und nicht in ihrem Mittelpunkt wie auf dieser Banknote.

Kosmos wiederfindet, kann nur bedeuten, dass tief in den Gesetzen der Natur irgendetwas kodiert sein muss, das dafür verantwortlich ist.

Eine Kugel entsteht als natürliche Form, wenn die einzige wirkende Kraft die Bestandteile anzieht und nur von den jeweiligen Abständen zwischen ihnen abhängt, nicht aber von den Richtungen. Die Gravitation ist dafür ein Beispiel: Die Anziehungskraft ist proportional zu den Massen der Bestandteile – seien es Wasserstoffatome oder ganze Sterne – und wird um das Vierfache schwächer, wenn sich der Abstand verdoppelt (das so genannte inverse Quadratgesetz von Isaac Newton), doch die Richtung spielt keine Rolle. Einzelne Wasserstoffatome ziehen sich aus allen Richtungen gleichermaßen an, und das Ergebnis ist eine Kugel. Wenn diese Wasserstoffatome zusammenkommen und aufeinander stoßen, erwärmt sich das Gas, bis es zu glühen anfängt. Dies ist die Geburt eines Sterns. Unsere Sonne begann wie alle Sterne als kugelförmiger Ball aus Wasserstoff.

An diesem Beispiel erkennen wir, weshalb Symmetrien in der Naturphilosophie eine so grundlegende Rolle spielen können. Haben wir uns erst einmal bewusst gemacht, dass in der Natur alle Richtungen gleichberechtigt sind, also eine Symmetrie vorliegt, so ist es nahe liegend, dass die Kugelform der natürlichen Ordnung entspricht. Die Gesamtstruktur des Kosmos ist ebenso ein Beispiel dafür wie die Form der einzelnen Sterne. Trotzdem hat nicht jeder Gegenstand die Gestalt einer Kugel, es existieren auch andere Muster mit Symmetrien. Wir Menschen beispielsweise sind sicherlich nicht kugelförmig, allerdings annähernd spiegelsymmetrisch unter einer Vertauschung von rechts und links. Sterne haben eine so überraschend einfache Form, weil diese im Wesentlichen von der Schwerkraft bestimmt wird. Die Gestalt des menschlichen Körpers ist jedoch das Ergebnis komplizierter elektrischer und magnetischer Wechselwirkungen zwischen seinen Atomen und Molekülen. Daher sind die Struktur und Dynamik von Lebewesen weitaus schwerer zu verstehen als die von Sternen. Wie wir später jedoch sehen werden, erhalten wir aus Symmetrien bzw. Asymmetrien oft wichtige Hinweise.

Was ist eine Symmetrie?

Wir haben bisher von Symmetrie gesprochen, ohne wirklich zu sagen, was man darunter versteht. Wir reden meist von Symmetrie, wenn die Dinge irgendwie ausgeglichen sind, reguläre Formen oder Muster haben oder aus einer Ansammlung ähnlicher Merkmale bestehen, die uns harmonisch erscheinen und insgesamt die Empfindung von Schönheit erzeugen. Doch »Schönheit gibt es nur in den Augen des Betrachters«, und daher müssen wir eine etwas präzisere Definition von Symmetrie finden. Die zweiseitige Rechts-links-Symmetrie, die insbesondere in unseren Gesichtern deutlich wird, ist ein gutes Beispiel. Man kann sich vielleicht darüber streiten, ob das eine oder andere Gesicht schöner oder weniger schön ist, doch man kann sehr präzise definieren, welches Gesicht symmetrischer ist. Hat ein Gegenstand diese zweiseitige Symmetrie, dann sieht er genauso aus wie sein Spiegelbild; wenn ein Gegenstand sich von seinem Spiegelbild unterscheidet, dann hat er diese zweiseitige Symmetrie nicht.

Das ist ein spezielles Beispiel für das allgemeine Konzept von Symmetrie, wie es von den Mathematikern verwendet wird. Wenn man einen Gegenstand aus einer anderen Perspektive betrachtet, indem man ihn beispielsweise dreht, auf den Kopf stellt oder im Spiegel anschaut, dann bezeichnet man diesen Körper als symmetrisch, wenn das, was man sieht, dasselbe zu sein scheint wie das Original. Einige Beispiele sollen das verdeutlichen und gleichzeitig verschiedene Arten von Symmetrien aufzeigen.

Stellen Sie sich die Oberfläche eines riesigen Sees vor, der sich so weit erstreckt, wie das Auge reicht. Nicht der leiseste Windhauch weht, und die Oberfläche ist absolut glatt. Denken Sie sich Ihren Ort um hundert Meter in irgendeine Richtung verschoben; der See sieht immer noch vollkommen gleich aus. Dies bezeichnet man als Translationssymmetrie – Symmetrie unter Verschiebungen. Außerdem gibt es keinen Anhaltspunkt, der irgendeine Richtung auszeichnet (zumindest soweit es sich um die Oberfläche des Sees handelt; die Position der Sonne würde uns das Spiel natürlich im Allgemeinen verderben): Wenn Sie sich um 30° drehen, sehen Sie das gleiche Bild. In diesem Fall spricht man von Rotationssymmetrie, d. h., die Oberfläche ist symmetrisch unter Drehungen. Lassen Sie nun einen Stein in den See fallen, und beobachten Sie die Wellen, die sich in perfekten Kreisen von dem Aufschlagpunkt entfernen. Dieser Punkt, an dem der Stein auf das Wasser trifft, bricht die Translationssymmetrie, doch die Rotationssymmetrie bleibt: Wenn Sie sich drehen, sehen die Wellen in allen Richtungen gleich aus.

Stellen Sie sich nun vor, dass zwei Steine gleichzeitig an verschiedenen Orten in den See fallen. Nun ist auch die Rotationssymmetrie gebrochen, denn wenn Sie entlang der Verbindungslinie der beiden Aufschlagpunkte schauen, sehen Sie etwas anderes, als wenn

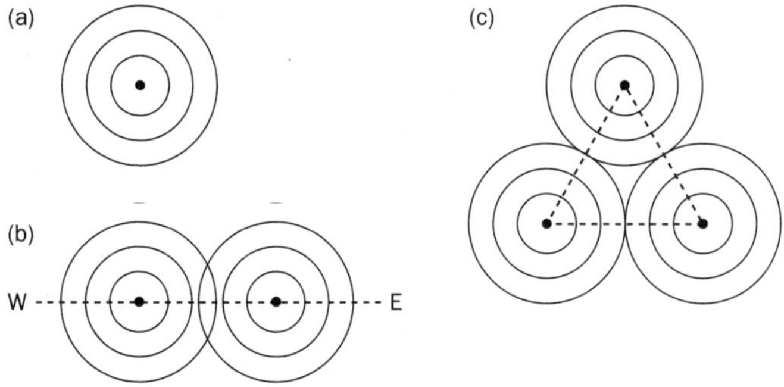

Abb. 2.2: Wasserwellen und Symmetrie: (a) das Bild bleibt unverändert, unabhängig von dem Winkel, um den es gedreht wird; (b) das Bild ändert sich nicht, wenn es um $180° = \frac{360°}{2}$ gedreht wird; (c) dieses Bild bleibt dasselbe, wenn es um $120° = \frac{360°}{3}$ oder um 240° gedreht wird.

Sie sich um 90° drehen. Es gibt jedoch einen speziellen Drehwinkel, unter dem nach wie vor eine Symmetrie vorliegt. Wenn Sie sich genau zwischen den beiden Aufschlagpunkten befinden und in die Richtung des einen Aufschlagpunkts schauen, dann sehen Sie dasselbe, wie wenn Sie sich um 180° drehen und in die Richtung des anderen Aufschlagpunkts schauen. Dieser besondere Fall entspricht daher immer noch einer Symmetrie.

Interessanter wird dieses Beispiel, wenn noch mehr Steine beteiligt sind. Angenommen, wir hätten drei Steine an Punkten ins Wasser fallen lassen, die den Eckpunkten eines gleichseitigen Dreiecks entsprechen. Eine Drehung sowohl um 120° wie auch eine um 240° würde das Bild nicht verändern. Betrachten wir ein extremes Beispiel: Wir lassen zwölf gleichartige Steine an den zwölf Stundenpunkten einer Uhr ins Wasser fallen. Von jedem Aufschlagpunkt breiten sich Wellen aus und bilden, wenn sie sich überschneiden, ein kompliziertes, aber regelmäßiges Muster. Eine Drehung um 30°, 60° oder um Vielfache davon ändert das Wellenmuster nicht. Es liegt zwar keine Rotationssymmetrie vor, aber es gibt eine so genannte diskrete Symmetrie unter Drehungen um diese speziellen Winkel. Auf einem Bild dieser auseinander laufenden Wellen würden Sie dieses Muster und seine Symmetrie intuitiv erkennen. Die Drehungen, unter denen sich dieses Bild nicht ändert, bilden in der Sprache der Mathematiker die zu Grunde liegende Symmetrie.

Nachdem wir uns davon überzeugt haben, dass es zu unserem intuitiven Gefühl von Symmetrie eine exakte Definition gibt, können wir auch den Fehler in der bekannten Fangfrage aufspüren: »Warum vertauscht ein Spiegel links und rechts, nicht aber oben und unten?« Diese Frage ist eigentlich Betrug, denn sie sucht nach einer Antwort unter der impliziten und, wie wir sehen werden, ungerechtfertigten Annahme, dass ihre Prämisse richtig ist. Wer sagt denn, dass ein Spiegel tatsächlich links und rechts vertauscht? Angenommen, wir Menschen hätten nicht die äußere zweiseitige Symmetrie, sondern wären beispielsweise Harlekins, deren rechte Hälfte rot und deren linke Hälfte lila wäre. Nehmen wir weiterhin an, alle Menschen wären gleich, dass es also keinen Menschen gäbe, dessen linke Seite rot und dessen rechte Seite lila wäre. Würden Sie in einer solchen Welt in einen Spiegel schauen, so sähen Sie dort das Bild eines Wesens, das in der tatsächlichen Welt gar nicht existierte. Es gäbe keine zweiseitige Symmetrie. Das Beispiel zeigt, dass die Form und nicht der Spiegel bestimmt, ob eine Symmetrie vorliegt. »Doch was macht ein Spiegel dann wirklich?«, werden Sie nun vielleicht verunsichert fragen. Auf dieses Problem werden wir in Kapitel 3 zurückkommen.

Asymmetrien

Die Komplexität des Lebens beruht unter anderem darauf, dass – im Gegensatz zu den Sternen – viele Kräfte und Komponenten bei der Entwicklung eines Lebewesens zusammenwirken. Das macht die Biologie komplexer als die Astrophysik. Doch selbst wenn keine andere Kraft außer der Gravitation beteiligt ist, kann die leichteste

Störung die »natürliche« Kugelsymmetrie verbergen und zu anderen Mustern mit anderen Symmetrien führen.

In einem Teleskop sieht man ganze Sternengalaxien, bei denen sich Milliarden von Sonnen unter ihrer gegenseitigen gravitativen Anziehung zusammengefunden haben. Einige Galaxien sind selber kugelförmig, mit mehr Sternen in der Nähe des Zentrums als an der Peripherie. Als ich zum ersten Mal eine solche Galaxie durch ein Teleskop betrachtete, hatte ich trotz der ungeheuren Entfernung das Gefühl, ich könne förmlich »sehen«, wie die Gravitation die verschiedenen Sterne aus allen Richtungen gleichermaßen zum Mittelpunkt zieht. Hier findet sich in galaktischer Größenordnung ein schönes Beispiel für die Arbeitsweise der Kugelsymmetrie.

Die meisten Galaxien sind jedoch nicht kugelförmig. Unsere eigene Galaxis, die Milchstraße, ist beispielsweise relativ flach und gleicht eher einer Scheibe. Praktisch alle Sterne, die wir mit bloßem Auge wahrnehmen können, gehören zu unserer Galaxis. Wenn wir nicht gerade in die Richtung dieser Scheibe schauen, sehen wir vergleichsweise wenig Sterne zwischen uns und dem intergalaktischen Raum. In der Scheibenebene sehen wir jedoch eine riesige Anzahl an Sternen, die unseren Vorfahren wie über den Himmel verschüttete Milch erschien (daher der Name »Milchstraße«). Wir leben weit vom Zentrum dieser Scheibe entfernt in der Nähe des Randes. Die Orientierung unserer Erde im Raum ist derart, dass die Bewohner der nördlichen Halbkugel immer nach außen zum Rand der Galaxis schauen, während die Bewohner der südlichen Halbkugel direkt in ihr Herz sehen können. In unseren modernen Städten, wo die Lichter den Nachthimmel verschleiern, lässt sich die Milchstraße oft nur schwer ausmachen, doch in den Wüsten Australiens oder in den Anden, wo die Dunkelheit durch die Scheibe unserer Galaxis regelrecht zerschnitten wird, lässt sich die Assoziation unserer Vorfahren an verschüttete Milch noch nachvollziehen. Schaut man direkt in die Milchstraße hinein, ist die Anzahl der Sterne zu groß, um sie alle einzeln ausmachen zu können. Schaut man jedoch in eine Richtung außerhalb der galaktischen Ebene, so ist der größte Teil des Himmels schwarz mit nur vereinzelten Sternen.

Es gibt viele andere scheibenförmige Galaxien, und wir können sie durch Teleskope betrachten. Einige haben die Form von Ellipsen, andere haben Spiralarme, und wieder andere sind s-förmig und gleichen einer fast gestreckten Schlange. Das hat mit der idealen Kugel, wie man sie zunächst von der Gravitation erwarten würde, nicht mehr viel gemein. Solche Formen sind das Ergebnis einer Galaxienentwicklung, die viele Milliarden Jahre andauerte. In dieser Zeit haben die einzelnen Sterne aneinander gezogen und gezerrt und sich wie in einer Art kosmischem Tanz neu geordnet. Mit Supercomputern kann man heute nachvollziehen, wie diese Formen entstanden sind. Zunächst werden dem Computer die Koordinaten von rund einhunderttausend mehr oder weniger gleichförmig und kugelsymmetrisch verteilten Punkten eingegeben, die den Sternen entsprechen. Zusätzlich wird das Newtonsche Gravitationsgesetz (siehe Seite 24) einprogrammiert, und dann können sich die Punkte so bewegen, als ob sie dieser Kraft ausgesetzt wären. Auf diese Weise sind wir heute in der Lage, Dinge zu sehen, die noch kein Mensch vor uns je gesehen hat: Wir können die Evolution einer Sternengalaxie beobachten – wenn auch nur in einer Computersimulation.

In Wirklichkeit ist die Verteilung der Sterne in einer Galaxie nie perfekt, d. h. vollkommen kugelsymmetrisch mit gleichen Abständen zwischen benachbarten Sternen, die auch alle dieselben Massen haben. Mit einem Computerprogramm kann man untersuchen, welche Auswirkungen kleine Asymmetrien in der anfänglichen Verteilung haben. Es zeigt sich, dass sogar winzige Asymmetrien mit der Zeit zu großen Verzerrungen führen können. Schließlich geht es hier um Milliarden von Jahren; es steht also genügend Zeit zur Verfügung, damit eine kleine Störung eine große Wirkung zeigen kann. Wenn zwei Sterne auf Grund ihrer Massenanziehung aufeinander zusteuern, treffen sie sich nicht immer, sondern fliegen oft aneinander vorbei. Sie werden dann wieder langsamer, kehren für einen erneuten Versuch um, und schließlich umkreisen sie sich gegenseitig. Nun stellen Sie sich dies für die 100 000 Punkte in einem Computer vor oder für die Milliarden Sterne in der Realität: Die gesamte

Abb. 2.3: Eine Galaxie mit symmetrischen Spiralarmen.

Galaxie dreht sich, wobei die Orientierung von der kleinen Asymmetrie zu Beginn der Bewegung abhängt. Eine etwas größere Sternendichte in einem Gebiet nimmt unter der Gravitation im Allgemeinen zu, so dass sich dichtere und weniger dichte Bereiche bilden. Das Computermodell zeigt, wie sich daraus spiralförmige Arme entwickeln, so wie sie im wirklichen Universum beobachtet werden. Die Kugelsymmetrie ist verloren: Die kleinen Störungen haben zu neuen Mustern mit eigenen Symmetrien geführt. Das Bild einer Galaxie ändert sich nicht, wenn man sie in ihrer Ebene um ihr Zentrum dreht: Hat die Galaxie n Spiralarme, dann erscheint sie unverändert, wenn man sie um ein n-tel von 360° dreht. (Die Galaxie mit zwei Armen aus Abb. 2.3 beispielsweise ist symmetrisch unter einer Drehung von 180°.) Die eigentliche Kugelsymmetrie ist verborgen, stattdessen sind neue, vielfältigere Strukturen und Muster entstanden.

Das ist nur eines von vielen Beispielen, die zeigen, wie durch eine Störung eine »natürliche« Symmetrie verloren oder »verborgen« sein kann. In den vergangenen Jahren wurde für die Wissenschaftler immer deutlicher, dass verborgene Symmetrien ein ganz wesentlicher Bestandteil im Plan der Natur sind, und möglicherweise sogar der entscheidende Schlüssel, um zu verstehen, wie aus einer ursprünglich perfekten Schöpfung schließlich Strukturen entstehen konnten. Dieser vergleichsweise unbekannte Begriff der »verborgenen Symmetrie« wird sich wie ein roter Faden durch dieses Buch ziehen, und meine Absicht ist es, Sie diesem Begriff und seinen teilweise erstaunlichen Implikationen näher zu bringen. Demgegenüber sind Asymmetrie oder das Fehlen von Symmetrie in unserer Umgebung vertraute Erscheinungen. Oft empfinden wir sogar die unsymmetrischen Formen als »natürlich« und die symmetrischen als unnatürlich. Ich möchte das anhand einiger Beispiele aus dem Alltag belegen.

Stellen Sie sich einen Astronauten vor, der versucht, im schwerelosen Raum aus einer Getränketüte zu trinken, und dabei etwas Flüssigkeit verspritzt. Die Tropfen schweben in der Kabine umher und haben die Form perfekter Kugeln. Das entspricht nicht unserer Alltagserfahrung. Regentropfen fallen zu Boden, und sie sind unten dicker als oben. Trotzdem hat ihre Form noch eine gewisse Symmetrie. Wir leben auf einer sehr massiven Erde, deren Schwerkraft unsere Füße auf dem Boden hält. Die Asymmetrie dieser Situation besteht darin, dass wir klein sind und die Erde groß, d. h., wir müssen nach ihrer Pfeife tanzen. An jedem Punkt der Erde bestimmt die Schwerkraft, welche Richtung »unten« ist. Gegenstände in einem Gravitationsfeld erfahren eine Kraft entlang dieser »Oben-unten«-Achse, nicht jedoch senkrecht dazu, also in Richtung der Längen- und Breitengrade auf der Oberfläche. Die Symmetrie des dreidimensionalen Raumes, die auf natürliche Weise zu kugelförmigen Objekten führte, ist gebrochen. Es gibt jedoch nach wie vor die zweidimensionale Symmetrie bezüglich Länge und Breite.

So wie die Form der Kugel die vollkommene Symmetrie des dreidimensionalen Raumes widerspiegelt, so entspricht der Kreis der Symmetrie einer zweidimensionalen Ebene. Die senkrechte Richtung wird durch die Schwerkraft besonders ausgezeichnet, doch für einen in ruhiger Luft fallenden Regentropfen sind die Ost-West- und die Nord-Süd-Richtung ununterscheidbar. Obwohl die Regentropfen gestreckt und am unteren Ende dicker sind, haben sie immer noch eine Symmetrie: Sie haben kreisförmige Querschnitte parallel zur Erdoberfläche. Natürlich kann während eines Gewitters auch diese verbleibende Symmetrie durch einen heftigen Wind zerstört sein. Ein Sturm aus Westen wird die Tropfen zusätzlich in Ost-West-Richtung verformen und die im Idealfall kreisförmigen Querschnitte verändern. Die Form eines solchen Tropfens wird durch die relative Stärke der Schwerkraft bestimmt, die den Tropfen nach unten zieht, durch die Kraft des Windes auf seiner westlichen Seite und durch die inneren Kohäsionskräfte, die den Tropfen zusammenhalten. Wie wir gesehen haben, kann die Symmetrie in einfachen Fällen gute Anhaltspunkte geben, um die Form eines Körpers vorherzusagen, doch in diesem sehr unsymmetrischen Fall sollte man die Aufgabe besser einem Computer überlassen.

Symmetrie, Rotation und Badewannen

Wir hatten gesehen, dass sich ohne »störende« Kräfte die Kugel als die natürliche Form ergibt. Nehmen wir einmal an, die Sonne hätte nicht die Form eines Fußballs, sondern eher die Gestalt eines länglichen Rugby-Balls. Die nahe liegende Frage wäre natürlich, was die Sonne in eine Richtung dicker werden ließ als in die anderen Richtungen. Das ist keine rein akademische Überlegung, denn bei der Erde liegt genau solch ein Fall vor. Die Erde besitzt eine deutliche Abplattung, so dass der Abstand vom Nordpol zum Südpol kleiner ist als der Durchmesser in der Äquatorebene.

Diese Asymmetrie hat eine ähnliche Ursache wie bei den Regentropfen. In beiden Fällen wird von der Natur eine Richtung ausgezeichnet und gleichzeitig die Symmetrie in der dazu senkrechten Ebene belassen. Beim Regentropfen war es die Schwerkraft, die eine Richtung auszeichnete, im Fall der abgeplatteten Erde ist ihre

Eigendrehung dafür verantwortlich. Unsere Erde rotiert einmal am Tag um ihre Drehachse, die Verbindungslinie zwischen den beiden Polen, wodurch die dreidimensionale Symmetrie gebrochen wird. Wie bei einer Zentrifuge, bei der eine schwerere Substanz nach außen getrieben wird, wird auch die Erdkruste von der Drehachse weggedrückt. Dadurch wird die Erde am Äquator dicker und an den Polen flacher.

Die Eigendrehung der Erde ist auch die Ursache weiterer Asymmetrien im Alltag des Menschen, wie ich schon im Zusammenhang mit meiner Reise zur »unteren« Hälfte erwähnte. Auf der nördlichen Halbkugel sieht man die Sonne in südlicher Richtung, und sie bewegt sich am Himmel von links nach rechts. Auf der südlichen Halbkugel sieht man die Sonne jedoch im Norden, und sie bewegt sich von rechts nach links. Die Schatten von Gegenständen bewegen sich daher auf den beiden Halbkugeln in entgegengesetzter Richtung, weshalb die Sonnenuhren in Australien auch spiegelbildlich zu den Sonnenuhren in Europa sind.

Doch im Gegensatz zu manchem Gerücht ist die Erdrotation nicht für die Asymmetrie in der Drehrichtung verantwortlich, mit der das Wasser aus einer Badewanne oder einem Waschbecken abfließt. Der wirkliche Grund ist eine besondere Form von Symmetriebrechung, die man auch als »verborgene Symmetrie« bezeichnet und die wir später noch kennen lernen werden. Diese verborgenen Symmetrien sind uns eher fremd, was auch die Ursache für die seltsamen »Erklärungen« und Behauptungen sein mag, wonach das Wasser auf der nördlichen und südlichen Halbkugel in entgegengesetzter Drehrichtung abfließt.

Wenn ich Leute darauf anspreche, überrascht mich immer wieder die allgemeine Unsicherheit hinsichtlich der Drehrichtung, mit der das Wasser abfließt, und nur die wenigsten scheinen die Behauptung wirklich selber überprüft zu haben. Viele übernehmen das Gerücht, dass das Wasser in Australien in entgegengesetzter Drehrichtung abfließt als in Europa, trotz des sicheren Bewusstseins, dass die bestimmte Badewanne in Newcastle, im Nordosten Englands, niemals wirklich nach Newcastle in New South Wales in

Australien gebracht wird, um einen Test zu ermöglichen. Ich habe jedoch einen solchen Test zwei Mal persönlich miterlebt – mit unterschiedlichem Erfolg.

Das erste Mal befand ich mich in einem Flugzeug auf dem Weg von London nach Südafrika. Während wir auf dem Flughafen von Heathrow auf den Start warteten, wurde mir plötzlich bewusst, dass das Waschbecken in der Bordtoilette die ganze Strecke von Norden nach Süden mittransportiert würde. Ich schloss mich schnell dort ein in der Absicht, das Becken mehrere Male mit Wasser zu füllen und wieder abzulassen, um zu prüfen, ob das Wasser dabei tatsächlich eine Drehrichtung bevorzuge. Das gleiche Experiment wollte ich dann bei der Ankunft wiederholen. Ich füllte also das Waschbecken mit Wasser, wartete eine Weile, bis sich das Wasser beruhigt hatte, und öffnete dann den Abfluss. Doch das Experiment schlug leider fehl, denn die Spülung saugte das Wasser so schnell ab, dass man noch nicht einmal erkennen konnte, ob sich das Wasser dabei überhaupt drehte, geschweige denn in welche Richtung. Ich hatte diese Erfahrung schon beinahe vergessen, bis ich vor kurzem in Kenia an einer Safari teilnahm, wo mir dieser Effekt wieder vorgeführt wurde.

Am ersten Tag dieser Safari starteten wir von Nairobi aus in nördlicher Richtung zum Äquator. Inmitten trockener Buschlandschaft wurde diese besondere Linie auf unserem Globus durch die plötzliche Anwesenheit von Souvenirläden und Fotografen markiert. Außerdem gab es einen Scharlatan mit einem Wasserkanister, der den Besuchern für ein kleines Entgelt vorführte, wie das abfließende Wasser beim Überqueren des Äquators seine Drehrichtung ändert.

Für diese delikate Vorführung verwendete der Mann eine wundersame Auswahl von Instrumenten. Das Wasser befand sich in einem rostigen Blechkanister aus einem alten Jeep, den er am Äquator aufstellte. Er füllte es in einen Kunststoffzylinder, der in früheren Zeiten vermutlich als Behälter für Desinfektionsspray gedient hatte. Dieser Zylinder war ungefähr dreißig Zentimeter hoch, hatte einen Durchmesser von zehn Zentimetern, und in seinem Boden befand sich eine kleine Öffnung, die er mit seinem Finger abdeckte, um das Wasser am Auslaufen zu hindern. Auf die Wasseroberfläche legte er zwei Streichhölzer, so dass wir die Drehrichtung des Wassers besser beobachten konnten, sobald er die Öffnung freigegeben hatte. Eine Plastikschüssel zum Auffangen des Wassers vervollständigte seine Apparatur. So ausgerüstet, begann er seine Vorstellung.

Er teilte uns mit, dass wir zunächst vom Äquator aus rund zwanzig Meter nach Norden gehen müssten, wo er bereits eine Waschschüssel zum Auffangen des Wassers platziert hatte. Anschließend würde er mit uns eine entsprechende Distanz südlich des Äquators gehen, wo wir dann den Effekt der Erddrehung beobachten könnten. Wir folgten ihm anstandslos. Zunächst beeindruckte er uns mit wissenschaftlichen Erklärungen, wonach das Wasser im Norden im Uhrzeigersinn abfließen müsse und südlich des Äquators entgegen des Uhrzeigersinns. Schließlich begann er mit dem eigentlichen Experiment. Er löste seinen Finger von der Öffnung im Boden, kippte den Zylinder etwas, und wir konnten beobachten, wie sich die Streichhölzer tatsächlich im Uhrzeigersinn drehten, während das Wasser abfloss. Der Mann sprach in einem fort, goss das Wasser aus der Schüssel wieder zurück in den Zylinder, und wir marschierten mit ernsten Mienen die kurze Strecke in Richtung Süden. Wir überquerten den Äquator und betraten die südliche Hemisphäre, wo wir nach zwanzig Metern unser zweites Ziel erreichten. Während dieser ganzen Zeit schüttelte er den Zylinder mit den Streichhölzern nahezu belanglos hin und her. Ich weiß nicht, wie er diesen Trick bewerkstelligte, aber das Wasser floss nach unserem kurzen Spaziergang über eine staubige Straße tatsächlich in entgegengesetzter Richtung ab. Ich fragte ihn, wie er das gemacht habe, und wollte das Geheimnis seines Tricks erfahren. Doch er schaute mich mit ernsten Augen an und meinte: »Das ist Physik!« Dann fügte er mit leiserer Stimme hinzu, als wolle er mir doch noch ein Geheimnis verraten: »Coriolis-Effekt.«

Ich war erstaunt über den Physikunterricht, den unschuldige Urlauber inmitten der afrikanischen Hochebene erhielten. Die Theorie war vorzüglich, und ich gab ihm amüsiert seine Shillinge,

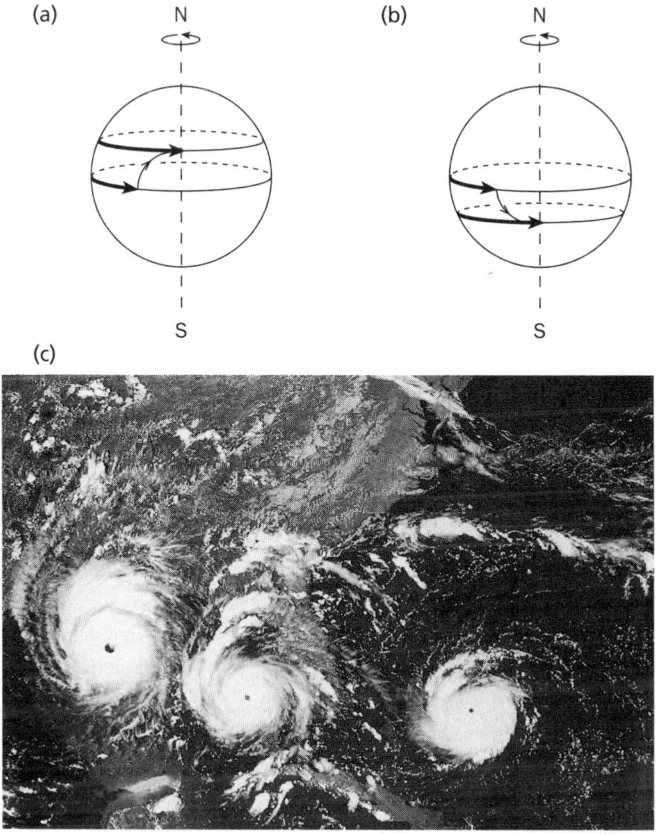

Abb. 2.4: Der Coriolis-Effekt: (a) Bewegt sich ein Gegenstand vom Äquator aus nach Norden zum Wendekreis des Krebses, so wird dieser Gegenstand auf Grund der Erhaltung des Drehimpulses schneller als die Erdoberfläche. Die nach Norden gerichtete Bewegung dreht somit nach Osten ab, was einer Kurve im Uhrzeigersinn entspricht. (b) Bewegt sich ein Gegenstand nach Süden zum Wendekreis des Steinbocks, ergibt sich ein ähnlicher Effekt, allerdings erscheint die Kurve nun am Äquator gespiegelt und verläuft daher dem Uhrzeigersinn entgegen. (c) Der Coriolis-Effekt verursacht die großen Zirkulationen der Atmosphäre, wie in dieser Satellitenaufnahme des Wirbelsturms Andrew.

doch die Vorführung war reine Scharlatanerie. Damit Sie das besser nachvollziehen können, möchte ich zunächst erklären, was es mit dieser Wasserdrehung auf sich hat.

Denken Sie an einen Eiskunstläufer, der sich wie ein Kreisel mit ausgestreckten Armen um seine Körperachse dreht. Plötzlich zieht er seine Arme eng an den Körper, und er dreht sich schneller. Das hierfür verantwortliche Naturgesetz besagt, dass der Drehimpuls eines frei rotierenden Körpers erhalten bleibt, oder mit anderen Worten, wenn der Radius kleiner wird, muss die Geschwindigkeit entsprechend zunehmen. Sind die Arme des Eiskunstläufers ausgestreckt, bewegen sich die Hände entlang eines größeren Kreises, als wenn die Arme an den Oberkörper gelegt werden. Damit der Drehimpuls unverändert bleibt, muss sich der Eiskunstläufer schneller drehen. Dieses Verhalten folgt aus den Naturgesetzen; es lässt sich nicht abschalten.

Nun stellen Sie sich vor, Sie seien am Äquator, während sich die Erde um ihre Achse dreht. In vierundzwanzig Stunden werden Sie ein Mal herumgetragen und legen dabei rund 40 000 Kilometer zurück. Hätten Sie stattdessen den Tag zitternd auf einer Forschungsstation in der Nähe des Südpols verbracht, wären Sie der Drehachse näher gewesen und hätten dabei einen Kreis von vielleicht nur wenigen Kilometern durchlaufen. In diesem Fall wäre Ihr Drehimpuls wesentlich kleiner gewesen als am Äquator. Hätten Sie sich vom Äquator aus auf einen der Pole zubewegt, so wären die Radien der Kreise, auf denen Sie um die Erde getragen werden, immer kleiner geworden. Wie der Eiskunstläufer, der seine Arme an den Körper zieht, hätte Ihre Geschwindigkeit dabei zugenommen.

Die Erde dreht sich nach Osten der Sonne entgegen, und unabhängig davon, ob Sie den Äquator in nördlicher oder in südlicher Richtung verlassen, Sie überholen in beiden Fällen die Erde, denn Sie bewegen sich schneller nach Osten. Wenn Sie nach Norden reisen, so werden Sie durch diesen Effekt nach Osten abgelenkt. Dies entspricht einer Bewegung im Uhrzeigersinn. Reisen Sie jedoch nach Süden und drehen dann nach Osten ab, so verläuft diese Bewegung entgegen dem Uhrzeigersinn. Bei einem festen Bestandteil der Erdoberfläche, wie einem Berg oder einem Flussufer, treten Spannungskräfte auf, da sie sich nicht auf der Oberfläche bewegen können. Leicht verformbare Medien, wie die Atmosphäre oder Wasser, werden jedoch relativ zur Oberfläche verschoben. Dies ist die Ursache für die riesigen Zirkulationen der Atmosphäre, die unser Wetter bestimmen. In den Ozeanen werden hierdurch einige der großen Strömungen erzeugt; bei Flüssen wird im Laufe der Zeit oft ein Ufer rascher abgetragen als das gegenüberliegende Ufer. Wenn jedoch Wasser durch den Abfluss Ihrer Badewanne fließt, dann sind die Abstände so klein, dass dieser Coriolis-Effekt (nach dem französischen Ingenieur und Mathematiker Gustave-Gaspard Coriolis, Anfang des 19. Jahrhunderts) vernachlässigbar ist.

Trotzdem gab es auch sehr sorgfältig ausgeführte Experimente zu seinem Nachweis. Von einem dieser Experimente, das zudem noch in Stillwater (!), USA, durchgeführt wurde, berichtete die Zeitschrift *Nature* vor einigen Jahren. Unter gewöhnlichen Umständen wird der sehr schwache Coriolis-Effekt durch mehrere Einflüsse überdeckt. Damit man überhaupt eine Chance hat, diesen Effekt zu beobachten, benötigt man zunächst eine symmetrische Anordnung mit einem kreisförmigen Abflussloch genau in der Mitte eines großen Bassins. Zweitens sollte man nach dem Auffüllen des Bassins mehrere Stunden warten, so dass alle Wasserbewegungen abgeklungen sind; jede noch so kleine Reströmung zerstört bereits die Symmetrie. Drittens können Luftströmungen oberhalb des Wassers einen Einfluss auf das Experiment haben, das Bassin sollte daher abgedeckt werden. Und schließlich sollte sich der Abfluss von unten öffnen lassen, damit die Flüssigkeit nicht gestört wird und dabei Wirbel entstehen. Wird all dem Rechnung getragen, so gibt es eine Chance, den Coriolis-Effekt nachzuweisen.

Bei dem Experiment in Stillwater wurden diese Bedingungen berücksichtigt – und noch einiges mehr. Das Ergebnis war wie erwartet: Das Wasser floss mit genau der Drehrichtung ab, die Coriolis vorhergesagt hatte. Die Autoren geben jedoch zu, dass die Ursache immer noch in der besonderen Anordnung des Bassins liegen könne und dass man für einen wirklich überzeugenden Test das Bassin zur südlichen Erdhalbkugel transportieren und das Experiment dort wiederholen müsse. Das ist niemals geschehen, und das einzige mir bekannte Beispiel, wo dieses »Experiment« mit derselben Apparatur auf beiden Erdhälften durchgeführt wurde, ist die Vorführung des geschäftstüchtigen Scharlatans in Kenia.

Nachdem offensichtlich geworden ist, wie schwach und empfindlich der Effekt ist, sollte auch einsichtig sein, dass eine schlüssige Demonstration unmöglich ist, indem man eine windige und staubbedeckte Straße im Hochland Kenias entlangläuft. Abgesehen von den Erschütterungen des Zylinders und der Tatsache, dass zwanzig Meter nördlich oder südlich des Äquators viel zu wenig sind, um die Erdkrümmung bereits spüren zu können, gibt es noch einen viel wichtigeren Grund, weshalb das Experiment nicht funktionieren konnte. Der Hauptpunkt in der Argumentation besteht darin, dass man sich bei der Überquerung des Äquators an dem Punkt befindet, der von der Drehachse der Erde am weitesten entfernt ist, und wenn man weiter nach Norden oder Süden geht, so ist das wie bei dem Eiskunstläufer, der seine Arme an den Körper zieht: Man dreht sich schneller als die Erde. Die Straße, die wir damals entlanggingen, befand sich jedoch an einem Berghang, und die 40 Meter von Norden nach Süden gingen wir bergab und näherten uns somit während des gesamten Weges der Drehachse der Erde.

Mehr als nur Kugeln

Im Augenblick der Befruchtung beginnt das Leben in Form eines kugelförmigen, einzelligen Embryos, doch neun Monate später ist von dieser perfekten Kugelsymmetrie nichts mehr zu erkennen. Es mag schwierig sein, ein Baby von einem anderen zu unterscheiden, doch der Unterschied zwischen einem Baby und einer Kugel ist offensichtlich. Wie ist es zu dieser beachtlichen Brechung der Symmetrie gekommen? Dieses hochstrukturierte Wesen mit einem Kopf am oberen Ende, zwei Beinen am unteren und einer inneren Asymmetrie von rechts nach links schreit förmlich nach einer Erklärung.

Die kugelförmige Sonne und die fast kugelförmige Erde sind das Ergebnis der Gravitation, die von allen Seiten gleichermaßen zieht. Doch die Gravitation hat mit der Gestalt eines Menschen wenig zu tun. Wir spüren die Gravitation als Anziehungskraft zur Erde, doch abgesehen davon hat sie auf uns keinen unmittelbaren Einfluss. Wie alle feste Materie werden wir durch andere Kräfte – elektrische und magnetische – zusammengehalten. Die Schwerkraft ließ den Newtonschen Apfel herunterfallen, doch aufgehalten auf seinem Weg zum Erdmittelpunkt wurde er durch den festen Boden, also durch elektrische und magnetische Kräfte. Für diese Kräfte (die wir im Folgenden gemeinsam als elektromagnetische Kräfte bezeichnen werden) gilt wie für die Gravitation ein inverses Quadratgesetz, d. h., sie nehmen mit dem Quadrat des Abstands ab, allerdings sind sie wesentlich stärker. (Das Magnetfeld der Erde, dessen Pole einige tausend Kilometer auseinander liegen, kann trotzdem eine Kompassnadel herumdrehen.) Sie zeigen auch eine größere Differenziertheit als die Gravitationskräfte. Während unter der Gravitation jeder Gegenstand proportional zu seiner Masse angezogen wird, können die elektrischen und magnetischen Kräfte sowohl anziehend als auch abstoßend wirken. (Ein vertrautes Beispiel dürfte die kraftvolle Anziehung zwischen dem Nord- und Südpol zweier starker Magneten sein und die ebenso starke Abstoßung, wenn sich zwei gleiche Pole annähern.) Das führt zu mehr Vielfalt in der Struktur, insbesondere zu neuen Symmetrien, und nur selten entsteht etwas so Einfaches wie eine Kugel.

Die elektrischen und magnetischen Kräfte können Berge anheben und die Wände von riesigen Schluchten halten. Im Vergleich zur gesamten Erdkugel handelt es sich hier jedoch nur um leichte und eher unscheinbare Unregelmäßigkeiten an der Oberfläche. Wir Menschen haben ein sehr strukturiertes Äußeres, und man könnte sich fragen, ob zumindest im Prinzip die Berge und Täler an der Erdoberfläche so gewaltige Ausmaße hätten annehmen können, dass unser Planet durch gliederähnliche Auswüchse alles andere als die Form einer Kugel hätte. Doch auf unserer Erde können Berge kaum höher als zehn Kilometer werden. Würden sie durch irgendwelche tektonischen Bewegungen weiter angehoben, würde ihr Gewicht die elektrischen Bindungen in dem Gestein an ihrer Basis aufbrechen. Der Effekt wäre ähnlich wie bei Schlittschuhläufern auf dem Eis. Durch das Körpergewicht entsteht ein so großer Druck an den messerscharfen Kufen der Schlittschuhe, dass das Eis schmilzt. Schlittschuhläufer gleiten daher auf einer hauchdünnen Wasserschicht, die sofort wieder gefriert. Etwas Ähnliches würde bei einem übergroßen Berg passieren. Bei einer Höhe von über zehn Kilometern würde sein Gewicht einen so großen Druck an der Basis ausüben, dass die Felsen schmelzen würden. Unterhalb dieser Höhe können die Felsen das Gewicht aushalten.

Bei der Erde beträgt die maximale Abweichung von einer »glatten« Oberfläche daher nur zehn Kilometer, im Vergleich zum Radius von 6000 Kilometern also weit weniger als ein Prozent. Aus diesem Grund ist die Form der Erde der Kugelsymmetrie der Gravitation auch so treu geblieben. Doch wie sähe das Ganze bei einer sehr viel kleineren Erde aus? Wegen der geringeren Materiemenge wären nun die Masse und damit auch die Schwerkraft sehr viel kleiner. Die elektrischen und magnetischen Kräfte im Felsgestein blieben jedoch unverändert. Bei einem Planeten aus festem Gestein von weniger als 500 Kilometern Durchmesser würde der kugelsymmetrische Einfluss der Gravitation schließlich von den Einflüssen dieser elektromagnetischen Kräfte übertroffen. Im Vergleich dazu sind Menschen winzig, so dass für ein Individuum die Gravitation unerheblich ist. Atome und Moleküle werden von den elektromagnetischen Kräften zusammengehalten, und diese geben auch den Körpern ihre Gestalt. Daher sind es auch die elektromagnetischen Kräfte, von denen die Form unseres Körpers oder die eines Embryos bestimmt wird.

Man kann darüber streiten, ob sich Schönheit nur auf das Äußere bezieht, aber die Kugelsymmetrie eines Embryos betrifft sicherlich nur die Oberfläche. Einen wenige Stunden alten Embryo kann man mit bloßem Auge kaum sehen, trotzdem ist er riesig im Vergleich zu den Molekülen in seiner Haut. Unter einem Mikroskop zeigt sich ein werdender Embryo weit entfernt von einer perfekten Kugel. Er besitzt einen komplizierten inneren molekularen Aufbau aus Kohlenstoff-, Stickstoff- und Sauerstoffatomen in einer verschlungenen, hochstrukturierten DNA-Kette. Hier liegt der Plan, der den Zellen schließlich die Anweisungen gibt, im dreidimensionalen Raum Kopf und Fuß, vorne und hinten, rechts und links zu unterscheiden. Die Frage bleibt jedoch: Wie und warum kommt es dazu? Ein Teil des »Warum« wird durch die Evolution erklärbar. Der Kopf an erhobener Stelle hat offensichtliche Vorteile, ebenso eine starke Wirbelsäule zur Verteidigung des Rückens oder nach vorne schauende Augen. Doch die Unterscheidung zwischen links und rechts (beispielsweise bei der Lage des Herzens oder des Magens) ist immer noch ein Rätsel.

Was diese Unterscheidung auslöst und wann genau sie in der Entwicklung eines Fötus auftritt, sind faszinierende Fragen, denen die Embryologen nachgehen. Eine Antwort könnte unter anderem bei der Entwicklung von Verfahren zur Beseitigung genetischer Missbildungen helfen. Das wäre eine neuartige Anwendung einer natürlichen Asymmetrie.

Kapitel 3

HINTER DEN SPIEGELN

In dem Film »Willkommen, Mr Chance« spielt Peter Sellers die Rolle von Chauncey Gardiner, einem einfachen Mann, der für seine sehr abgeschieden lebenden Herrschaften den Garten pflegte und deren Anwesen er nie zu verlassen gewagt hatte. Seine einzigen Erfahrungen von der Außenwelt stammten aus dem Fernsehen, und fernsehen war seine hauptsächliche Freizeitbeschäftigung. Als der Besitzer des Hauses stirbt, beginnen für Chauncey die Abenteuer in der großen weiten Welt von Washington, D. C., ausgerüstet mit einer Garnitur Kleidung, einem Regenschirm und einer Fernbedienung für den Fernseher.

In einer Szene steht Chauncey vor einem Schaufenster mit mehreren laufenden Fernsehern. Nachdem er mit seiner Fernbedienung verschiedene Kanäle durchprobiert hat, löst er versehentlich die Sicherheitskameras aus, und sämtliche Bildschirme, außer einem besonders großen, verlöschen. Auf diesem großen Bildschirm erscheint nun das Bild von Chauncey in Lebensgröße. Da ihm diese Art der Bildrückkopplung fremd ist, vermutet er, dass er in einen Spiegel schaut und sein Spiegelbild sieht. Er geht nach rechts und hält überrascht wieder an, denn sein Spiegelbild ist in die entgegengesetzte Richtung gegangen. Er bewegt sich nach links, und auch sein Spiegelbild dreht sich um. Er schwingt seinen Regenschirm in die Höhe, und der Chauncey auf dem Bildschirm hebt ebenfalls seinen Regenschirm, allerdings nicht mit dem Arm, welcher der gehobenen Hand von Chauncey direkt gegenüber ist, sondern mit dem Arm auf der anderen Seite.

Abb. 3.1: »Der Spiegel schien nicht richtig zu funktionieren.«

Er ist so erstaunt, dass er auf die Straße zurücktritt und von einem Auto angefahren wird. Ironischerweise ist das der Anfang seiner Glückssträhne, doch das ist eine andere Geschichte. Was uns an dieser Szene amüsiert, ist die Reaktion Chaunceys auf sein Bild im Fernsehen, das als vermeintliches Spiegelbild die »falschen« Dinge macht. Doch was uns zunächst als Naivität erscheint, betrifft in Wirklichkeit etwas sehr Tiefsinniges.

Unsere Fähigkeit zur Unterscheidung von rechts und links ist manchmal eigenartig ausgeprägt. Bei manchen Bildern würden wir eine Vertauschung von rechts und links oft gar nicht bemerken. Dazu gibt es einen einfachen Test. In vielen Ländern zeigen Briefmarken oder Geldstücke das Bild einer berühmten Persönlichkeit oder ein nationales Symbol. In England beispielsweise ist es das Profil der Königin, das auf Geldscheinen und Briefmarken zu sehen ist. In Deutschland fand man auf der Rückseite der 1-, 2- und 5-Mark-Stücke den Bundesadler. Das Gleiche gilt für die neuen

1- und 2-Euro-Münzen. Ohne nachzusehen, können Sie sagen, ob der Kopf nach rechts oder links schaut? Diese Gegenstände sieht man täglich, und trotzdem würde man in einer großen Gruppe von Leuten auf diese Frage nahezu ebenso oft eine falsche Antwort erhalten wie eine richtige.

Die Unterscheidung von rechts und links ist eher reflektorisch als bewusst. Viele Kinder drehen Buchstaben oder Wörter um und verwechseln beispielsweise »p« und »q« oder »d« und »b«. Die meisten Kinder lernen im Laufe der Zeit, diese Spiegelbilder zu unterscheiden, doch dyslektische Kinder behalten diese Probleme.

Die Unterscheidung zwischen rechts und links erfolgt oft unbewusster, als wir meinen, doch gerade auf dieser »Dummheit« beruht teilweise unsere Faszination von Spiegeln. In *Alice hinter den Spiegeln* hat Lewis Carroll darüber eine lange Kindergeschichte geschrieben. Als Alice den Spiegelraum betritt, erblickt sie etwas, das zunächst wie ein gewöhnliches Buch aussieht, doch die Schrift scheint in einem seltsamen Kode geschrieben zu sein. Sie erkennt, dass es sich um ein »Spiegelbuch« handelt, und hält es vor einen Spiegel, so dass »die Worte wieder in der richtigen Richtung« erscheinen. Ebenso wie wir weiß auch Alice, dass das Spiegelbild eines Spiegelbildes wieder dem Original gleicht. Doch warum vertauscht ein Spiegel rechts und links und nicht oben und unten? Aus unserer Erfahrung ist das selbstverständlich, doch andererseits sollte sich ein flacher quadratischer Spiegel nicht darum kümmern, ob er um 90° gedreht wird. Doch auch nach einer Drehung vertauscht er weiterhin rechts und links, obwohl diese Teile ursprünglich oben und unten betrafen.

Ich werde diese Frage später in diesem Kapitel beantworten. Die Lösung ist einfach, sobald man sich einiger Missverständnisse in Bezug auf Symmetrien bewusst geworden ist. Als Vorübung betrachten wir das bekannteste Beispiel und sein Spiegelbild: uns.

Der menschliche Körper

Der menschliche Körper ist weder unter Vertauschung von vorne und hinten noch bezüglich oben und unten symmetrisch, doch zumindest äußerlich erscheint er uns mehr oder weniger symmetrisch unter einer Vertauschung von rechts und links. Die meisten Asymmetrien sind selbst verschuldet, wie der Scheitel im Haar oder die bei Rechtshändern ausgeprägteren Muskeln auf der rechten Seite. Eine äußerlich sichtbare »natürliche« Asymmetrie gibt es jedoch: Der linke Hoden hängt beim Mann meist tiefer als der rechte. In diesem Fall wäre eine vollkommene Symmetrie kaum wünschenswert, denn zwei gleich lange Hodensäcke würden ständig gegeneinander stoßen. Abgesehen von den Unannehmlichkeiten, wäre das auch für eine gesunde Entwicklung der Spermien abträglich. Hier erscheint es plausibel, dass die natürliche Auslese der Evolution eine Asymmetrie bevorzugte, doch warum gerade der linke Hoden als der tiefer hängende ausgewählt wurde, ist immer noch ein Rätsel.

Abgesehen von diesen und anderen unbedeutenden Ausnahmen, wie Narben oder Sommersprossen, erscheint der Mensch oberflächlich symmetrisch. Diese Symmetrie geht jedoch kaum tiefer als die Haut. Bei allen Wirbeltieren befinden sich das Herz und der Magen auf der linken Seite, die Leber und der Blinddarm auf der rechten. Unter 10 000 Personen gibt es im Mittel eine, bei der das Herz auf der falschen Seite schlägt (nämlich rechts statt links). Liegt das Herz auf der falschen Seite, dann gilt das in der Regel auch für alle anderen Organe, was für schlecht vorbereitete Chirurgen zu unangenehmen Überraschungen führen kann. Gewöhnlich entspricht der Verlauf des Herzens einer Rechtsschleife, der des Magens einer Linksschleife. In den seltenen Fällen, wo die Lage der Organe relativ zur Norm »gespiegelt« ist, sind auch die Richtungen solcher Schleifen umgedreht. Was auch immer die Orientierung eines Organs festlegt, bestimmt auch die Orientierungen der anderen Organe. Die Spiegelreflexion ist absolut. Auf irgendeine Weise wird der mikroskopische, ursprünglich kugelförmige Embryo chiral, d. h. asymmetrisch unter Vertauschung von rechts und links, und das ganze System wählt entweder die »Standard«-Ausführung oder die gespiegelte Version.

Unser rechter Lungenflügel ist größer als unser linker, wohingegen die linke Hälfte unseres Gehirns etwas größer als die rechte ist. Asymmetrien in unserem Gehirn und den Verknüpfungen unseres Nervensystems bestimmen auch viele Asymmetrien in unserem Verhalten. Die Nerven, die unser Gehirn mit unseren Muskeln verbinden, überkreuzen sich, so dass die linke Seite des Gehirns die rechte Seite unseres Körpers steuert und umgekehrt. Die weite Verbreitung der Rechtshändigkeit entspricht daher einer ausgeprägteren Steuerung durch die linke Gehirnhälfte. Die linke Gehirnhälfte ist für unsere Sprache – Sprechen, Lesen, Schreiben und Hören – verantwortlich, während die rechte Seite unsere visuellen, künstlerischen und musikalischen Wahrnehmungen steuert. Wenn daher bei einem Schlaganfall die linke Gehirnhälfte beschädigt wird, führt das oft zu einer Sprachbehinderung.

Auch unser linkes und rechtes Auge werden durch die Asymmetrie unseres Gehirns beeinflusst, so dass wir entweder »linksäugig« oder »rechtsäugig« sind. Zu welcher Gruppe Sie gehören, können Sie leicht überprüfen, indem Sie mit Ihrem Finger auf einen zwei bis drei Meter entfernten Gegenstand zeigen. Nun decken Sie mit der Hand Ihr linkes Auge ab, und prüfen Sie, ob Ihr Finger immer noch auf diesen Gegenstand zeigt oder etwas daneben. Wiederholen Sie das Experiment, wobei Sie diesmal Ihr rechtes Auge abdecken. Falls Ihr Finger immer noch auf den Gegenstand zeigte, als Ihr linkes (rechtes) Auge abgedeckt war, dann ist Ihr rechtes (linkes) Auge dominant.

Links- und Rechtshänder

Ein vertrautes Beispiel einer Spiegelasymmetrie ist die Tatsache, dass Menschen für bestimmte komplizierte Aufgaben nur die rechte oder nur die linke Hand benutzen, aber nicht beide. Sind Sie Linkshänder? Falls ja, dann werden Sie sich sicherlich von der Gesellschaft oft diskriminiert vorkommen. Linkshändigkeit ist gar nicht so selten – im Durchschnitt ist einer von zehn Menschen Linkshänder –, und doch umgeben uns viele Dinge, die offensichtlich für Rechtshänder entwickelt wurden. So ist es beispielsweise für die rechte Hand leichter, etwas im Uhrzeigersinn zu drehen als andersherum. Für die linke Hand ist es umgekehrt. Bei alten Seilen, die noch von Hand aus Hanf gedreht wurden, kann man die Händigkeit der Person ablesen, die das Seil geflochten hat. Hat ein Rechtshänder das Seil gedreht, so hat das Seil einen Linksdrall, Linkshänder hingegen fertigen Seile mit einem Rechtsdrall.

Grundsätzlich könnten Schrauben rechtshändig oder linkshändig sein. Trotzdem sind Schrauben aus Massenproduktionen gewöhnlich rechtshändig, d. h., sie bewegen sich vorwärts, wenn sie im Uhrzeigersinn gedreht werden, der natürlichen Bewegung für einen Rechtshänder. In manchen Fällen ist Asymmetrie für eine effiziente Funktionsweise der Gegenstände notwendig, und auch die natürliche Asymmetrie von links- oder rechtshändigen Schrauben hat wichtige praktische Anwendungen. Beispielsweise sind die Achswellen bei Landrovern an ihren Enden in entgegengesetzter Richtung verschraubt, so dass sie sich bei einer Fahrt über holpriges Gelände nicht versehentlich lösen. Ebenso ist es bei Fahrradpedalen. Schraubengewinde oder Korkenzieher sind so gemacht, dass es für Rechtshänder leichter ist, eine Schraube einzudrehen oder eine Flasche Wein zu entkorken.

Auch Scheren aus Massenproduktion sind für Rechtshänder entworfen, so dass bei normaler Handhabung die beiden Klingen gegeneinander gepresst werden und schneiden. Wenn Sie jedoch eine Schere in Ihre linke Hand nehmen, wird die natürliche Bewegung die beiden Klingen auseinander ziehen. Linkshänder müssen bei solchen Scheren mit dem Daumen den Griff umfassen und dann zurückziehen. Wenn Sie als Rechtshänder eine Schere in der linken Hand halten, beispielsweise um sich die Fingernägel an der rechten Hand zu schneiden, werden Sie verstehen, was ich meine. Das ist alles sehr lästig, doch statt sich in einem Spezialgeschäft eine »linkshändige« Schere zu kaufen, benutzen Linkshänder für »einfache« Arbeiten vielfach ihre rechte Hand. Diese »Wenn du sie nicht besiegen kannst, verbünde dich mit ihnen«-Haltung macht es uns oft schwer, Linkshändigkeit bei anderen überhaupt festzustellen.

Was ist ein Linkshänder? Das ist gar nicht so selbstverständlich, wie es zunächst den Anschein haben mag. Welche Hand benutzen Sie zum Schreiben, Sägen, Schneiden mit einem Messer, Schmieren eines Brotes, Hämmern, Werfen und ähnliche Aufgaben? Sind nur solche Menschen Rechtshänder, die auf alle diese Fragen »die rechte« antworten? Wenn Sie sich als Linkshänder einstufen, führen Sie alle diese Aufgaben mit Ihrer linken Hand durch, oder ist es bei Ihnen unterschiedlich? Falls das Letztere der Fall ist: Haben Sie es irgendwann einmal aufgegeben, sich gegen die Vorherrschaft der rechtshändigen Gegenstände aufzulehnen, und sich dem allgemeinen Trend angepasst? Bei frühen Untersuchungen zur Händigkeit wurde eine Person als Rechtshänder eingestuft, sobald sie auch nur eine der obigen Arbeiten mit der rechten Hand verrichtete, unabhängig davon, ob sie vielleicht alle anderen mit der linken Hand ausführte. Es wird kaum überraschen, dass der Anteil der Linkshänder nach diesen Untersuchungen nur sehr gering war.

Für viele Aufgaben müssen beide Hände eingesetzt werden, doch auch hier kann es zu einer Links-rechts-Asymmetrie kommen, wenn eine Hand die motorisch feineren Arbeiten übernimmt. Beispielsweise werden Klaviere so gebaut, dass die rechte Hand die Hauptmelodie auf den höheren Tasten übernehmen kann. Wenn Sie als Rechtshänder Geige spielen, dann hält Ihre rechte Hand den Bogen, während die Finger der linken Hand zur Erzeugung der Tonhöhen die Saiten herunterdrücken. Ähnlich ist es bei einer Gitarre. Paul McCartney zupfte die Saiten mit seiner linken Hand und griff die Akkorde mit seiner rechten, doch er ist eine Ausnahme. Das Streichen oder Zupfen der Saiten scheint die feinmotorisch höheren Anforderungen zu stellen als das eher passive Herunterdrücken der Saiten. Einen Tisch werden Sie vielleicht mit beiden Händen abstauben können, doch vermutlich haben Sie eine deutliche Vorliebe für die Hand, in der Sie beim Abwaschen einen Teller halten.

Nahezu alle Aufgaben, abgesehen vom Schreiben, kann man mit

entsprechender Übung auch mit der nicht bevorzugten Hand erledigen. Die meisten Leute werden sich als Links- bzw. Rechtshänder einstufen, je nachdem, welche Hand sie zum Schreiben verwenden. Insbesondere beurteilen wir andere Menschen danach. Schreiben gehört zu den motorisch schwierigsten Aufgaben, und die wenigsten werden diese Fertigkeit jemals mit beiden Händen gleich gut beherrschen. Wenn die Schreibhand die »Händigkeit« einer Person definiert, dann sind ungefähr zehn Prozent aller Menschen Linkshänder.

Bei fast allen untersuchten Tieren, einschließlich großer Affen, findet man bei jedem Individuum eine Vorliebe für die eine oder andere Hand. Bei den meisten Affenarten scheint es ebenso viele Links- wie Rechtshänder zu geben. Diese Aussage ist allerdings nicht ganz unumstritten: Während das Verhältnis von Links- zu Rechtshändern bei Gorillas nahe bei 50:50 zu liegen scheint, könnte es bei Schimpansen mit 60:40 zu Gunsten der Rechtshänder ausfallen.

Beim Menschen sieht das ganz anders aus: Neun von zehn Personen sind Rechtshänder. Diese Präferenz scheint überall auf der Welt gleich zu sein und erstreckt sich auch in die Vergangenheit, zumindest soweit wir das verfolgen können. Es gibt eine ausgeprägte und leider auch beharrliche historische und kulturelle Tradition, Linkshänder als unheilvoll, nachstellend oder »link« anzusehen. Kulturell hat die Welt eine Vorliebe für rechts: Der Ehrenplatz ist rechts neben dem Gastgeber; Jesus fuhr zum Himmel auf, um zur Rechten Gottes zu sitzen (nach christlicher Tradition); es ist der rechte Zeigefinger Gottes, der in Michelangelos berühmtem Gemälde den Adam erschafft. Rechtschaffenheit und Gerechtigkeit sind gute Dinge, während »linken« oder »linkisch« eher etwas Negatives zum Ausdruck bringen.

Die Richtung der Linien in Leonardo da Vincis Skizzen weisen ihn als Linkshänder aus: Die Diagonale von links oben nach rechts unten ist der natürliche Strich für einen Linkshänder (s. Abb. S. 54). Rechtshänder bevorzugen die andere Richtung. Als Künstler war Leonardo da Vinci außergewöhnlich und als Linkshänder die Ausnahme. (Die Signaturen rechtshändiger Künstler überwiegen sicherlich nach Quantität, wenn nicht sogar nach Qualität.) Selbst bei alten Höhlenmalereien kann man an der Richtung der Linien erkennen, dass es sich bei den Künstlern um Rechtshänder gehandelt haben muss. Die gemeißelten Kerben in alten Steinarbeiten oder die Art, wie Feuersteine geschlagen wurden, zeigen deutlich die zahlenmäßige Überlegenheit der Rechtshänder auch unter den vorgeschichtlichen Menschen.

Zu demselben Ergebnis – der Dominanz von Rechtshändigkeit – gelangt man durch die Untersuchung alter Zähne von Menschen aus dem Pleistozän vor rund einer halben Million Jahren. Nachdem sie Tiere gejagt und erlegt hatten, nahmen diese Höhlenbewohner das Fleisch zwischen ihre Zähne und trennten es mit scharfen Feuersteinen durch, wobei sie sich manchmal dünne Kerben in ihre Zähne schnitten. In vielen Fällen verlaufen diese Kerben von links oben nahe dem Zahnfleisch nach rechts unten. Diese aufschlussreichen Zeichen in der natürlichen Richtung für Rechtshänder kann man bis in die heutige Zeit beobachten.

Es wurde sogar versucht, das Verhältnis von Links- zu Rechtshändern historisch zu verfolgen und mit der heutigen Zeit zu vergleichen. Eine Quelle ist die Bibel, wo im Buch der Richter (20, 16–17) erwähnt wird, dass es in der Armee der Benjaminiten eine spezielle Truppe von 700 Steinschleuderern gab, die alle Linkshänder waren. Da die Armee insgesamt rund 27 000 Mann umfasste, entsprechen 700 Linkshänder einem Verhältnis von rund 1:40 – oder 2,5 Prozent. Das ist weniger als die zehn Prozent der heutigen Messungen, doch das ist kaum überraschend, denn im Fall der benjaminitischen Armee vergleichen wir die Linkshänder mit einer speziellen Begabung, nämlich die Steinschleuderer, mit einer ganzen Armee. Daher dürfte 1:40 eher zu niedrig geschätzt sein, denn es gibt keinen Grund, warum diese spezielle Truppe alle Linkshänder der Armee umfasst haben sollte. Es gab sicherlich auch Linkshänder, die keine guten Steinschleuderer waren.

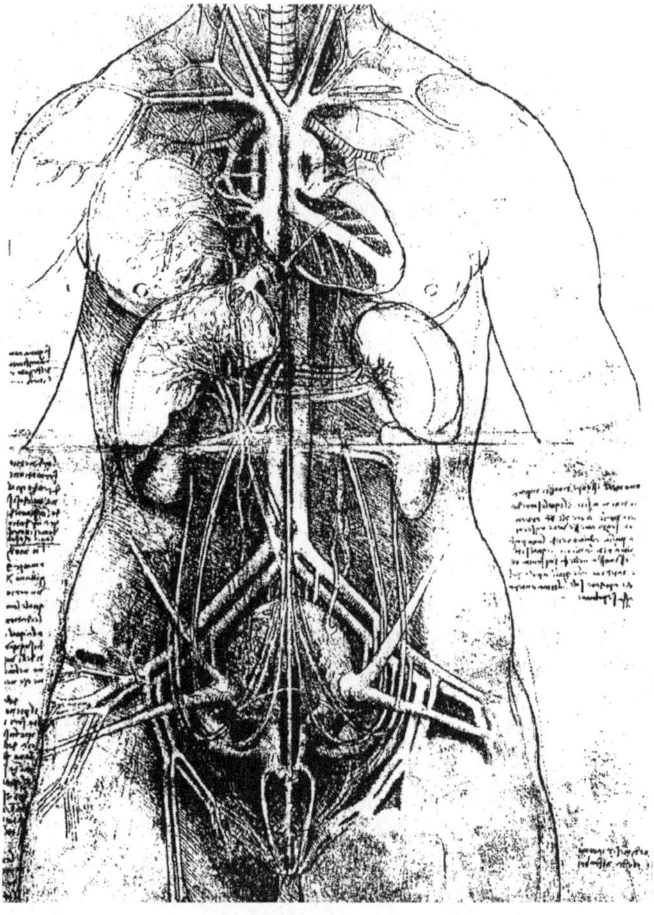

Abb. 3.2: Leonardo da Vincis Zeichnung des Rumpfes eines weiblichen Körpers. Die Richtung der Schattierung von links oben nach rechts unten ist die natürliche Richtung für einen Linkshänder. Diese Zeichnung zeigt auch die Links-rechts-Asymmetrie der inneren Organe.

Das asymmetrische Gehirn

Was ist die Ursache für Links- oder Rechtshändigkeit? Soweit wir wissen, spielt sich alles im Kopf ab (im neurologischen, nicht im psychologischen Sinne). Ich hatte schon erwähnt, dass unser Gehirn links-rechts-asymmetrisch ist und dass eine Gehirnhälfte die jeweils gegenüberliegende Körperhälfte steuert. Auch hinsichtlich der Funktion gibt es eine Asymmetrie – unsere Gehirne haben sich spezialisiert. Die linke Gehirnhälfte ist auf verbale Fähigkeiten spezialisiert und beim Menschen die dominante Seite. Sie steuert auch die motorischen Mechanismen auf unserer rechten Körperseite. Beim Schreiben benutzen wir daher dieselbe Gehirnhälfte, die auch für die Sprache zuständig ist, wodurch die gegenüberliegende Hälfte für andere Aufgaben zur Verfügung steht. Da dieselbe Gehirnhälfte sowohl für das Sprechen als auch das Schreiben verantwortlich ist, lassen sich Informationen leichter verarbeiten. Das Gehirn des Menschen und sein Nervensystem haben sich so zu einem effizienten Ganzen entwickelt.

Es gibt eine Theorie, wonach die Spezialisierung der Gehirnhälften beim Menschen durch die Entwicklung der Sprache ausgelöst wurde, die nur uns zu Eigen ist, und das wiederum soll zu der einzigartigen Rechts- bzw. Linkshändigkeit des Menschen geführt haben. Immer noch wird in manchen Kulturen ein als Linkshänder geborenes Kind von seinen Eltern dazu angeregt, verstärkt seine rechte Hand zu benutzen. Als ich in den sechziger Jahren zur Schule ging, hatten wir einen Jungen in der Klasse, der stotterte. Dieser Junge wurde gezwungen, rechtshändig zu schreiben, und man hat später vermutet, dass das Stottern eine Folge davon war. Ich weiß nicht, ob das wirklich stimmte (und bin mir auch der Tatsache bewusst, dass man als Kind gerne Geschichten erfindet), doch das Stottern hörte auf, als er glücklich zum linkshändigen Schreiben zurückkehren durfte. Einige Untersuchungen deuten tatsächlich darauf hin, dass bei Linkshändern, die in ihrer Kindheit gezwungen wurden, mit der rechten Hand zu schreiben, Sprachbehinderungen häufiger anzutreffen sind. Diese Lern- und Verhaltensprobleme ließen sich dadurch erklären, dass die Funktionen des Sprechens und Schreibens von derselben Gehirnhälfte gesteuert werden. Unterstützt wird diese Theorie durch die Beobachtung, dass die Probleme oft wieder verschwinden, wenn die Person zum Gebrauch ihrer natürlichen linken Hand zurückkehren darf.

Obwohl der eigentliche Grund des Stotterns nicht bekannt ist, zeigen neuere medizinische Untersuchungen, dass Stotterer ihre beiden Gehirnhälften anders einzusetzen scheinen als Menschen mit normalem Sprachverhalten. Mit Hilfe der Positron-Emissions-Tomographie (PET) kann man in das lebende Gehirn hineinschauen (siehe Seite 254). Wenn eine Person spricht, findet man mit dieser Methode normalerweise nur ein einzelnes Aktivitätszentrum in der linken Gehirnhälfte, bei Stotterern sind jedoch beide Gehirnhälften aktiviert. Vermutlich müssen diese beiden Zentren für ein effizientes Sprechen koordiniert werden, was über das *Corpus callosum* (die neuronale Verbindung zwischen den beiden Gehirnhälften) schwieriger ist. Sollten diese Entdeckungen tatsächlich die Erklärung sein, wären Links-rechts-Asymmetrien am Stottern beteiligt. Der Zusammenhang mit der erzwungenen Rechtshändigkeit bei Linkshändern wäre dann allerdings bestenfalls ein Nebeneffekt.

Rechtshänder haben es in unserer Gesellschaft leichter, trotzdem zeigen wissenschaftliche Untersuchungen, dass Erziehung und Umwelt allein nicht die Erklärung für die Dominanz der Rechtshänder sind. Bei adoptierten Kindern, die keinem Einfluss ihrer natürlichen Eltern mehr ausgesetzt sind, findet man dasselbe Verhältnis von Rechts- zu Linkshändern, unabhängig von der Händigkeit ihrer Adoptiveltern. Man vermutet, dass sich eine »intrinsische« Vorliebe für die eine oder andere Hand schon in einem sehr frühen Entwicklungsstadium herausbildet. Doch wenn diese Wahl nicht durch unsere Umwelt beeinflusst wird, sind dann die Gene dafür verantwortlich?

Händigkeit und ähnliche Asymmetrien scheinen innerhalb von Familien stärker korreliert zu sein. Betrachten wir als Beispiel den Zusammenhang zwischen der Rechtshändigkeit und der linken Gehirnhälfte. Es ist bekannt, dass eine Verletzung der linken Gehirnhälfte nach einem Schlaganfall, Unfall oder bei der Geburt die motorischen Fähigkeiten der rechten Körperhälfte drastisch einschränken können. Trotzdem scheinen Rechtshänder, die unter ihren nahen Verwandten auch Linkshänder haben, mit solchen Verletzungen besser zurechtzukommen. Das legt zumindest eine Beziehung zwischen familiärer Händigkeit und der Organisation im Gehirn nahe.

Händigkeit und Gene

Linkshänder scheinen auch häufiger linkshändige Eltern, Geschwister oder Kinder zu haben als Rechtshänder. Das deutet zwar auf genetisch bedingte Ursachen hin, doch es gibt auch Gegenargumente zu Gunsten sozialer Beeinflussungen. Ein linkshändiges Kind mit linkshändigen Eltern wird auch linkshändig bleiben; hat es jedoch rechtshändige Eltern, so kann es schon in einem sehr frühen Stadium entsprechende Vorgaben übernehmen. Ein sozialer Druck ist wohl tatsächlich vorhanden, doch insgesamt scheint der Händigkeit ein genetischer Einfluss zu Grunde zu liegen. Das deutlichste Indiz dafür findet man bei Kindern, deren Eltern beide Rechtshänder sind. Ist ein Großelternteil linkshändig, so ist auch die Wahrscheinlichkeit größer, dass die Kinder zu Linkshändern werden. Ein Zusammenhang zwischen der Asymmetrie des Gehirns und der Händigkeit wäre auch durchaus plausibel und könnte durch die natürliche Auslese im Hinblick auf eine effizientere Arbeitsweise über die Generationen hinweg unterstützt worden sein. Doch wie wird diese Information weitergegeben? Ist ein Gen dafür verantwortlich?

Ein beliebter Test für einen genetischen Einfluss auf bestimmte Eigenschaften ist die Untersuchung von eineiigen Zwillingen. Meist hält man eineiige Zwillinge für »identisch«, obwohl das in Bezug auf die Händigkeit ein irreführender Begriff ist. Bei einem von fünf eineiigen Zwillingspaaren findet man unterschiedliche Händigkeit. Das gleiche Verhältnis findet man auch bei den häufiger vorkommenden zweieiigen Zwillingen, und es entspricht fast dem

Verhältnis in unserer Gesellschaft als Ganzes (die Wahrscheinlichkeit für linkshändige Zwillingspaare ist etwas größer als der Durchschnitt). Das scheint gegen einen genetischen Einfluss zu sprechen, da man in diesem Fall bei eineiigen Zwillingen dieselbe Händigkeit erwarten würde. Gegen diese Argumentation kann man jedoch zwei Einwände vorbringen. Erstens besagt die Genetik nicht, dass eineiige Zwillinge wirklich identisch sind, sondern sie sind sich nur ähnlicher als zweieiige Zwillinge. Ein zweiter Einwand beruht auf dem so genannten Spiegelbildeffekt, mit dem man gewisse physische Eigenschaften bei Zwillingen bezeichnet, die genau entgegengesetzt ausgeprägt sind. So kann ein Haarwirbel bei einem Zwillingsteil im Uhrzeigersinn gedreht sein, während er bei seinem Bruder bzw. seiner Schwester andersherum verläuft. Außerdem sitzen sich junge Zwillinge beim Spielen oft gegenüber und ahmen sich gegenseitig nach. Doch um in dieser Haltung einen rechtshändigen Spielpartner nachahmen zu können, muss der Partner linkshändig agieren. Ob sich solche Erfahrungen schließlich auch auf die Schreibgewohnheiten auswirken, bleibt offen, aber man erkennt die Schwierigkeiten, selbst aus einer zunächst ideal erscheinenden Situation eindeutige Schlussfolgerungen ziehen zu können.

Die meisten Forscher sind der Auffassung, dass die Veranlagung zur Händigkeit vererbt wird, aber dass die Mechanismen zu ihrer Ausprägung sehr kompliziert sind. Da Linkshändigkeit unter Männern häufiger auftritt als unter Frauen, wurde vermutet, dass die Händigkeit mit einem Gen auf den X- und Y-Chromosomen zusammenhängt, also den Chromosomen, die auch das Geschlecht bestimmen. Gegner dieser Meinung machen jedoch darauf aufmerksam, dass es viele Unterschiede zwischen den Geschlechtern gibt, deren zugehörige Gene bekanntermaßen nicht auf den Geschlechtschromosomen sitzen. Die Suche geht also weiter.

Falls die Rechts- bzw. Linkshändigkeit eines Menschen tatsächlich ein äußeres Zeichen für eine Asymmetrie des Gehirns ist, dann könnte die Entdeckung des zugehörigen Gens (falls das wirklich die Ursache ist) neue Wege in der Gehirnforschung eröffnen. Man erhielte vielleicht Hinweise auf Unterschiede im Gehirnaufbau bei verschiedenen Menschen und ihren Einfluss auf die Persönlichkeit und die Sprachstrukturen. Kreativität wird allgemein mit den Aktivitäten der rechten Gehirnhälfte in Zusammenhang gebracht, und das zugehörige Gen könnte uns auch über solche Begabungen etwas lehren. Die Zukunft wird zeigen, ob solche Vorstellungen zur Realität werden oder nur in der Fantasie übereifriger Sciencefictionautoren herumgeistern. In jedem Fall wird es von der Identifizierung dieses Gens bis zu einem »Einstein auf Bestellung« noch ein langer und verschlungener Weg sein.

Halten Sie sich rechts!

Verkehr ist ein gutes Beispiel für die Vorteile von Spiegelasymmetrie und ihre Entstehung. Motorisierte Verkehrsteilnehmer können auf der linken Straßenseite fahren (wie in Japan oder Großbritannien und Teilen des ehemaligen Empires) oder auf der rechten (wie in den meisten anderen Ländern). Es ist eine Frage der Sicherheit, dass die Symmetrie gebrochen ist und innerhalb eines lokalen Gebiets entweder die eine oder andere Straßenseite benutzt wird. Die Gründe, warum es in manchen Ländern heute Rechtsverkehr und in anderen Linksverkehr gibt, lassen sich historisch oft gut zurückverfolgen.

Eine Bevorzugung der linken Straßenseite geht auf Zeiten zurück, als man noch zu Pferde ritt. Der meist kräftigere rechte Arm des Reiters war hier ausschlaggebend, lange bevor Steigbügel zur Regel wurden. Sie stehen neben dem Pferd und schauen die Straße entlang. Ihr stärkerer rechter Arm hält das Pferd, d. h., Sie stehen zur Linken des Pferdes. Sie steigen auf und reiten in die Richtung, in die Sie geschaut haben, d. h., Sie reiten auf der linken Straßenseite. Mit Steigbügeln ist es dasselbe, denn als natürlicher Rechtshänder nehmen Sie die Zügel in die linke Hand und ergreifen den Sattelknauf mit der Rechten. Der linke Fuß steigt in den Steigbügel, die rechte Hand zieht, und Sie schwingen sich in den Sattel. Wiederum werden Sie natürlicherweise auf der linken Straßenseite reiten.

Sitzen Sie einmal auf dem Pferd, so unterstützt der Linksverkehr Ihre Selbstverteidigung. Ihr Schwert hängt an Ihrer linken Seite, Sie ziehen es mit der rechten Hand und verteidigen sich gegen Angreifer auf Ihrer rechten Seite. Die pferdelosen Kleinbauern liefen auf der rechten Straßenseite, so dass ihnen der Verkehr entgegenkam. Diese Praxis wird von Fußgängern auch heute noch aus Sicherheitsgründen auf engen Straßen oder Wegen eingehalten. Die Französische Revolution erzwang den Rechtsverkehr, angeblich aus Sympathie mit den Kleinbauern und gegen das pferdereitende Establishment. Napoleon (der Linkshänder war!) übernahm diese Regelung und führte den Rechtsverkehr in seinem gesamten Reich ein.

Der Einfluss Napoleons hatte einige seltsame Konsequenzen. Die von ihm eroberten Teile Österreichs übernahmen pflichtgemäß den Rechtsverkehr, während die übrigen Teile am Linksverkehr festhielten – und das bis zum Ersten Weltkrieg. In den italienischen Städten, deren Politiker der Revolution wohlgesinnt waren, fuhr man auf der rechten Seite, in den eher konservativen Städten auf der linken. Die Fahrer in Mailand und Turin fuhren innerhalb der Stadt auf der linken Straßenseite und wechselten am Stadtrand auf die rechte. Diese Praxis wurde bis Mai 1926 beibehalten. Glücklicherweise war der Verkehr noch nicht so dicht.

Bis in die fünfziger Jahre hatten teure Wagen aus Frankreich und Italien das Lenkrad auf der rechten Seite. Den Fahrern dieser Autos unterstellte man, dass sie häufiger über die Alpen fahren würden, und man erachtete es auf den Passstraßen als sicherer, wenn der Fahrer näher am Abgrund saß. Einige Transalpinlastwagen wurden noch bis vor kurzem so gebaut, obwohl das Risiko wegen der besseren Straßen und Leitplanken heute kleiner ist.

Zu Zeiten, als es noch weniger Verkehr gab, konnten Gebiete mit Rechts- und Linksverkehr glücklich nebeneinander liegen. Das dichte Straßennetz und das große Verkehrsaufkommen verlangen jedoch heute, dass auf ganzen Subkontinenten der Verkehr dieselbe Straßenseite benutzt. Inseln wie Japan oder Großbritannien können daher am Linksverkehr festhalten, ebenso wie der Inselkontinent Australien oder Indien (das vom Rest Asiens durch riesige Bergketten getrennt ist). In Indonesien als ehemaliger holländischer Kolonie würde man eigentlich Rechtsverkehr erwarten, doch das erste Auto gehörte dem Sultan und war ein englischer Rolls-Royce – so wurde Linksverkehr Vorschrift. Die USA, Kanada und das europäische Festland fahren alle auf der rechten Straßenseite. Bis 1967 fuhr man in Schweden auf der linken Seite, doch die zunehmenden Straßenverbindungen mit den rechts fahrenden Nachbarn sowie die wirtschaftlichen Vorteile einer Autoindustrie, die für den amerikanischen und europäischen Markt produziert, ließen sie schließlich zur rechten Straßenseite wechseln. Wir sehen hier ein modernes Beispiel für eine ökonomische »Auslese« im darwinistischen Sinne, bei der sich eine zunächst zufällige Asymmetrie – einige Länder wählen die linke Straßenseite, andere die rechte – zu einer Richtung hin verstärkt und sich schließlich eine (nahezu) globale Asymmetrie einstellt.

Asymmetrie und Evolutionsbiologie

Die Links-rechts-Asymmetrie ist im Menschen sehr viel tiefer verwurzelt als nur in Bezug auf die Geschicklichkeit der Hände. Wir neigen zur Wahrnehmung von Symmetrien, die in Wirklichkeit gar nicht vorhanden sind. Gesunde Gene erzeugen Symmetrie, während Asymmetrien, ob angeboren oder durch Unfälle hervorgerufen, meist mit Problemen einhergehen.

Die Gesichter der Statuen in den Tuilerien sind wie bei den meisten anderen Kunstwerken spiegelsymmetrisch, und es ist oft diese Symmetrie, die ihre geheimnisvolle Schönheit ausmacht. Die Wirklichkeit sieht anders aus. Wir leben mit asymmetrischen Gesichtern, und man hat herausgefunden, dass wir bei der Wahl unserer Partner sogar eine gewisse Asymmetrie bevorzugen. Will man einigen Evolutionsbiologen Glauben schenken, so haben sich über die Generationen hinweg sogar gewisse sichtbare Charakteristiken und nachweisbare Asymmetrien in unseren Gesichtern genetisch eingeprägt.

Es ist außerordentlich selten, dass eine Nase absolut vertikal ist, die Lippen oder Augen horizontal sind, die Ohren exakt gleich geformt sind etc. Erst als mir eine Lesebrille angepasst wurde, fand ich nach über vierzig Jahren heraus, dass mein linkes Ohr im Vergleich zu meinem rechten um rund einen Zentimeter weiter nach hinten versetzt ist. Ein einfacher Trick mit oft überraschender Wirkung verdeutlicht diese Asymmetrien in unserem Gesicht. Sie benötigen dazu eine Fotografie Ihres Gesichts, direkt von vorne aufgenommen, sowie eine entsprechende Fotografie ihres Spiegelbildes. Schneiden Sie nun die beiden Bilder entlang der Mittellinien senkrecht durch. Anschließend verbinden Sie die linke Hälfte des normalen Bildes mit der rechten Hälfte Ihres Spiegelbildes zu einem kompletten Gesicht; entsprechend vervollständigen Sie die rechte Hälfte des normalen Bildes mit der linken Hälfte des Spiegelbildes. Vergleicht man die so erhaltenen Bilder mit dem Original, glaubt man, die Bilder von drei verschiedenen Personen vor sich zu haben.

Die Kognitionspsychologin Dahlia Zaidel hat sich mit dieser Asymmetrie beschäftigt und ist zu einigen unerwarteten Ergebnissen gelangt. Zunächst fotografierte sie frontal einige hundert Gesichter – der typische Passbildstil mit einem etwas starren Blick. (Sieht man so aus wie auf diesen Fotos, hat man den Urlaub wirklich nötig.) Dann teilte sie die Bilder vertikal in der Mitte in rechte und linke Hälften und fertigte von jeder Hälfte nochmals ein Spiegelbild an. Mit den beiden Originalhälften und den beiden Hälften des Spiegelbildes konnte sie von jeder Person insgesamt vier Gesichter zusammensetzen: das Originalgesicht, sein Spiegelbild und die beiden neuartigen symmetrischen Versionen aus der linken Hälfte mit seinem Spiegelbild und der rechten Hälfte mit dem zugehörigen Spiegelbild.

Die neuartigen Versionen sind symmetrisch, während das Original und sein Spiegelbild asymmetrisch sind. Sie wollte nun herausfinden, wie fremde Menschen auf diese Gesichter reagieren. Welche Gesichter würden die Leute bevorzugen, wenn man ihnen nicht mitteilte, welches die Originalbilder und welches die »künstlichen«

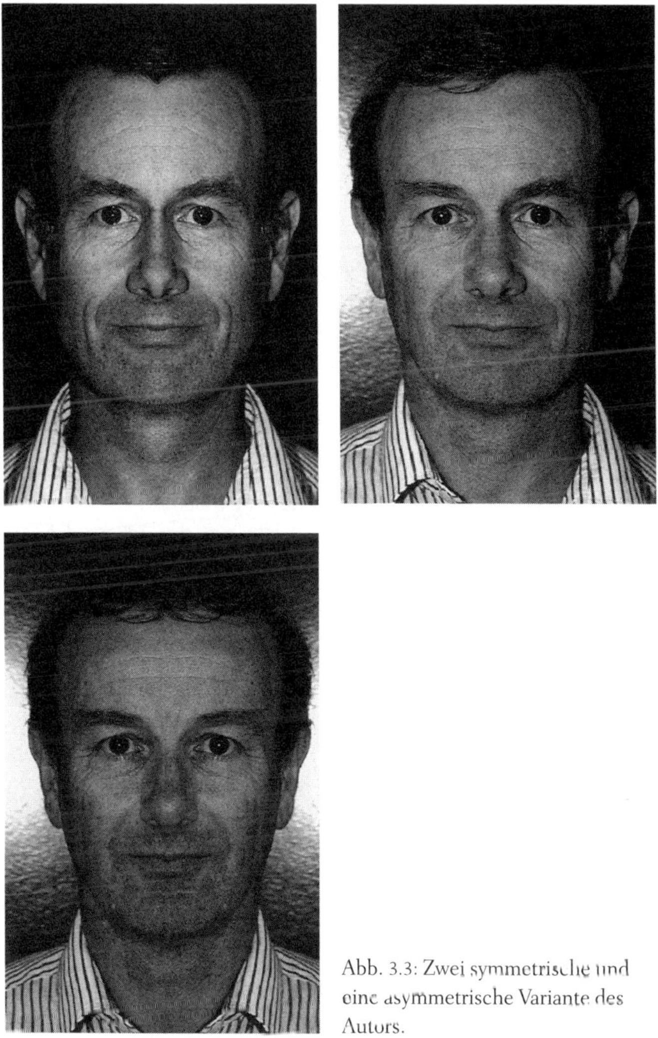

Abb. 3.3: Zwei symmetrische und eine asymmetrische Variante des Autors.

Gesichter seien? Zunächst konfrontierte sie Frauen mit den Bildern von Männergesichtern. Es zeigte sich bei diesen Frauen eine deutliche Tendenz, die asymmetrischen Originale (oder ihre Spiegelbilder) den symmetrischen künstlichen Gesichtern vorzuziehen; außerdem wurden die beiden künstlichen Varianten gleich eingestuft. Als sie Männern die Gesichter von Frauen zeigte, wurden ebenfalls die asymmetrischen natürlichen Gesichter den symmetrischen vorgezogen, doch es gab eine Überraschung: Innerhalb der beiden künstlichen Varianten gab es eine klare Vorliebe für die Gesichter, bei denen die rechte Seite mit dem zugehörigen Spiegelbild verknüpft war. Irgendwie scheint die Asymmetrie in den Gesichtern von Frauen nicht zufällig zu sein, und Männer ziehen die rechte Hälfte der linken Hälfte vor. Dahlia Zaidel vermutet, dass dies mit der Links-rechts-Asymmetrie bei der Verarbeitung von Information in unserem Gehirn zusammenhängt. Um diesen Punkt besser verstehen zu können, müssen wir etwas weiter ausholen.

Ich hatte bereits erwähnt, dass die linke Gehirnhälfte sich auf die Kommunikation spezialisiert hat, während die rechte Hälfte eher auf visuelle Eindrücke reagiert. Zu diesen beiden Fachrichtungen gehört auch, dass sich die linke Seite auf die Verarbeitung von Ungereimtheiten und Widersinnigkeiten spezialisiert hat, während die rechte Seite nach Ordnung und Schönheit sucht.

Diese Beziehungen wurden folgendermaßen nachgewiesen. Zunächst wurden bei einer Versuchsperson die Gesichtskreise zum rechten und linken Auge durch eine Wand vor der Nase getrennt. Dieser Person wurden nun Bilder gezeigt, die sie nur mit jeweils einem Auge wahrnehmen konnte. Ein Bild im linken Gesichtskreis wird von der rechten Gehirnhälfte verarbeitet, ein Bild im rechten Gesichtskreis von der linken Gehirnhälfte. Nachdem der Versuchsperson verschiedene Bilder in rascher Reihenfolge gezeigt wurden, fragte man sie, an welche der Bilder sie sich erinnern könne. Teilweise stellten diese Bilder »normale« Szenen dar, wie einen Eskimo mit einem Iglu oder einen Arzt bei der Arbeit oder ein Gemälde von Rembrandt. Teilweise handelte es sich aber auch um absurde Szenen, beispielsweise einen Eskimo mit einer Giraffe oder einen Arzt, der einer Kaffeetasse eine Spritze gibt (solche Bilder wurden tatsächlich verwendet!) oder Gemälde von Salvador Dalí. Zeigte man die Bilder in dem Gesichtskreis, der von der linken Gehirnhälfte verarbeitet wird, konnte sich die Versuchsperson besser an die absurden Bilder erinnern, erschienen die Bilder in dem anderen Gesichtskreis, wurden die normalen Bilder eher erinnert.

Was hat das mit der Reaktion einer Person auf Abbildungen von Gesichtern zu tun? Wenn eine Person Sie direkt anschaut, dann sind die rechte Wange, das rechte Ohr und das rechte Auge dieser Person bevorzugt in Ihrem linken Gesichtskreis, und daher werden diese Wahrnehmungen von Ihrer rechten Gehirnhälfte verarbeitet. Die rechte Gesichtshälfte eines Gegenübers wird also von der rechten Gehirnhälfte verarbeitet, die linke Gesichtshälfte von der linken Gehirnhälfte.

Nun reagiert die rechte Gehirnhälfte intensiver auf Schönheit als die linke. Ein Gesicht, das auf der rechten Seite schöner ist, wird daher vorgezogen – zumindest anscheinend von Männern. Doch wie kommt es, dass die Gesichter der Frauen wundersamerweise auf der rechten Seite schöner sind als auf der linken, denn das ist ja gerade die Implikation der Ergebnisse von Dahlia Zaidel. An diesem Punkt kommt die Evolutionsbiologie ins Spiel.

Schon seit vorgeschichtlichen Zeiten scheinen Männer in erster Linie von einem schönen Gesicht angezogen worden zu sein und haben dementsprechend ihre Partnerinnen ausgewählt. Gesichter waren immer schon asymmetrisch, doch diejenigen Frauen, deren rechte Gesichtshälfte schöner war, wurden von der nach Schönheit strebenden rechten Gehirnhälfte des Steinzeitmannes bevorzugt wahrgenommen. Vielleicht hatten Eva und ihre Schwester Gesichter, die Spiegelbilder voneinander waren, doch wenn Eva die hässlichere linke und hübschere rechte Gesichtshälfte hatte, dann war sie es, die das männliche Auge anzog. Ihre Schwester mit der hübschen linken Gesichtshälfte und der hässlichen rechten sprach das asymmetrische männliche Gehirn nicht an. Eva war daher für Männer attraktiver, und die zufällige Veranlagung in ihren Genen, die zu diesem Vorteil geführt hatte, wurde an die Nachkommen weitergegeben und über die Generationen hin verstärkt. Nach dieser Theorie hat die Evolution den modernen Frauen ihre Schönheit auf der rechten Seite gegeben.

Diese Erklärung mag zu den Tatsachen passen, trotzdem bin ich nicht davon überzeugt, dass dieses Phänomen auch vorhergesagt worden wäre, wenn man es nicht zunächst beobachtet hätte. Vorhersage ist der wirkliche Test für eine Theorie. Börsianer können meist sehr detailliert erklären, warum der Aktienmarkt gestern einen Sprung nach oben gemacht hat, doch nur wenige von ihnen scheinen diese Bewegung vorhergesagt zu haben und Millionäre geworden zu sein. Doch ob diese Theorie nun richtig ist oder nicht, es ist interessant, dass es in den Gesichtern wie auch im Gehirn Asymmetrien gibt und dass sie in der genannten Weise zusammenzuhängen scheinen.

Ob es eine Beziehung zwischen Evolution und Asymmetrie gibt, bleibt kontrovers, doch an der Asymmetrie des Gehirns in Bezug auf die Bearbeitung gewisser Aufgaben besteht kein Zweifel. Das ist eigentlich nicht überraschend. Das Gehirn verbraucht in unserem Körper die meiste Energie. Wäre jeweils das gesamte Gehirn an der Verarbeitung aller Sinneseindrücke beteiligt, so wäre das mehr als ineffizient. Elektrische Ströme blitzen ständig durch das Nervensystem und regen das Gehirn an, das in jedem Bruchteil einer Sekunde riesige Datenmengen verarbeitet – wesentlich schneller, als ich das niederschreiben kann oder Sie das lesen können. Die Information sollte möglichst kurze Wege zurücklegen müssen, und daher ist es von Vorteil, dass sich verschiedene Teile des Gehirns auf verschiedene Aufgaben spezialisiert haben. Das impliziert jedoch ein asymmetrisches Gehirn. Inwieweit sich daraus im Rahmen der Evolution andere Asymmetrien in unserem Aufbau ergeben haben, ist immer noch offen. Das alleine erklärt jedenfalls nicht, warum der Mensch das einzige Wesen mit solch ausgeprägten funktionalen Asymmetrien ist. Man würde erwarten, dass es für alle Tiere ein Vorteil wäre, im Gehirn und im Nervensystem einen möglichst geringen Energieverbrauch zu haben.

Tiere und Insekten

Es gibt viele Beispiele für Symmetrie und Asymmetrie unter den Lebewesen. Einige davon sind das Ergebnis von Zufällen, andere zeigen aber auch evolutionäre Vorteile.

Einige Tiere haben helikal verdrillte Hörner. Eine Helix kann wie eine Wendeltreppe auf ihrem Weg nach oben rechts- oder linksherum verdrillt sein. Antilopen und Steinböcke haben an ihrem linken Horn eine linkshändige Helix und eine entsprechende rechtshändige Helix an ihrem rechten Horn. Diesen Ausgleich bezeichnet man auch als »Enantiomorphie«. Nicht alle Helices im Tierreich sind jedoch von dieser Art. Der arktische Narwal wird ungefähr fünf Meter lang. Das Besondere an ihm ist jedoch ein Zahn auf der linken Seite, der nach vorne zu einem zwei Meter langen elfenbeinernen Stoßzahn mit einer ausgeprägten linksdrehenden Spirale herauswächst. Narwale mit einem rechtshändigen Stoßzahn sind nicht bekannt.

Betrachten wir ein Beispiel aus der Vogelwelt. In Europa lebt eine Finkenart mit einem asymmetrischen Schnabel, bei dem der Oberkiefer zur rechten Seite des Vogels zeigt und der Unterkiefer zur linken. Diese Asymmetrie ist so auffallend, dass der »Kreuzschnabel« ihr seinen Namen verdankt. Warum ist der Schnabel des Kreuzschnabels gekreuzt? Es gibt zwei Möglichkeiten für den Vogel, die Samen zu fressen, die er als Nahrung benötigt: Er kann einen Kiefernzapfen mit seinem Schnabel aufbrechen und die Samen in den offenen Mund nehmen oder er kann seinen gekreuzten Schnabel in die Zapfen hineinschieben und die Samen direkt in seinen geschlossenen Mund herauspressen. (Der Physiker Denys Wilkinson bemerkte dazu einmal, dass die Muskeln zum Schließen des Mundes sehr viel stärker sind als die Muskeln zum Öffnen – was jedem, der einmal an einer Ausschusssitzung teilgenommen hat, vertraut sein wird.)

Der gekreuzte Schnabel dürfte daher das Ergebnis der Evolution sein, ebenso wie der Stoßzahn des Narwals. In Europa zeigt bei allen Kreuzschnäbeln der Oberkiefer nach rechts, während in Nord-

Abb. 3.4: Asymmetrische Geschöpfe: eine Antilope mit ihren helikalen Hörnern.

amerika die Asymmetrie zur anderen Seite ausgebildet ist, d. h., der obere Schnabel zeigt nach links. Für die Natur spielt es keine Rolle, zu welcher Seite die Symmetrie gebrochen ist, solange der Vorteil der gleiche ist. Schließlich wird über viele Generationen hinweg die zufällige Vorherrschaft einer der beiden Formen genetisch kodiert und etabliert. Vermutlich haben sich die Kreuzschnäbel in Europa und in Amerika unabhängig voneinander entwickelt und bilden zwei getrennte Asymmetrie-»Bereiche«, während die Narwale so eng miteinander in Kontakt stehen, dass sich schließlich nur eine Form herausbildete. Dass es die linkshändige Form war, ist reiner Zufall. Wie es zu solchen Zufällen kommen kann, werden wir später noch besprechen.

Steinbutt, Flunder und andere Plattfische sind flach, weil sie am Boden der Meere entlangschwimmen, was ihre Überlebenschancen verbessert. Meeresfische können leicht zur Beute von größeren Räubern werden, und sie können dabei im Allgemeinen von oben oder unten angegriffen werden. Hält sich ein Fisch jedoch bevorzugt am Meeresboden auf, so entfällt der Angriff von unten, und hier beginnt die Geschichte der Plattfische. Als die Plattfische vor langer Zeit begannen, dichter über dem Meeresboden zu schwimmen, mussten sie mit einem Auge darauf achten, was sich über ihnen abspielte, und so rollten sie sich zur Seite. Während ein Auge nach oben hin Wache hielt, starrte das andere Auge nutzlos auf den Boden. Die Evolution unterstützte es, dass beide Augen nach oben schauten, und so entstand der moderne Plattfisch. Das Ergebnis ist ein asymmetrischer Fisch: flach und beide Augen auf einer Seite.

Obwohl einzelne Plattfischarten asymmetrisch sind, d. h., sie haben ihre Augen entweder auf der linken oder auf der rechten Seite, gibt es insgesamt doch beide Varianten. Beispielsweise gibt es mehrere Unterarten von Flundern. Im amerikanischen Atlantik lebt die Sommerflunder, deren Augen sich üblicherweise auf der linken Seite befinden, während sie bei der Winterflunder auf der rechten Seite sind. Für den einzelnen Fisch ist die Asymmetrie von Vorteil, doch generell hat die Natur keine Vorlieben für eine der beiden Varianten. Wie bei den Kreuzschnäbeln wurde die Symmetrie irgendwann einmal gebrochen, ohne dass die konkrete Richtung eine Rolle spielte.

Hummer haben einen kleinen und einen großen Arm. Der kleine Arm dient zum Halten, der große zum Reißen. Zwei verschiedene Arme für zwei verschiedene Aufgaben bringen Vorteile, und so hat die Natur den asymmetrischen Hummer entworfen, jedoch ohne Auszeichnung von rechts oder links. Es gibt Hummer, bei denen der linke Arm der kleine ist, und andere, bei denen es der rechte ist. Wiederum unterstützt die Art der Aufgaben die Asymmetrie bei einem einzelnen Tier, die Auszeichnung der rechten oder linken Seite in diesem Zusammenhang ist Zufall.

Warum vertauschen Spiegel rechts und links, aber nicht oben und unten?

Die kurze Antwort lautet: Das tun sie gar nicht!

Zu Beginn dieses Kapitels haben wir Chauncey Gardiner kennen gelernt, der sich auf einem Fernsehschirm in die »falsche Richtung« laufen sieht, verglichen mit dem, was er bisher von seinem Spiegel her kannte. Wir sehen uns in Spiegeln, während andere uns leibhaftig vor sich haben. Wenn wir unser Haar kämmen, lassen wir uns dabei von unserem Spiegelbild leiten und führen diese Handlung im Reflex aus, der über viele Jahre hinweg durch ständige Wiederholungen erlernt wurde. Vielleicht waren Sie schon einmal in einem Raum mit mehreren Spiegeln an verschiedenen Wänden und konnten sich so postieren, dass Sie das Bild des einen Spiegels in einem anderen Spiegel sahen. Unsere Reflexe auf Spiegelbilder sind so tief verwurzelt, dass es uns in einem solchen Fall oft schwer fällt, die richtige Stelle zu finden, in der wir unser Bild sehen. Während wir versuchen, uns der vermeintlich richtigen Stelle zu nähern, bewegt sich unser Bild in die falsche Richtung und verschwindet ständig aus dem Blickfeld. Wenn Sie dann schließlich den richtigen Punkt gefunden haben, haben Sie das Spiegelbild Ihres Spiegelbildes vor sich; genau so werden Sie von anderen gesehen.

Versuchen Sie nun einmal, Ihr Haar zu kämmen oder eine vergleichbare Aufgabe auszuführen, während Sie Ihr Bild beobachten. Wie bei Chauncey Gardiner scheint plötzlich alles in die falsche Richtung zu gehen, zumindest entlang der »Links-rechts«-Achse. Die Unterscheidung von oben und unten gelingt ohne Probleme.

Das deutet darauf hin, dass die scheinbaren Vertauschungen nur auf einer Illusion beruhen. Damit Sie besser verstehen, was ich meine, versuchen Sie einmal das Folgende: Stellen Sie sich mit dem Rücken zu einem Spiegel, und biegen Sie Kopf und Oberkörper nach hinten, bis Sie sich im Spiegel sehen können. Ihr Kopf »steht nun Kopf«, und Sie werden vielleicht den Eindruck haben, dass der Spiegel oben und unten vertauscht hat. Dieser Eindruck ist von Person zu Person verschieden und bestärkt unsere Vermutung, dass die Seitenvertauschungen im Spiegel irgendwie nur illusorisch sind.

Sie können daraus einen Partygag machen, indem Sie zunächst einige Leute davon überzeugen, ein Spiegel vertausche tatsächlich rechts und links. Dann sollen sich diese Leute auf die Seite legen und den anderen mitteilen, was der Spiegel ihrer Meinung nach nun vertauscht. Sie werden immer noch behaupten, der Spiegel vertausche rechts und links, doch diese Achse ist für alle anderen im Raum (sofern sie noch aufrecht stehen können) die Oben-unten-Achse. Diese Beobachter werden darauf bestehen, dass die Oben-unten-Achse nicht reflektiert wurde. Wir haben also zwei unabhängige Gruppen von Zeugen, die »Vertikalen« und die »Horizontalen«, die einander widersprechende Aussagen machen.

Wir können dieses Paradoxon auflösen und die Illusion verdeutlichen, indem wir zu einem besonderen Kostümfest einladen. Alle Gäste sollen sich als Harlekins verkleiden, wobei die rechte Hälfte der Kostüme rot und die linke Hälfte lila sein soll. Jeder im Raum wird eine RR-LL-Person (rechts rot – links lila) sein. Schauen Sie nun in den Spiegel. Sie werden einen nicht geladenen Gast sehen, eine Person, die es auf der Party nicht geben sollte: einen LR-RL-Harlekin (links rot – rechts lila). Der Spiegel hat nicht einfach links und rechts vertauscht!

Sollten Sie immer noch zweifeln, dann hängen Sie den Spiegel an eine Wand, die in Ost-West-Richtung zeigt. Vor den Spiegel platzieren Sie ein Schild mit einem Pfeil und einem »W«, das die Richtung »Westen« angeben soll. Drehen Sie sich zur Seite und laufen Sie westwärts. Im Spiegel werden Sie Ihr Spiegelbild sehen zusammen mit einem Zeichen, auf dem ein »W« steht (Dank der entsprechenden Symmetrie dieses Buchstabens!). Gehen Sie in Richtung Westen, so geht auch Ihr Spiegelbild in Richtung Westen. Es gibt weder eine Umkehrung der Ost-West-Richtung noch eine bezüglich oben und unten. Als Harlekins würden wir erst gar nicht auf die Idee kommen, dass ein Spiegel links und rechts vertauscht.

Was macht ein Spiegel denn dann? Die Antwort lautet: Ein Spiegel vertauscht vorne und hinten. Es ist die Achse senkrecht zum Spiegel, die reflektiert wird. Beginnend an der Wand, an welcher

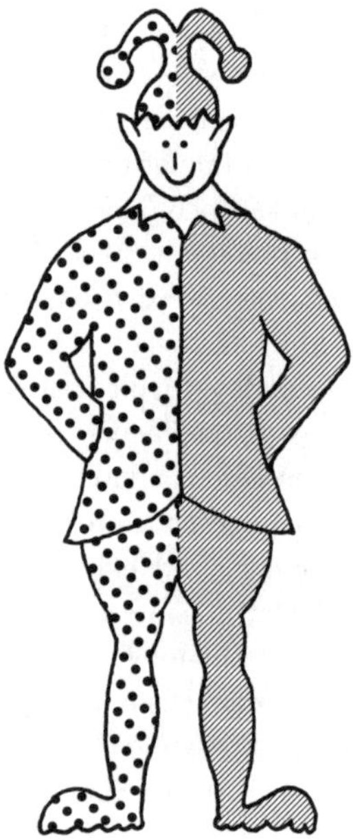

Abb. 3.5: Spiegelverkehrter Harlekin.

der Spiegel hängt, erstreckt sich der Raum hin zu Ihnen und weiter hinter Ihrem Rücken bis zur gegenüberliegenden Wand. Schauen Sie in einen Spiegel, so erstreckt sich der Raum scheinbar zunächst von Ihrem wirklichen Ich bis zu Ihrem gespiegelten Ich, und ganz weit »vor« sich sehen Sie die Wand, die sich eigentlich hinter Ihnen befindet. Die paradoxe Illusion entsteht, weil Sie sich fälschlicherweise vorstellen, Sie hätten sich umgedreht, um mit Ihrem Spiegelbild übereinzustimmen. Wären wir Harlekins, hätten wir jedoch sofort bemerkt, dass wir dieses Wesen hinter dem Spiegel nie erreichen können, da die gespiegelte Welt sich von der unsrigen wesentlich unterscheidet.

Kunst und Kunstobjekte

Wir haben ein besonders tiefes Empfinden für Symmetrien und bewundern sie fast überall, wo sie auftreten. Für den mittelalterlichen Menschen waren Symmetrie und Gott Synonyme.

Ich erinnere mich an einen wunderschönen byzantinischen Silberteller mit einer Darstellung des Letzten Abendmahles von Christus mit seinen Jüngern, auf dem auf eine geniale Weise die Symmetrie bewahrt wurde. Zur Linken und Rechten von Christus sieht man jeweils die gleiche Anzahl von Aposteln in symmetrischer Anordnung und Haltung. Die Künstler jener Zeit stellten Personen gerne im Profil dar, und das Problem war, wie man Christus einerseits von der Seite darstellen konnte, andererseits aber auch die für eine solch heilige Reliquie angemessene vollkommene Symmetrie erhalten könne. In einer bizarren Konstruktion behilft sich der Künstler mit zwei Christi beim Abendmahl, die jeweils nach rechts bzw. links blicken.

Während man bei byzantinischen Reliquien die Symmetrie sehr streng einhielt, haben andere Kulturen eine entgegengesetzte Haltung vertreten. Japanische Tempel sind oft asymmetrisch konstruiert, um die Vollkommenheit der Götter nicht zu schmälern. Eine ähnliche Vorstellung, wonach eine vollkommene Symmetrie nur

Gott zukommt, nicht aber vom Menschen geschaffenen Objekten, steht auch hinter einigen vorsätzlichen Asymmetrien in christlichen Kathedralen. Notre-Dame in Paris wird Ihnen auf den ersten Blick spiegelsymmetrisch erscheinen, doch bei genauerer Betrachtung unterscheiden sich die Türme in ihrer Höhe um zwei Meter, und die Portale enthalten unterschiedliche Entwürfe.

Ist man einmal auf Asymmetrien aufmerksam geworden, so entdeckt man sie überall, selbst an Orten, an denen man sie jahrelang übersehen hat. Als Junge sang ich im Chor der Kathedrale von Peterborough. Sechs Jahre lang bin ich fast täglich von den Proben der Chorschule zu den Abendmessen durch den Park an der Kathedrale vorbeigelaufen und habe die Westfront bewundert. Was oftmals als die schönste Frontansicht in Europa bezeichnet wird, besteht im Wesentlichen aus drei riesigen, mit Giebeln geschmückten Bögen sowie jeweils einem Spitzturm an der Nord- und Südseite der Front. Oberflächlich betrachtet, erscheint das Ganze wie ein typisches Beispiel für Symmetrie in gotischer Architektur. Wenn Sie vom Hauptportal zurücktreten, erkennen Sie die Fundamente zweier Türme hinter dem Vordach, jeweils symmetrisch nördlich und südlich der Ost-West-Achse des Hauptschiffs angeordnet. Doch hier endet die Symmetrie, denn nur einer dieser beiden Türme wurde fertig gestellt. Diese Asymmetrie ist Teil der ästhetischen Wirkung des Ganzen und verleiht der Westfront einen besonderen Charakter, den eine exakte Symmetrie nicht hätte.

Wird die Asymmetrie einmal erkannt, drängt sich einem als unmittelbare Reaktion die Frage auf, was die »natürliche« Ordnung gestört haben könnte. Die Fundamente der beiden Türme sind symmetrisch, was vermuten lässt, dass während der Bauphase irgendetwas Unvorhergesehenes eingetreten ist und die Vervollständigung des symmetrischen Paares unterbrochen hat. Nach der Geschichte, die von einer Generation von Chorsängern zur nächsten weitererzählt wurde, drohte die Kathedrale einzustürzen. Angeblich entdeckten die mittelalterlichen Maurer nach der Fertigstellung des nördlichen Turms, dass die Westfront zu starken Belastungen ausgesetzt ist. Sie lehnt sich oben um rund einen halben Meter weiter

Abb. 3.6: Eine byzantinische Abbildung des Letzten Abendmahles mit zwei Darstellungen von Christus zur Bewahrung der vollkommenen Symmetrie.

nach vorne als unten, und ein zweiter Turm hätte die Westseite des Hauptschiffs zum Einsturz bringen können. In jenen Zeiten arbeitete man nach Augenmaß, und der Bau eines zweiten Turms erschien den Konstrukteuren als zu riskant. Nach einer anderen Geschichte ging einfach das Geld aus.

Bei der Kathedrale in Chartres ist die Symmetrie noch deutlicher gebrochen. Die Westfront besitzt, wie die Notre-Dame in Paris, das perfekte Rosettenfenster, und der nördliche Turm ist reich verziert, in klaffendem Unterschied zum südlichen Gegenstück. Auch hier hat es den Anschein, dass wie in Peterborough das Geld ausging. In Chartres wurde der Bau jedoch später vollendet. Es waren viele Jahre vergangen, bevor Geldgeber den Bau des südlichen Turms ermöglichten, und mittlerweile hatte sich der Stil geändert – vielleicht reichte aber auch das Geld nur für die Grundausstattung und nicht mehr für die Luxusversion des nördlichen Turms. In jedem Fall war die Symmetrie gebrochen. Die Gründe für die Asym-

Abb. 3.7: Asymmetrie bei christlichen Kathedralen: die Kathedrale von Peterborough.

metrie lassen sich manchmal nachvollziehen, doch ob es den rechten oder linken Turm traf, war reiner Zufall.

Eine weitere berühmte Asymmetrie betrifft den gedrehten Spitzturm der Kirche von Chesterfield. Hier liegt die Ursache in der Verwendung von zu viel nicht abgelagertem Bauholz. Die Säulen am

Hauptbahnhof von Chesterfield sind linkshändige Spiralen; auf einem Wandgemälde im Wartesaal zu Bahnsteig 2 sind die Säulen jedoch rechtshändig wiedergegeben.

Bei anderen Gelegenheiten wurden Asymmetrien aus sehr viel banaleren Überlegungen ausgenutzt, beispielsweise von französischen Falschmünzern, die der Guillotine entgehen wollten. Um 1980 zeigten französische 10-Franc-Münzen auf einer Seite eine Lilie und auf der anderen Seite ein Gesicht. Auf dem Seitenrand waren die Worte »Liberté, Égalité, Fraternité« eingraviert. Zum Lesen dieser Worte musste man die Münze waagerecht mit der »Gesicht«-Seite nach oben halten. Nachdem sie millionenfach gefälscht wurde, hat man diese Münze mittlerweile ersetzt. Trotzdem war es nach wie vor ein schweres Verbrechen, von dieser Münze exakte Kopien herzustellen, und daher nahmen die Fälscher eine winzige Änderung vor. Sie produzierten gefälschte Versionen, bei denen »Liberté, Égalité, Fraternité« verkehrt herum eingraviert wurde, so dass man zum Lesen dieser Worte die Münze mit dem Gesicht nach unten halten musste. War ihre charakteristische Chiralität einmal enttarnt, so ließen sich diese Münzen leicht erkennen. Im Süden Frankreichs waren diese Münzen so verbreitet, dass sie als gültige Währung akzeptiert wurden.

Auch die Bezeichnung »im Uhrzeigersinn« erinnert uns an eine vertraute Asymmetrie. Uhren sind gewöhnlich rechtshändig (in dem Sinne, dass sich die Zeiger im »Uhrzeigersinn« drehen), doch linkshändige Uhren würden ihren Zweck gleichermaßen erfüllen. In Prag steht eine Synagoge mit Uhren beider Art, wobei die linkshändige Uhr (deren Zeiger sich entgegen dem Uhrzeigersinn drehen) mit hebräischen Schriftzeichen versehen ist. Damit sind wir auf eine weitere Asymmetrie gestoßen, die so vertraut ist, dass ich sie bisher nicht erwähnt habe: Jede Zeile in diesem Buch ist von links nach rechts geschrieben.

Wenn Sie mehr über die Paradoxa und Rätsel der Spiegelwelt erfahren möchten, so empfehle ich Ihnen *The Ambidextrous Universe* von Martin Gardner, der diesem Thema ein ganzes Buch gewidmet hat.

Kapitel 4

GESPIEGELTE MOLEKÜLE UND DIE URSPRÜNGE DES LEBENS

Ich erinnere mich an einen schönen Sommerabend in Spanien, als ich unter freiem Himmel in einem Restaurant saß und auf mein Essen wartete. Die Sonne war gerade untergegangen, das Tageslicht verschwand langsam hinter dem Horizont, und die Luft wurde still. Aus der Küche drang ein verlockender Duft, der meine Geschmacksnerven anregte. Mein zukünftiges Mahl erreichte mich in Form von Molekülen, die durch die Luft getragen wurden; zu klein, um für die Augen sichtbar zu sein, und doch wurden sie von meiner Nase wahrgenommen. Den alten Griechen war in ähnlichem Zusammenhang zum ersten Mal die Idee von Atomen gekommen. Der Geruch frisch gebackener Brote erweckte in ihnen die Vorstellung, dass es kleine, unsichtbare Brotteilchen geben müsse. Der Wasserkreislauf verstärkte diesen Eindruck: Eine Wasserpfütze am Boden trocknet langsam aus, verschwindet und fällt später als Regen wieder vom Himmel. Sie argumentierten, dass es Wasserteilchen geben müsse, die verdampfen, sich in Wolken wieder zusammenfinden und schließlich zur Erde zurückfallen, so dass die Gesamtmenge an Wasser unverändert bleibt. Die Teilchen seien aber zu klein, um beobachtbar zu sein. Meine Paella in Spanien hat mich ebenfalls auf diese Idee gebracht – leider viertausend Jahre zu spät, um als Erfinder der Atomtheorie zu gelten.

Für die alten Griechen bestand die Welt aus vier Elementen: Luft, Erde, Feuer und Wasser. Die moderne Atomtheorie entstand zu Beginn des 19. Jahrhunderts mit John Dalton, einem Philosophen aus Manchester. Nach seiner Theorie setzt sich alles aus sehr kleinen Objekten zusammen, die sich zu den für uns sichtbaren Substanzen verbinden. Die modernen Elemente sind die Atome, z. B. die Gase Wasserstoff und Sauerstoff, flüssiges Quecksilber und hartes Gold. Die verschiedenen Elemente haben unterschiedliche Werte (was ziehen Sie vor, Gold oder Kohlenstoff?) und können in verschiedenen Formen auftreten (Kohlenstoff kann als Graphit vorliegen oder in dichterer Form als Diamant – überlegen Sie sich daher Ihre Antwort auf die vorherige Frage gut). Silizium findet hauptsächlich in der modernen Elektrotechnik Anwendung. Die Verformbarkeit und Festigkeit von Blei, die Leitfähigkeit von Kupfer, der Glanz des Goldes sind nur einige der besonderen Eigenschaften, die jedem Element den ihm eigenen Charakter verleihen. In Verbindungen werden sie zu Molekülen. Aus den rund einhundert atomaren Elementen lassen sich unzählige molekulare Verbindungen bilden, die Substanzen unseres Universums.

Man versteht heute sehr gut, wie sich diese Elemente verknüpfen lassen, so dass man mit modernen Computern neue Verbindungen entwerfen und im Labor chemische Substanzen zusammensetzen kann, die es nie vorher gegeben hat. Bei der Herstellung von Medikamenten ist das heutzutage eine Selbstverständlichkeit geworden. Man hat abgeschätzt, dass es im Prinzip mehr als 10^{100} verschiedene Kombinationen von synthetisierbaren Medikamenten geben kann – eine erdrückende Zahl. (Diese Zahl ist um mehr als eine Milliarde Mal größer als die Anzahl atomarer Teilchen in unserem Universum – die Pharmaindustrie muss also ziemlich selektieren!) Ich finde jedoch weitaus erstaunlicher, dass alle Lebensformen – Menschen, Tiere, Insekten, Pflanzen – im Wesentlichen aus nur vier Elementen bestehen: Kohlenstoff, Wasserstoff, Stickstoff und Sauerstoff. Unser Nervensystem benötigt für seine Funktion Spuren anderer Elemente und Verbindungen, beispielsweise Salze für den Transport des elektrischen Stroms durch unseren organischen Schaltkreis, doch in erster Linie beruht die Reichhaltigkeit auf den vier genannten Elementen. Und unter diesen vieren ist Kohlenstoff das Schlüsselelement. Kohlenstoff hat so viele Verbindungsmöglichkeiten (nahezu alle der 10^{100} möglichen Substanzen enthalten Kohlenstoff), dass die Chemie in zwei große Bereiche unterteilt wird: die »organische« Chemie (die sich mit den Kohlenstoffverbindungen beschäftigt) und die »anorganische« Chemie (die den Rest abdeckt).

Wenn wir in einem Gasgemisch aus Wasserstoff und Sauerstoff einen elektrischen Funken zünden, dann verbinden sie sich mit großer Vehemenz zu Wasser. Zwei Wasserstoffatome (H) und ein Sauerstoffatom (O) bilden zusammen ein einzelnes Wassermolekül – daher die bekannte chemische Formel H_2O. Es gibt viele Möglichkeiten, die Bestandteile anderer Verbindungen zu bestimmen. Zucker wird zwar gewöhnlich gegessen, doch wenn wir stattdessen den Zucker in Gegenwart von Sauerstoff verbrennen, zerfällt er in Wasser (H_2O) und Kohlendioxid (CO_2). Werden die jeweiligen Mengen gewogen – der Zucker, der Sauerstoff, das Kohlendioxid und das Wasser –, stellt man fest, dass der Zucker 11 Teile Wasser auf 12 Teile Kohlenstoff enthält. Der französische Chemiker Antoine de Lavoisier fand im Jahr 1784, dass sich solche Substanzen immer in festen Verhältnissen verbinden (was ihn zum »Vater der Chemie« machte). Somit besteht die einfachste chemische Kombination von Zucker aus 12 Atomen Kohlenstoff (C), 22 Atomen Wasserstoff (H) und 11 Atomen Sauerstoff (O) – und es ergibt sich als chemische Formel für Zucker: $C_{12}H_{22}O_{11}$. Dieses Zuckermolekül gehört zu einer großen Familie, die man als Kohlenhydrate bezeichnet, weil sie Kohlenstoff und Wasser (»Hydrat«) enthalten.

Die einzelnen Atome verbinden sich wie Legosteine zu langen Ketten oder komplexeren Strukturen wie Zucker oder die DNA in unseren Genen. Die Atome zu jedem Element haben eine bestimmte Anzahl von »Händen«, die sich miteinander verbinden können (was diese Hände sind, muss uns bis Kapitel 6 nicht weiter interessieren). Beispielsweise haben Wasserstoffatome jeweils eine Hand, Sauerstoffatome zwei Hände und Kohlenstoffatome vier. Die Anzahl der Hände bestimmt Form und Symmetrie der Strukturen, und es sind die vier Hände des Kohlenstoffs, die zu einer solchen Vielfalt an möglichen Verbindungen sowohl zwischen den Kohlenstoffatomen untereinander als auch mit anderen Elementen führen.

Zur Darstellung dieser Verbindungen zeichnen Chemiker gerne kleine Bilder, bei denen die durchgezogenen Linien die Verbindungen zweier Hände benachbarter Atome darstellen. Mit der »Vierwertigkeit« des Kohlenstoffs und der »Einwertigkeit« von Wasserstoff lässt sich bereits eine reichhaltige Kettenstruktur erzeugen.

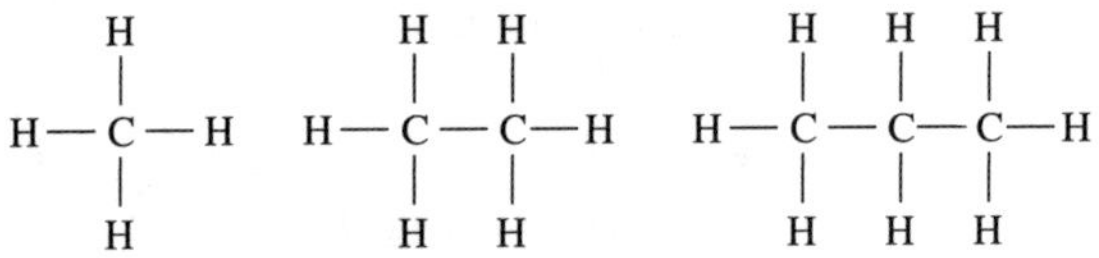

Methan, Ethan, Propan, Butan, Pentan und Hexan sind einige der Bezeichnungen für die immer länger werdenden Moleküle, und teilweise sind diese Namen sogar im Haushalt gebräuchlich. Wer Spaß daran hat, kann versuchen, die verschiedenen molekularen Formen zu finden, die sich mit H, O und C zusammensetzen lassen. Dabei sollte die 1:2:4-Regel eingehalten werden, allerdings dürfen alle drei Dimensionen mit einbezogen werden.

Das einfachste Beispiel der obigen Serie besteht aus einem einzelnen Kohlenstoffatom umringt von vier Wasserstoffatomen. Die chemische Formel lautet CH_4. Sie repräsentiert ein Molekül des Gases Methan, das man auch als Sumpfgas bezeichnet. Die Zeichnung in Abb. 4.1 gibt die Form zwar in einer Ebene wieder, trotzdem kann man sich von dieser Figur leicht ein dreidimensionales Bild machen, und man erkennt die Form eines Tetraeders. Im Zentrum befindet sich das Kohlenstoffatom, und an den vier Ecken, jeweils im selben Abstand vom Zentrum, sitzen die vier Wasserstoffatome. Auch der Abstand zwischen je zwei Wasserstoffatomen ist derselbe. Dieses Gebilde hat die unter den gegebenen Umständen höchstmögliche Symmetrie. Rotiert man es um 120° (egal, in welche Richtung) um eine der vier Achsen, die ein Wasserstoffatom mit dem zentralen Kohlenstoffatom verbinden, so sieht das Molekül wieder gleich aus. Außerdem ist es identisch zu seinem Spiegelbild.

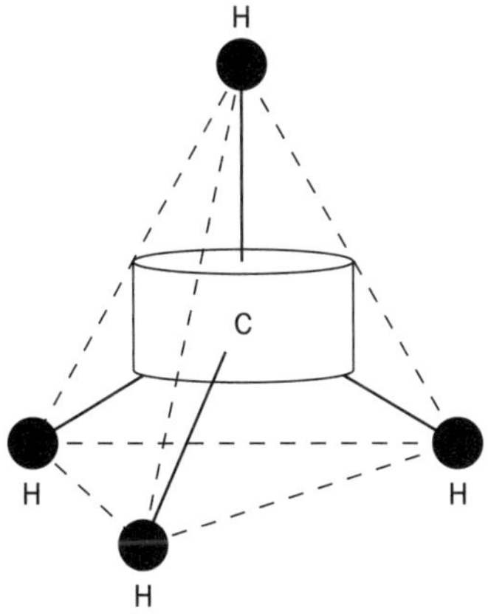

Abb. 4.1: Die dreidimensionale Struktur des CH_4-Moleküls.

Man kann sich den Aufbau solcher Moleküle auch dadurch verdeutlichen, dass man sich die Bestandteile als Billardkugeln vorstellt. Wählen wir für Wasserstoff die roten Kugeln und für Kohlenstoff die schwarzen, dann besteht Methan aus einer schwarzen Kugel in der Mitte, die von vier roten Kugeln umgeben ist. Was ändert sich, wenn man nun eine der roten Kugeln durch eine grüne ersetzt? Dieses neue Modell ist immer noch symmetrisch unter Drehungen um 120 oder 240° um die eine Achse, die durch die schwarze und die grüne Kugel verläuft. Bezüglich der drei anderen Achsen besteht die Symmetrie jedoch nicht mehr (vgl. Abb. 4.2). Befindet sich die grüne Kugel in einer Spiegelebene, dann gibt es drei mögliche Orientierungen dieses Spiegels, so dass das Modell gleich seinem Spiegelbild ist. Denken wir wieder an Moleküle, so entsprechen die roten Kugeln den Wasserstoffatomen und die grüne Kugel beispielsweise einer Verbindung aus einem Sauerstoff- und einem Wasserstoffatom. Diese Kombination bezeichnet man als Hydroxylgruppe. Der Sauerstoff (O) hat zwei Hände, von denen die eine mit dem zentralen Kohlenstoffatom verbunden ist und die andere mit dem Wasserstoff. (Die Kurzschreibweise ist »OH«.) Das

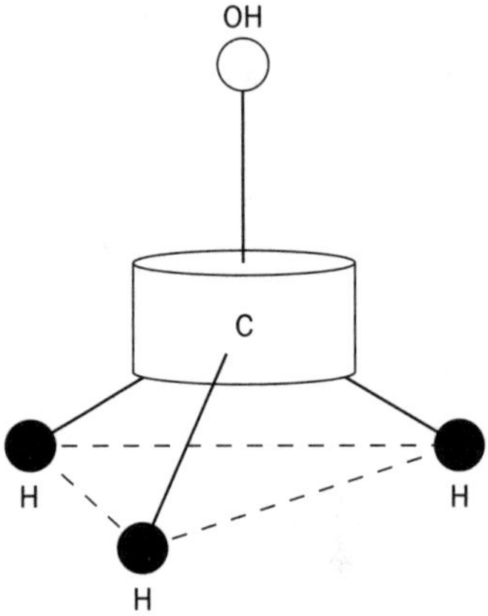

Abb. 4.2: Die dreidimensionale Struktur von CH_3OH. Rotiert man dieses Molekül um 120 oder 240° um die vertikale Achse, so ändert sich das Bild nicht.

so erhaltene Molekül besitzt die Formel CH_3OH (Abb. 4.2). Es handelt sich um Methanol oder Holzgeist.

Wir ersetzen nun eine weitere rote Kugel, dieses Mal durch eine gelbe. Das Modell besteht nun aus einer schwarzen Kugel in der Mitte, umgeben von zwei roten, einer gelben und einer grünen Kugel. Chemisch könnte die gelbe Kugel der Verbindung CH_3 entsprechen. Wir erhalten so das Molekül C_2H_5OH (bekannt als Äthylalkohol oder Gärungsalkohol). Der Tetraeder (Abb. 4.3) hat jegliche Rotationssymmetrie verloren, allerdings ist er immer noch identisch zu seinem Spiegelbild (sofern die Spiegelebene das zentrale Kohlenstoffatom enthält und die Achse zwischen den beiden roten Kugeln, den Wasserstoffatomen, halbiert).

Schließlich betrachten wir noch den Fall, bei dem alle vier Kugeln in den Ecken verschiedene Farben haben – grün, gelb, rot und blau. Nun gibt es keine Symmetrieebenen mehr. Denken Sie sich das Modell so auf den Boden gestellt, dass die grüne Kugel nach oben zeigt. Außerdem nehmen wir an, die anderen drei Kugeln wurden

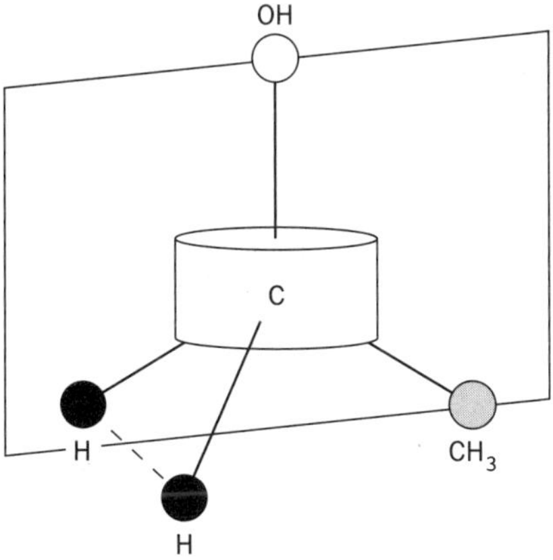

Abb. 4.3: Mit nur zwei Wasserstoffatomen an den äußeren Enden ist das C_2H_5OH-Molekül nicht mehr symmetrisch unter Rotationen, bleibt allerdings unverändert unter einer Spiegelung an einer Ebene, die genau zwischen den beiden Wasserstoffatomen liegt.

bei diesem Modell so angeordnet, dass sich die rote Kugel rechts von der blauen befindet, wenn man vom Zentrum (dem Kohlenstoffatom) nach unten auf die drei Standbeine schaut. Betrachten Sie dieses Modell in einem Spiegel, so werden Sie jedoch die rote Kugel links von der blauen sehen. Diese Veränderung entspricht der Situation aus Kapitel 3, wo die Partygäste alle Harlekinkostüme trugen, die auf der rechten Seite rot und auf der linken lila waren. Das Kostüm des Harlekins im Spiegel unterschied sich jedoch deutlich von dem der Gäste. Ganz entsprechend unterscheidet sich nun auch der Tetraeder im Spiegel von seinem Original (Abb. 4.4).

Was könnte in der Welt der organischen Moleküle den gefärbten Kugeln entsprechen? Den Kohlenstoff (C) haben wir bereits kennen gelernt, ebenso den Wasserstoff (H), die Kombination CH_3 und die Hydroxylgruppe (OH). Als weitere Möglichkeit gibt es noch die Kette COOH (die säurebildende Carboxylgruppe) sowie NH_2 (dem ein Wasserstoffatom zum Ammoniakmolekül, NH_3, fehlt). Wir haben

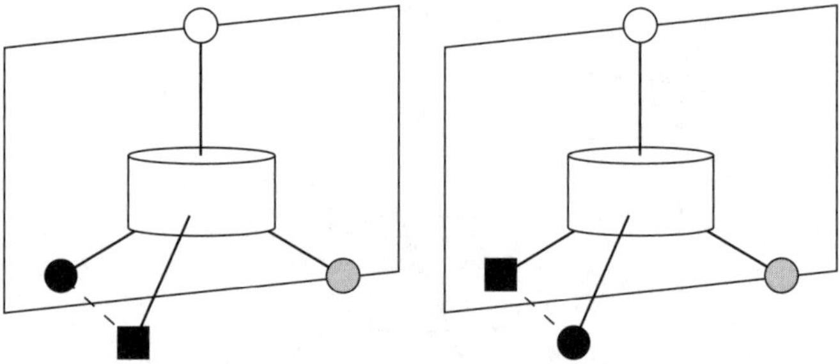

Abb. 4.4: Diese einfache Aminosäure besitzt keine Spiegelsymmetrie und kann in zwei verschiedenen Formen vorkommen, die sich zueinander wie Spiegelbilder verhalten.

genügend Auswahl, um ein solches Tetraedermolekül zusammenzusetzen. Mit dem Kohlenstoff C im Zentrum brauchen wir lediglich vier verschiedene Verbindungen an den Enden des Tetraeders. Beispielsweise können wir wie vorher für zwei der Enden H und CH_3 wählen und für die beiden anderen Enden NH_2 (»Amino-«) und COOH (»-säure«). Wir erhalten so eine Aminosäure, das so genannte Alanin. Diese Aminosäure existiert in zwei zueinander gespiegelten Formen, die wir der Einfachheit halber mit »rechts« und »links« bezeichnen (ich werde später noch erläutern, in welchem Sinne diese Bezeichnungen eine absolute Bedeutung haben). Üblicherweise unterscheidet man ihre Namen durch lateinische Präfixe: L für »laevus« (links) und D für »dexter« (rechts). Es gibt daher L- und D-Aminosäuren. Jede organische Säure mit einer Aminogruppe bezeichnet man als Aminosäure.

Proteine sind komplexe Verbindungen der Aminosäuren. Ihre allgemeine Struktur lässt sich mit dem obigen Tetraederbeispiel vergleichen. Zu dem Kohlenstoffatom gesellen sich ein Wasserstoffatom (H), die Aminogruppe (NH_2) und die Carboxylgruppe (COOH). Allerdings kann die CH_3-Gruppe durch eine andere Kombination aus C, H, N und O ersetzt werden, deren Zusammensetzung und Struktur beliebig sein kann und die man als »Seitenkette« bezeichnet. Aminosäuren können sich zu langen Ketten verbinden. Viele der bekannten Proteine enthalten mehr als einhundert Aminosäuren.

Ungefähr ein Sechstel unseres Körpergewichts besteht aus Proteinen. Sie machen den Großteil der Muskeln, der Haut und der anderen Gewebe aus. Die Aminosäuren sind die Bausteine der Proteine und daher für sämtliche Lebensformen unverzichtbar. Im gesamten Tierreich gibt es weniger als 25 verschiedene Aminosäuren, von denen der Mensch zehn selber herstellen kann. Die anderen müssen wir über unsere Nahrung zu uns nehmen, wobei Tierfleisch die reichhaltigste Quelle ist. Nahezu alle wichtigen Aminosäuren existieren in einer L- und einer D-Form, doch die Organismen auf unserer Erde verwenden fast ausschließlich die linkshändige Form. Weshalb das so ist bzw. wie es dazu kam, ist eine der Fragen, denen wir nachgehen wollen. Doch zunächst müssen wir noch klären, was wir genau unter den L- und D-Formen verstehen, denn es gibt weitaus mehr links- und rechtshändige Moleküle als nur die Aminosäuren, und diese Strukturen betreffen die Grundbausteine des Lebens.

Polarisiertes Licht

Der Name von Louis Pasteur wird für immer mit dem Begriff der »Pasteurisation« verknüpft sein, und Gourmets werden ihm für die Rettung der französischen Weinindustrie danken. Die meisten von uns haben vermutlich auch schon von seiner Entwicklung der Impfstoffe profitiert. Dies alles waren Ergebnisse aus seiner Arbeit mit Mikroorganismen in der zweiten Hälfte des 19. Jahrhunderts. Er entdeckte, dass manche Mikroorganismen durch bestimmte Verfahren geschwächt werden konnten, beispielsweise indem man sie den Verdauungstrakt von Tieren durchlaufen ließ, sie der Luft aussetzte oder die Kultur anderweitig veränderte. Das war ein erster Schritt zur Erzeugung von Impfstoffen. In jener Zeit wurde die französische Weinindustrie von einigen schädlichen Organismen geplagt, und die Arbeiten von Pasteur lösten auch dieses Problem. Weiterhin zeigte er, dass die Fermentation von Milch und die Entstehung von

Milchsäure nicht auf einer spontanen Veränderung beruht, sondern durch Mikroorganismen hervorgerufen wird; »pasteurisierte« Milch war das Ergebnis dieser Erkenntnisse. Diese Fortschritte entstammen alle einer Zeit, als sein wissenschaftlicher Ruf bereits gefestigt war. Doch seine frühen Entdeckungen im Jahr 1849, als er gerade 27 Jahre alt war, hatten für die Chemie, die moderne Pharmazie und unsere Vorstellungen von der Natur des Lebens die weitreichendsten Konsequenzen.

Trauben enthalten Weinsäure. Ihre kristallinen Rückstände, Weinstein, findet man oft am Boden von Weinflaschen. Ein Chemiewerk im Elsass hatte damals eine Chemikalie gefunden, deren chemische Zusammensetzung mit der von Weinsäure identisch war, d. h., sie enthielt vier Kohlenstoffatome, zwei Hydroxyl- und zwei COOH-Gruppen, doch es gab einige seltsame Unterschiede. Gewöhnliche Weinsäure schmilzt bei 173 °C, diese neue Form schmolz bei 210 °C. Man nannte die neue Form »racemische Säure« (»racemus« bedeutet im Lateinischen Weintrauben), und die Frage war, wie zwei chemisch anscheinend identische Verbindungen physikalisch so unterschiedlich sein können.

Die beiden Säureformen beeinflussten auch Licht auf unterschiedliche Weise. Da dies für unser Verständnis von der Natur des Lebens von grundlegender Bedeutung ist, wollen wir einen kurzen Abstecher machen und uns mit polarisiertem Licht und Kristallen beschäftigen.

Lichtwellen bestehen aus elektrischen und magnetischen Feldern, die senkrecht zur Ausbreitungsrichtung des Strahls hin und her schwingen. (Mehr dazu folgt in Kapitel 5.) Gewöhnlich können diese Schwingungen in alle Richtungen senkrecht zum Lichtstrahl erfolgen. Doch die regelmäßigen Molekülanordnungen in einigen Kristallen bewirken, dass diese Substanzen nur solche Wellen hindurchlassen, die in einer ganz bestimmten Ebene schwingen; für alle anderen Wellen sind sie lichtundurchlässig. Das aus einem solchen Kristall am Ende heraustretende Licht schwingt daher nur in einer Ebene. Man spricht in diesem Fall von »planar polarisiertem Licht«. Beispielsweise sind Polaroid-Linsen nur für Licht mit einer bestimmten Schwingungsebene durchlässig, wie man sich leicht überzeugen kann, wenn man zwei solcher Linsen hintereinander hält und die eine relativ zur anderen um 90° dreht. Der Blick verdunkelt sich in dem Augenblick, wo die beiden Polarisationsebenen senkrecht aufeinander stehen.

Wenn planar polarisiertes Licht durch einen Quarzkristall tritt, passieren noch weitere interessante Dinge. Quarzkristalle haben eine asymmetrische Struktur, die von ihrem Spiegelbild verschieden ist. Sie können in jeder dieser beiden Formen auftreten. Je nachdem, welche der beiden Formen vorliegt, wird die Polarisationsebene von Licht, das durch diesen Kristall hindurchtritt, entweder im Uhrzeigersinn gedreht oder in die entgegengesetzte Richtung. Dieser Effekt beruht auf der asymmetrischen Anordnung der Moleküle in dem Kristallgitter, nicht auf einer Asymmetrie der einzelnen Moleküle selber. Das ist bei den organischen Verbindungen anders; dort ist die Spiegelasymmetrie eine Eigenschaft der einzelnen Moleküle.

Nach diesem kurzen Abstecher wollen wir uns wieder dem Rätsel der beiden Formen von Weinsäure zuwenden. Dass sie bei verschiedenen Temperaturen schmelzen, hatten wir schon erwähnt, doch der große französische Physiker Jean Baptiste Biot hatte zusätzlich festgestellt, dass die gewöhnliche Weinsäure die Polarisationsebene von polarisiertem Licht nach rechts dreht, während die »racemische Säure« keinen solchen Effekt zu haben schien. Biot selber äußerte die Vermutung, dass die Ursache für dieses Verhalten in der Anordnung der individuellen Atome liege und dass die Drehung der Polarisationsebene von Licht auf einer Spiegelasymmetrie der Moleküle beruhe. Das war erstaunlich, denn erst 30 Jahre später, 1874, formulierten der Franzose Joseph Le Bel und – unabhängig von ihm – der Holländer Jacobus van't Hoff zum ersten Mal eine Theorie, wonach das Kohlenstoffatom eine Tetraederstruktur hat und dadurch die Möglichkeit spiegelasymmetrischer Strukturen gegeben ist. Pasteur griff die Idee von Biot auf und bewies ihre Richtigkeit durch einige außergewöhnlich genaue Experimente.

Pasteur begann mit racemischer Säure. Er ließ sie verdampfen und anschließend kristallisieren. Mit Pinzetten trennte er die Kristalle in je einen Haufen aus rechtshändigen und linkshändigen Formen, löste jeden dieser Haufen in Wasser auf und erhielt so für jede Händigkeit eine Säurelösung. Pasteur konnte nun den kritischen Test vornehmen und das Verhalten von polarisiertem Licht untersuchen, das durch die Flüssigkeiten hindurchging. Wenn polarisiertes Licht durch die Flüssigkeit trat, die aus den rechtshändigen Kristallen gewonnen worden war, so verhielt es sich ebenso wie bei gewöhnlicher Weinsäure: Die Polarisationsebene wurde nach rechts gedreht. Dann wiederholte er das gleiche Experiment mit der anderen Lösung, und hier machte er seine große Entdeckung: Diese Flüssigkeit rotierte die Polarisationsebene des Lichts um exakt denselben Winkel, allerdings in die entgegengesetzte Richtung. Er hatte hier etwas vor sich, das man noch niemals vorher beobachtet hatte, nämlich eine Form von Weinsäure, die das Licht nach links drehte. Es hatte somit den Anschein, als ob die ursprüngliche racemische Säure (bei der die Polarisationsebene von Licht nicht gedreht wurde) in Wirklichkeit ein Gemisch aus gleichen Teilen zweier zueinander spiegelbildlicher Weinsäureformen war. Demgegenüber bestand die bekannte Weinsäure (die das Licht rotierte) nur aus der rechtshändigen Form.

Pasteur hatte Glück, dass er diese Experimente im Winter durchführte. Oberhalb von 27 °C verwandeln sich die Kristalle der racemischen Säure von ihren rechts- bzw. linkshändigen Formen zu spiegelsymmetrischen Strukturen, die den ganzen Effekt zunichte gemacht hätten. In Abb. 4.5 sind die verschiedenen Formen der Weinsäure wiedergegeben.

Schimmelpilze, mit deren Hilfe beispielsweise Penicillin hergestellt wird, verarbeiten nur die rechtshändige Variante der Weinsäure. Pasteur hatte beobachtet, dass solche Pilze in einem Weinsäuregemisch nur so lange wachsen, bis alle rechtshändige Säure aufgebraucht ist. Die verbleibende Säure ist dann rein linkshändig. Das war vermutlich das erste Beispiel einer biologischen Maschine, bei der ein lebender Schimmelpilz zur Erzeugung von linkshändiger Säure eingesetzt wurde. Außerdem war es ein erster Hinweis auf die

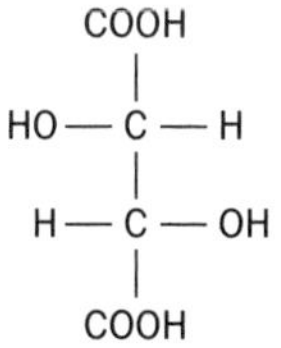

Linkshändige oder L-Weinsäure

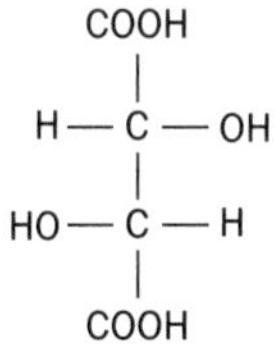

Rechtshändige oder D-Weinsäure

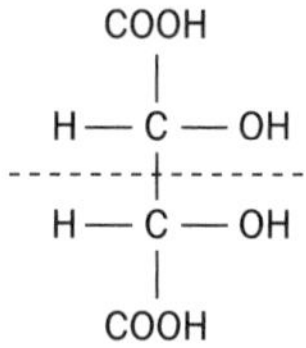

Meso-Weinsäure: Die gestrichelte Linie stellt die Symmetrieebene dar.

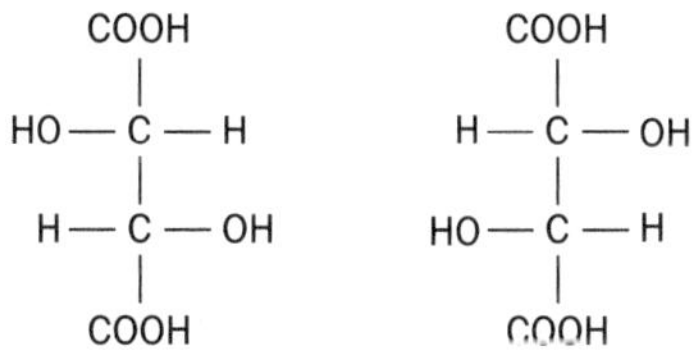

Racemische Weinsäure: ein gleiches Gemisch aus links- und rechtshändigen Molekülen

Abb. 4.5: Links- und rechtshändige Weinsäure. Auf zwei verschiedenen Wegen lassen sich symmetrische Varianten erzeugen. Der eine Fall besteht aus einem 50:50-Gemisch aus beiden Formen – so erhält man die racemische Säure (der Begriff »racemisch« wird heute allgemein für solche gleichen Gemische von zwei zueinander spiegelsymmetrischen Strukturen verwendet). Man kann aber auch die obere oder untere Hälfte des Moleküls drehen und erhält so »Meso«-Weinsäuremoleküle, die zu der gestrichelten Linie spiegelsymmetrisch sind.

Bedeutung der molekularen Spiegelasymmetrie (man spricht in diesem Zusammenhang auch von Spiegelbildisomerie) für Lebensformen.

Die Milchsäure der Milch ist spiegelasymmetrisch; Abb. 4.6 zeigt ihre molekulare Struktur. (Kohlenstoff [C] und Sauerstoff [O] sind durch zwei Linien verbunden, weil der Sauerstoff zwei Hände hat und so die Vierer-Regel für die Nachbarn des Kohlenstoffatoms eingehalten wird.) Dieses Molekül kann in zueinander spiegelbildlichen L- und D-Formen auftreten. Milch enthält eine dieser beiden

Formen, während die andere bei sehr starker Beanspruchung unserer Muskeln produziert wird (mit der Folge eines Muskelkaters). In der Spiegelwelt dachte Alice über verschiedene Aspekte des Lebens nach und fragte sich unter anderem, ob Spiegelmilch auch trinkbar sei. Eine Spiegelperson kann Spiegelmilch trinken, wir jedoch vermutlich nicht. Ich jedenfalls fühle kein Verlangen nach einer »Muskelkater«-Milchsäure.

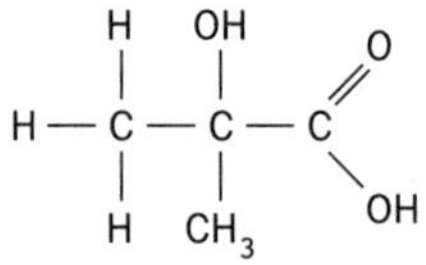

Abb. 4.6: Milchsäuremolekül.

Überall findet man Händigkeit in Lebewesen, und teilweise zeigt sie sich in sehr bizarren Formen. Wir können sie riechen und schmecken, die Gerichtsmedizin macht sie sich zu Nutze, und die gesamte pharmazeutische Industrie beruht auf ihr.

Das Dentin in unseren Zähnen enthält Asparaginsäure, deren Moleküle ebenfalls in zueinander spiegelbildlichen Formen auftreten können. Bei Kindern findet man nur die linkshändige Form, doch im Verlauf der Jahre verändert sie sich langsam in ihr rechtshändiges Spiegelbild. Die relativen Mengen dieser beiden Formen sind für das Alter einer Person charakteristisch, und in der Gerichtsmedizin bestimmt man auf diese Weise das Alter von menschlichen Körpern.

In unseren Nasen befinden sich spiegelasymmetrische Proteine, mit denen wir den Unterschied zwischen den links- und rechtshändigen Versionen des gleichen Moleküls riechen können. Wie wir aus der Erfahrung wissen, können wir mit unserer Nase Dinge wahrnehmen, die für unsere Augen zu klein sind. Ihr Duft hängt von der Form der Moleküle ab und von der Art, wie sie zu den Rezeptormolekülen in den Geruchshaaren in unserer Nase passen. Der Geruch von linkshändigem Carvon erinnert uns an grüne Minze, während die rechtshändige Form die Assoziation von Kümmel hervorruft. Der unterschiedliche Geruch von Orangen und Zitronen wird durch die rechts- und linkshändige Form des Moleküls Limonen hervorgerufen.

Wir können den Unterschied zwischen gespiegelten Molekülformen auch schmecken. Das Glukosemolekül in Abb. 4.7 ist asymmetrisch und dreht die Ebene von polarisiertem Licht im Uhrzeigersinn. Zwei solche D-Glukosemoleküle verbinden sich zu Zucker. Wegen seiner rechtshändigen Form wird er auch oft als Dextrose bezeichnet. Aus den gleichen Atomen besteht Fruktose, allerdings handelt es sich hier um die linkshändige Form, weshalb man auch manchmal von Lävulose spricht.

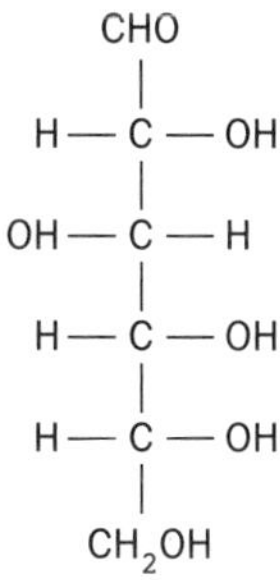

Abb. 4.7: D-Glukose, die sich mit einem zweiten D-Glukosemolekül zu Zucker verbindet.

Unser Verdauungsapparat reagiert auf die links- und rechtshändigen Versionen des gleichen Moleküls unterschiedlich. Die eine Form wird vielleicht verdaut und in Energie oder Gewebe umgewandelt, während die andere Form ohne weitere Veränderung wieder ausgeschieden wird. Wir können Spiegelbildisomere daher unterschiedlich verarbeiten. Genau das hatte Pasteur bei seinen Schimmelpilzen festgestellt, und organisch sind wir kaum mehr als kompliziertere Versionen dieser Schimmelpilze. Doch wir verarbeiten die links- und rechtshändigen Formen von Molekülen nicht nur verschieden, sie können in uns auch unterschiedliche Reaktionen hervorrufen. Dextrose etwa ist für Diabetiker weniger schädlich als sein Spiegelbild Lävulose. Wegen solcher unterschiedlicher Reaktionen auf gespiegelte Moleküle ist bei der Herstellung von Medikamenten besondere Vorsicht geboten. Heute kennen wir diese Gefahr, doch im Fall von Thalidomid (in Deutschland besonders unter dem Namen Contergan® im Handel) hatte die Missachtung tragische Folgen.

Thalidomid wurde in der Medizin ohne Probleme als Beruhigungsmittel verwendet, bis man es schwangeren Frauen verabreichte. Zwischen 1959 und 1962 wurden in Deutschland und England rund 3000 missgebildete Babys geboren, deren Mütter während der Schwangerschaft Thalidomid genommen hatten. Später erkannte man, dass die klinischen Versuche die unterschiedlichen Effekte der rechts- und linkshändigen Versionen dieser Substanz nicht ausreichend berücksichtigt hatten. Es wurde daraufhin aus dem Handel gezogen. Nachdem heute die Rolle der Chiralität bei der Herstellung von Medikamenten besser verstanden ist, gewinnt Thalidomid bei der Behandlung bestimmter Formen von Lepra wieder an Bedeutung.

Kohlenstoff und das Leben

Zu Beginn dieses Kapitels sind wir schon einmal den Kohlenhydraten begegnet. Wie ihr Name andeutet, setzen sich diese Moleküle aus Kohlenstoff und Wasser zusammen. Sie bilden unter anderem die Nahrungsfasern in unserer Ernährung, und sie sind die Bausteine der Wände von Pflanzenzellen. Das einfachste Beispiel mit nur einem Kohlenstoffatom ist CH_2O – Formaldehyd. Es ist in Abb. 4.8 dargestellt und offensichtlich spiegelsymmetrisch. Die Hinzufügung weiterer Kohlenstoffatome und Wassermoleküle führt zu der großen Familie der Kohlenhydrate. Ein einfacher Baustein ist

$$\mathrm{H - \overset{|}{\underset{|}{C}} - O - H,}$$

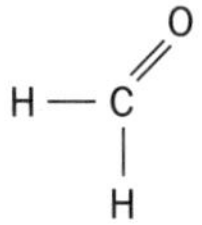

Abb. 4.8: Formaldehyd-Molekül.

wobei sich die unverbrauchten Hände am Kohlenstoffatom mit den Kohlenstoffatomen entsprechender Nachbarbausteine verbinden können. Die größeren Moleküle sind im Allgemeinen spiegelasymmetrisch.

Die OH-Gruppe (Hydroxylgruppe) wird von anderen Atomen und Molekülen sehr stark angezogen. Die Nässe von Wasser ist ein Beispiel dieser »Klebrigkeit«, wobei sich ein OH mit einem einzelnen H (Wasserstoff) verbunden hat. Glukose ist eines von vielen Beispielen mit sechs C-HOH-Bausteinen. Es ist ganz von OH-Gruppen umgeben. Dadurch kann es sich leicht an andere Moleküle anhängen und Energie durch unseren Körper transportieren. (Zu jedem Zeitpunkt haben wir rund 5 mg Glukose in unserem Blut.) Seine Klebrigkeit ist uns auch noch aus einem anderen Zusammenhang bekannt. Wenn wir Glukose zusammen mit etwas Wasser erhitzen, verkleben die Glukosemoleküle untereinander und bilden ein Riesenmolekül: Karamell. Durch Verkettungen von Glukosemolekülen entstehen andere Riesenmoleküle mit teilweise vertrauten Namen, wie Stärke, Zellulose und Glykogen. Zellulose besteht aus lang gestreckten Molekülen, und weltweit produzieren unsere Pflanzen mehrere Milliarden Tonnen davon, nur um sich aufrecht halten zu können. Unser Verdauungssystem kann Zellulose nicht verarbeiten, daher sind sie die Ballaststoffe in unserer Nahrung.

Diese Eigenschaft des Kohlenstoffs, lange Ketten bilden zu können, ist das Wesentliche an jener Komplexität, die wir als Leben bezeichnen. Am Beginn dieses Abschnitts standen die Aminosäuren und Proteine, und zu diesen kehre ich nun wieder zurück. Soweit die Wissenschaft heute überhaupt eine Erklärung für jenes Rätsel

»Leben« geben kann, beruht sie auf den Aminosäuren und Proteinen.

Jede Lebensform auf unserem Planeten enthält in irgendeiner Form Proteine. Jede Zelle in unserem Körper besteht aus Hunderten von verschiedenen Proteinen; insgesamt gibt es mehr als 100 000 verschiedene Formen. Vergleichen wir die Proteine mit den Wörtern in einem Lexikon, dann entsprechen den Buchstaben, aus denen diese Wörter zusammengesetzt sind, die Aminosäuren. Das deutsche Alphabet umfasst (ohne Umlaute) 26 Buchstaben, und eine ganz ähnliche Anzahl von Aminosäuren bilden die Bausteine der Proteine. Die 26 Buchstaben können jeweils aus vertikalen, horizontalen und diagonalen Strichen zusammengesetzt werden, wie es bei alphanumerischen Darstellungen oft der Fall ist. Ebenso können die Aminosäuren aus Teilstücken zusammengebaut werden, wobei jede Aminosäure an ihrem einen Ende eine Aminogruppe und an ihrem anderen Ende eine Säuregruppe besitzt. Dazwischen befinden sich C- (Kohlenstoff), H- (Wasserstoff) und O- (Sauerstoff) Atome in unterschiedlichen Anordnungen. Das »Amino-Ende« und das »Säure-Ende« von zwei Aminosäuren ziehen sich gegenseitig an, wie die Nord- und Südpole von zwei Magneten. Bei der Verschmelzung wird Wasser abgegeben: Ein H- (Wasserstoff) Atom stammt vom Amino-Ende und eine Hydroxylgruppe (OH) vom COOH, die zusammen H_2O bilden. Beim Amino-Ende verbleibt NH und am Säure-Ende nur CO. Durch die NH- und CO-Verbindungen werden die benachbarten Aminosäuren zusammengehalten; das Ganze bezeichnet man als Peptidbindung.

Jede Aminosäure besitzt eine links- bzw. rechtsasymmetrische Form. Wenn sich immer mehr von ihnen aneinander reihen, erhält die resultierende Kette dadurch eine Verdrillung in eine Richtung, die durch die Asymmetrie ihrer Bestandteile bestimmt ist. Denken Sie an eine Wendeltreppe, bei der jede einzelne Stufe eine schmalere Innenseite und eine breitere Außenseite besitzt, also asymmetrisch ist. Die gemeinsame Asymmetrie aller Stufen führt, aneinander gereiht, zu der Spirale. Sind die Stufen auf der rechten Seite schmaler, so entsteht eine rechtshändige Wendeltreppe. Ganz ähnlich sind die geometrischen Verhältnisse, wenn sich asymmetrische Aminosäuren verbinden. Besteht die Kette ausschließlich aus linkshändigen Aminosäuren, dreht sich die Spirale im Uhrzeigersinn von uns weg. Nach der üblichen Konvention würden wir in diesem Fall das Protein als Rechtsschraube bezeichnen.

Die Anzahl der Möglichkeiten, wie sich aus Aminosäuren Proteine zusammensetzen lassen, ist kaum vorstellbar. Mit den 26 Buchstaben unseres Alphabets lassen sich alle Wörter in einem Lexikon schreiben. Einschließlich der Wörter aus anderen Sprachen und der »erlaubten« Laute, die als Wort gelten könnten (»erlaubt« in dem Sinne, dass im Mittel auf drei oder vier Buchstaben mindestens ein Vokal kommen muss, damit der Klang aussprechbar ist), finden wir rund zehn Millionen aussprechbare »Wörter«, die aus nicht mehr als sechs Buchstaben bestehen. Und es gibt viele Wörter mit mehr als sechs Buchstaben. Im Deutschen können wir durch die Verknüpfung einzelner Wörter neue »Makrowörter« bilden; dem entsprechen in der organischen Chemie die Riesenmoleküle. Theoretisch kann es viele Milliarden verschiedener Proteine geben, von denen jedes Einzelne seine ihm eigenen charakteristischen Eigenschaften besitzt. Erst diese unvorstellbare Vielfalt ermöglicht die Spezialisierung der einzelnen Moleküle, die von komplexen Lebensformen gefordert wird, und die Vorliebe des Kohlenstoffs für Teamarbeit ist eine Grundvoraussetzung dafür. Die Evolution stellte die Mittel bereit, dass sich solche Moleküle »zufällig« bilden konnten, und seit rund vier Milliarden Jahren kann die Evolution ihre Lotterie spielen – genügend Zeit, damit sich in regelmäßigen Abständen auch Gewinne einstellen können. Wäre Darwin nicht durch seine Beobachtungen von Tierarten auf die Idee der Evolution gestoßen, so hätten die moderne Biologie und Mikrobiologie sie aus ihrer Kenntnis von der Struktur der Proteine, insbesondere der DNA, erschließen können.

Die Fähigkeit von Kohlenstoff zur Bildung komplexer Strukturen ist die Grundvoraussetzung für Leben. Sobald sich noch einige andere Teile dem Kohlenstoff anschließen, entstehen auch asymmetrische Strukturen. Links- und rechtshändige Formen treten auf, und wenn sich diese aneinander reihen, entstehen Spiralen. Die Asymmetrie der einzelnen Stufen (ob sich das dickere Ende auf der linken oder rechten Seite befindet) bestimmt die Drehrichtung einer Wendeltreppe. Bei den Aminosäuren sind die Strukturen und die Asymmetrie komplizierter, doch das Prinzip bleibt dasselbe. Ihre Form bestimmt die Spirale.

Die Formen der Stufen, aus denen sich die DNA zusammensetzt, sind die Formen der vier Aminosäuren Adenin (A), Thymin (T), Guanin (G) und Cytosin (C). Schon bevor Crick und Watson die Struktur der DNA entdeckten, war aus chemischen Analysen bekannt, dass A und T immer in gleichen Mengen vorhanden sind, ebenso wie G und C. Außerdem ließ sich aus Röntgenaufnahmen von DNA-Kristallen schließen, dass die Moleküle eine helikale Struktur besitzen. Das Problem war, wie diese Tatsachen zusammenpassen sollten.

Wie James Watson in *Die Doppel-Helix* beschreibt, begann sich das Puzzle in dem Moment zu lösen, als er erkannte, dass die äußere Form einer Verbindung aus A- und T-Aminosäuren die gleiche ist wie die Form einer Verbindung aus G und C. Diese perfekte Symmetrie der Form war der Schlüssel. Wenn sich Adenin immer mit Thymin paart und Guanin immer mit Cytosin, dann erhält man eine Serie identisch geformter »Stufen«. Erst nachdem Crick und Watson genaue Modelle dieser CGAT-Bausteine nachgebildet hatten, wurde deutlich, dass die resultierende Struktur eine Rechtsschraube ergibt.

Tatsächlich handelt es sich bei der DNA – wie in Watsons Buchtitel schon angedeutet – um eine Doppel-Helix. Sie hat die Form einer verdrillten Leiter. Die CGAT-Moleküle verbinden sich paarweise und bilden die Sprossen dieser Leiter, während die beiden

Helices den Seitenrändern entsprechen. Bei der Reproduktion – der Verdopplung – wird die Leiter in der Mitte jeder Stufe aufgeschnitten, so dass in jeder Hälfte einzelne C-, G-, A- oder T-Aminosäuren frei liegen. Diese paaren sich wieder eindeutig mit den entsprechenden G-, C-, T- und A-Säuren zu einer identischen Sequenz neuer Stufen.

Die asymmetrische Form der Moleküle in den Stufen zwingt die DNA zu ihrer verdrillten, rechtshändigen Form. In einem Spiegel wären alle Komponenten umgedreht, und eine gespiegelte DNA ist linkshändig. Für uns Menschen spielt das keine Rolle, die einfache Regel lautet: rechtshändige DNA für alle. Auch hierbei hat die Evolution eine entscheidende Rolle gespielt. Da sich nur gleichartige Spiralen zu einer Doppel-Helix verbinden können, wäre es von Nachteil, wenn einige von uns rechtshändige und andere linkshändige DNA-Strukturen hätten oder wenn wir gar ein Gemisch aus beidem besäßen. Für eine effektive Fortpflanzung ist es wesentlich, dass die DNA-Hälfte der Männer zur DNA-Hälfte der Frauen passt, und am einfachsten ist es natürlich, wenn beide dieselbe Händigkeit haben. Damit ist zwar noch nicht geklärt, wie und wann es zu der Asymmetrie der Aminosäuren unserer DNA kam, doch der Vorteil in der Evolution in Zusammenarbeit mit der unvorstellbaren Zeitspanne dürfte der Grund für die universelle Händigkeit sein.

Eine andere Erklärung wäre, dass linkshändige Aminosäuren aus dem All zu uns gekommen sind und wir alle von Außerirdischen abstammen. Diese bei Sciencefictionautoren beliebte Vision könnte sich sogar als wissenschaftliche Tatsache herausstellen. 1969 fiel in der Nähe von Murchison in Australien ein Meteorit zur Erde, und es stellte sich heraus, dass der »Murchison-Meteorit« eine außergewöhnlich hohe Anzahl organischer Moleküle enthielt und dass die Aminosäuren darunter außerdem noch linkshändig waren.

Könnten Meteoriten und Kometen die charakteristisch verdrillten Moleküle zur Erde gebracht haben, die dann hier zu den Bausteinen der Proteine wurden? Einmal hier, wären diese asymmetrischen Moleküle zu Bestandteilen der reichhaltigen präbiotischen Suppe geworden, aus der dann komplexere organische Moleküle entstanden. Linkshändige Aminosäuren als Bausteine nicht nur des irdischen Lebens, das wäre eine – gelinde gesagt – aufregende Hypothese.

Die Entdeckung der linkshändigen Aminosäuren im Murchison-Meteorit deutet zwar darauf hin, dass die Asymmetrie unter Spiegelungen schon vor der Geburt unseres Planeten im All bestanden haben könnte, doch damit wissen wir immer noch nicht, wie es dazu gekommen ist. Die Astronomen sind jedoch auf einen weiteren Hinweis gestoßen, der zu einer Erklärung beitragen könnte.

Vor langer Zeit hat Pasteur herausgefunden, dass spiegelasymmetrische Moleküle die Polarisationsebene von planar polarisiertem Licht nach rechts bzw. links drehen können, je nachdem, ob die rechts- oder linkshändige Form dieser Moleküle vorliegt. Im 20. Jahrhundert nun haben Laborexperimente gezeigt, dass zirkular polarisiertes Licht, bei dem das elektrische Feld rotiert, rechts- oder linkshändige Moleküle selektiv zerstören kann, je nach der Rotationsrichtung dieses Lichts. Und vor kurzem haben Astronomen festgestellt, dass aus einem Gebiet im Orion-Nebel überraschend große Mengen an zirkular polarisiertem Licht zu uns kommen (dessen Rotationsrichtung dem Uhrzeigersinn entgegengerichtet ist). Es handelt sich dabei um ein Gebiet, in dem neue Sterne entstehen und große Mengen organischer Moleküle vorhanden sind. Es wird allgemein angenommen, dass die Bedingungen dort durchaus vergleichbar sind mit den Bedingungen, die bei der Entstehung unseres Sonnensystems vorherrschend waren.

Bei den linkshändigen organischen Molekülen könnte es sich somit um die Überreste handeln, die das Bombardement durch intensives polarisiertes Sternenlicht während der Geburt unseres Sonnensystems überlebt haben. Da eine bevorzugte Händigkeit der Moleküle für die Entstehung anhaltenden Lebens notwendig zu sein scheint, würde diese Entdeckung der Astronomen bedeuten, dass unser Planet seine günstigen Lebensbedingungen sowohl den Umständen verdankt, unter denen unser Sonnensystem entstanden ist, als auch den lokalen Bedingungen auf der frühen Erde. Sollte sich das als richtig erweisen, müssten die organischen Moleküle auf anderen Himmelskörpern in unserem Sonnensystem ebenfalls linkshändig sein.

Eine Frage bleibt nach wie vor unbeantwortet: Wie konnten unbelebte organische Moleküle unter den auf der Erde herrschenden Bedingungen zum Leben erweckt werden? Die oben erwähnten Entdeckungen bringen uns der Antwort jedoch einen großen Schritt näher. Dass wir solche Hinweise überhaupt erst finden konnten, verdanken wir dem nahezu kriminalistischen Einsatz naturwissenschaftlicher Entdeckungen, die vor fast genau einem Jahrhundert gemacht wurden: den Röntgenstrahlen, der Radioaktivität und der atomaren Struktur. Mit Hilfe der Röntgenstrahlen können wir die Kristallstrukturen z. B. der DNA direkt beobachten, mit Hilfe der Radioaktivität können wir den Ursprung der Aminosäuren zurückverfolgen und mit Hilfe der Kernphysik können wir chemisch identische Substanzen danach unterscheiden, ob ihr Ursprung auf der Erde oder irgendwo im Weltraum liegt. In den nächsten drei Kapiteln werden wir die Geburtsstunden dieser kosmologischen Detektivarbeit nachzeichnen.

Kapitel 5

UNWIRKLICHE VISIONEN

Die Erscheinung war so gespenstisch, dass Wilhelm Röntgen an seinen Sinnen zweifelte. Er hätte kaum überraschter sein können, wenn er in einem Spiegel kein Spiegelbild gesehen hätte. Das Metall, das er in seinen Händen gehalten hatte, glitt zu Boden, und durch das Geräusch erschreckt, sprang er auf.

Es war der 8. November 1895, kurz vor Mitternacht. Seit einiger Zeit hatten Wissenschaftler über fremdartige Erscheinungen berichtet, die auftraten, wenn sie das verdünnte Gas in Vakuumröhren elektrisch aufluden. Der englische Physiker William Crookes hatte seltsam leuchtende Wolken durch die Luft treiben gesehen und war überzeugt, das bei viktorianischen Séancen so beliebte Ektoplasma produziert zu haben. So wandte er sich in der Folge dem Spiritualismus zu. In Deutschland führte Röntgen ganz ähnliche Experimente durch, und nun, allein in der Nacht, begann sich seine Fantasie zu überschlagen.

Einige Stunden zuvor, als die Abenddämmerung sein Laboratorium verdunkelte, hatte er beobachtet, wie ein fluoreszierender Schirm am anderen Ende seines Labortischs immer dann schwach zu leuchten begann, wenn er in der Röhre Funken auslöste. Nach diesem Signal hatte er gesucht. Es war der Beweis, dass in der Funkenröhre unsichtbare Strahlen erzeugt wurden, die den Raum durchquerten, auf den Schirm trafen und dort das schwache Leuchten hervorbrachten. Das alleine wäre schon genug gewesen, doch nach einem späten Mahl war Röntgen in sein Laboratorium zurückgekehrt, um in der Dunkelheit das Leuchten besser beobachten zu können. Und da sah er diese Erscheinung.

Er hatte Kartenstücke zwischen die Röhre und den Schirm postiert, um den Weg der Strahlen verfolgen zu können, doch der Schirm leuchtete unverändert, so als ob die Strahlen einfach durch diese Karten hindurchdringen konnten. Dann versuchte er, die Strahlen mit Metall abzublocken, aber die dünnen Folien aus Kupfer und Aluminium waren ebenso transparent wie vorher die Karten. Irgendwie schien Röntgens Anordnung Strahlen zu erzeugen, die für Materie unempfindlich war. Schließlich fand er doch noch etwas, das diese Strahlen aufhielt: Blei hinterließ einen Schatten, wodurch die Realität dieser geheimnisvollen Strahlen bewiesen war.

Er schob das Stück Blei näher zum Schirm und beobachtete, wie der Schatten schärfer wurde. In diesem Moment ließ er das Blei entsetzt fallen: Er hatte die schwarzen Umrisse des Metalls gesehen – gehalten von der Hand eines Toten. Nachdem er sich wieder gefangen hatte, öffnete er seine Faust und sah nochmals das dunkle Muster seiner Knochen, während er die Hand über die Oberfläche des Schirms bewegte. Immer noch im Zweifel über das Gesehene, holte er einen Fotofilm heraus und machte eine Aufnahme. Röntgen hatte eine der monumentalsten Entdeckungen in der Geschichte der Wissenschaften gemacht – die Röntgenstrahlen – und zum ersten Mal Bilder gesehen, die heute in jedem Krankenhaus zum Alltag gehören.

Sechs Wochen später, am Sonntag vor Weihnachten, brachte er seine Frau Bertha in sein Laboratorium und machte eine Röntgenaufnahme von ihrer Hand. Der Ehering ist deutlich zu erkennen. Dies ist eines der berühmtesten Bilder in der Geschichte der Fotografie, und es machte ihn innerhalb von zwei weiteren Wochen zu einer international bekannten Persönlichkeit. Die Bedeutung für die Medizin war offensichtlich, und die ersten Bilder von Knochenbrüchen entstanden im Januar 1896, obwohl zu diesem Zeitpunkt keiner so richtig wusste, worum es sich bei diesen geheimnisvollen Strahlen eigentlich handelte.

Wenn ein einzelner Augenblick den Beginn der modernen Physik und Wissenschaft kennzeichnen kann, dann ist es dieser Freitagabend am 8. November des Jahres 1895. Doch warum nicht früher? Warum Röntgen und nicht irgendjemand aus einem halben Dut-

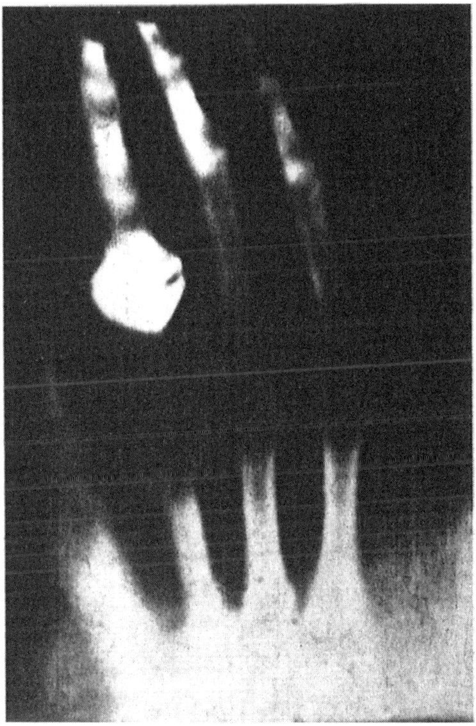

Abb. 5.1: Röntgenbild der Hand von Röntgens Frau.

zend anderer? Wie so oft hatten andere diese zukunftsträchtige Entdeckung verpasst, obwohl sie vielleicht nahe dran waren, vielleicht sogar die Erscheinung ebenfalls beobachtet hatten, aber ihre Bedeutung nicht erkannten. Für eine wirkliche Entdeckung muss man zur richtigen Zeit am richtigen Platz sein, man muss vorbereitet sein, und man muss den Mut haben, sich von bestehenden Denkmustern lösen zu können. Es kann aber auch an ungewöhnlichen Eigenschaften liegen, die einem bestimmten Individuum den Vorzug geben. Im Fall von Röntgen könnte es damit zusammenhängen, dass er farbenblind war.

Die Dampfmaschine war für das 19. Jahrhundert der Inbegriff menschlicher Erfindungsgabe. Einfache Prinzipien grundlegender Physik wurden hier zu einer bedeutenden Technologie. Die wesentlichen Bestandteile, Kohle oder Holz, bedurften keiner industriellen Aufbereitung.

Als Brennstoff erhitzen sie Wasser bis zum Kochen. Das physikalische Grundprinzip besteht darin, dass ein kleines Volumen flüssigen Wassers zu einem riesigen Volumen aus Dampf anwächst. Alles Weitere ist Technik. Der Dampfdruck bewegt einen Kolben, der seinerseits über ein geeignetes Gestänge die Räder antreibt, und Hunderte von Tonnen Gewicht können mit 100 Stundenkilometern durch die Landschaft gezogen werden. Es war die Zeit der industriellen Revolution. Mechanik und Thermodynamik waren das tägliche Brot der Physik und der Antrieb der Technik. Wenn die Dampfrohre ihre chemische Asche in den Himmel und die Lungen spuckten, wurde der Preis für all die Vorteile von keiner Umweltbewegung in Frage gestellt, und das nicht zuletzt deshalb, weil die medizinischen Kenntnisse noch primitiv und die elektronische Massenkommunikation des 20. Jahrhunderts noch Jahrzehnte entfernt waren.

So wie die Dampfmaschine die alte Mechanik verkörpert, so symbolisiert ihr Nachfolger, der moderne Elektromotor, die große Revolution, deren Konsequenzen noch heute ausgeschöpft werden. Maschinen, Getriebe und Hebel, Kolben und Rollen in Bewegung, das war angewandte Mechanik. Doch die Natur der Materie, des Lichts und der Elektrizität blieben im Vergleich dazu ein Rätsel. Es war Michael Faraday, der das alles änderte.

Faraday war ein Genie, das um einige Jahrzehnte zu früh auf dieser Welt lebte. Der erste Nobelpreis wurde 1901 verliehen, also über dreißig Jahre nach seinem Tod. Hätte es diesen Preis schon im 19. Jahrhundert gegeben, so hätte Faraday vermutlich mehr als sechs von ihnen erhalten. Unter seinen vielen zukunftsweisenden Ideen war auch die Vorstellung, dass elektrische und magnetische Felder den leeren Raum durchdringen können und dass sie elektrisch geladene Objekte ebenso wie magnetisierte Gegenstände in Bewegung versetzen können, ähnlich wie Kompassnadeln durch das Magnetfeld der Erde zu den Polen hin ausgerichtet werden.

Faraday verstand es auch, die Wissenschaft populär zu machen. In seinen Vorträgen bei der Royal Institution, der britischen Gesellschaft zur Verbreitung naturwissenschaftlicher Erkenntnisse, führte er spektakuläre Versuche vor und begann damit eine Tradition, die nun über einhundertfünfzig Jahre Bestand hat. Als ich gebeten wurde, Weihnachten 1993 in diesem Rahmen den Jahresvortrag für junge Leute zu halten, lernte ich mit einer gewissen Beklommenheit, dass Faraday solche Vorträge schon 164 Jahre früher bei mehreren Gelegenheiten gehalten hatte. In einem dieser Vorträge machte er das Magnetfeld sichtbar, indem er Eisenspäne in die Nähe eines Magneten streute, die daraufhin bestimmte Muster bildeten und eine topografische Abbildung des Feldes darstellten. Heute gehört diese Vorführung in jeden Physikunterricht. Seine Vorlesungen waren so populär, dass es wegen der Pferde und Kutschen seiner Zuhörer anschließend in der Albemarle Street in London zu einem Verkehrschaos kam.

Die Kutschen mit einer Pferdestärke sind den Motoren mit vielen Pferdestärken gewichen. Doch diese Motoren beruhen ebenfalls auf einer der großen Entdeckungen Faradays: Elektrische und magnetische Felder können sich gegenseitig beeinflussen. Wenn sich ein magnetisches Feld verändert, beispielsweise indem der Magnet bewegt wird, der dieses Feld erzeugt, so entstehen *elektrische* Kräfte. Diese Erscheinung bezeichnet man als Induktion, und auf ihr beruht die Arbeitsweise elektrischer Generatoren. Die Idee ist, dass die Veränderung magnetischer Felder elektrische Felder erzeugt und umgekehrt. Auf diesem Prinzip beruht der Elektromotor.

Die berühmten Gleichungen von James Clerk Maxwell bringen diesen Sachverhalt in eine mathematische Form. In diesen Gleichungen kommt eine fast unheimlich anmutende Eigenschaft der Mathematik zum Vorschein: Mit wenigen experimentell gefestigten Tatsachen in Verbindung gebracht, kann die Mathematik manchmal eine ganze Sinfonie neuer Phänomene vorhersagen. Die Maxwell-

Abb. 5.2: Der Begründer des Elektromagnetismus: Michael Faraday (auf einer englischen 20-Pfund-Note).

schen Gleichungen besagen, dass ein sich veränderndes elektrisches oder magnetisches Feld sein jeweiliges Gegenstück erzeugt. Wenn das elektrische Feld oszilliert, z. B. *n*-mal jede Sekunde hin und her schwingt, dann oszilliert das hierbei erzeugte magnetische Feld mit derselben Frequenz. Das wiederum induziert ein pulsierendes elektrisches Feld usw. Das ganze Gemisch aus oszillierenden elektrischen und magnetischen Feldern breitet sich als Welle durch den Raum aus. Als dieser Sachverhalt deutlich wurde, betrachtete man elektrische und magnetische Felder nicht mehr als getrennte Objekte, sondern sie waren vereinigt: Das Konzept des elektromagnetischen Feldes und der elektromagnetischen Welle war geboren.

Faradays Messungen elektrischer und magnetischer Erscheinungen lieferten Maxwell die entscheidenden Daten zur Berechnung der Ausbreitungsgeschwindigkeit dieser Wellen. Er fand einen Wert von 300 Millionen Metern pro Sekunde, unabhängig von der Frequenz. Das ist auch die Geschwindigkeit von Licht, wodurch Maxwell auf die entscheidende Idee gebracht wurde, dass es sich bei Licht und elektromagnetischen Wellen um ein und dasselbe handelt. Licht mit seinen Regenbogenfarben besteht aus elektromagnetischen Wellen, deren elektrische und magnetische Felder Hunderte von Millionen von Millionen Mal pro Sekunde hin und her schwingen. Die Abstände zwischen zwei aufeinander folgenden Intensitätsspitzen liegen in einem engen Bereich bei rund einem Millionstel Meter. Maxwells Erkenntnis bedeutete, dass es neben den Regenbogenfarben noch weitere elektromagnetische Wellen geben müsse, die sich ebenfalls mit Lichtgeschwindigkeit ausbreiten, aber andere Frequenzen besitzen.

Infrarotes und ultraviolettes Licht waren damals bereits bekannt. Infrarotstrahlen bestehen aus elektromagnetischen Schwingungen mit einer kleineren Frequenz, die unsere Augen nicht mehr wahrnehmen können, die unsere Haut jedoch als Wärme spürt. Ultraviolettstrahlung ist die Version mit einer höheren Frequenz. »Infra« und »Ultra« beziehen sich dabei auf die Frequenzen im Vergleich zum sichtbaren Spektrum. Nun wollten die Wissenschaftler andere Beispiele elektromagnetischer Wellen suchen bzw. »künstlich« herstellen. Die Entdeckung von heute ist die Technologie von morgen, und so fanden die neuen elektromagnetischen Wellen unmittelbar nach ihrer Entdeckung auch schon ihre Anwendungen.

1887 experimentierte Heinrich Hertz an der Universität Bonn mit elektrischen Funken und wies nach, dass von ihnen elektromagnetische Wellen ausgingen, die sich ohne irgendwelche elektrischen Leiter (»drahtlos«) durch den Raum ausbreiteten. Bei diesen primitiven »Radio«-Wellen handelt es sich ebenso wie bei Licht um elektromagnetische Wellen, allerdings mit einem anderen Spektrum. Nach Hertz wurde die Einheit der Frequenz benannt: Einmal »pro Sekunde« bezeichnet man als ein »Hertz«, tausendmal als Kilohertz und Millionen Mal als Megahertz. Die Strahlung des Regenbogens entspricht somit einigen Millionen Megahertz. Radiowellen bilden einen Teil des elektromagnetischen Spektrums weit unterhalb des optischen und des infraroten Bereichs. Ihre Frequenzen liegen typischerweise im Bereich von Kilohertz bis Megahertz.

Die Entdeckungen von Hertz halfen, Maxwells Theorie der Elektrizität, des Magnetismus und des Lichts zu etablieren, und führten außerdem zu Spekulationen über »unsichtbare Hochfrequenzstrahlung« – elektromagnetische Wellen weit jenseits des blauen Bereichs. Röntgen wollte diese Strahlung finden, und er hatte Erfolg, denn genau das sind Röntgenstrahlen: elektromagnetische Wellen mit einer sehr hohen Frequenz. Ironischerweise war ihm zunächst gar nicht bewusst, was er getan hatte. Die größere Tragödie war jedoch, dass Philipp Lenard rund sieben Jahre früher diese Entdeckung verpasst hatte und sich nie mehr von diesem psychischen Schock erholen sollte. Er degenerierte zu einem Antisemiten, attackierte Einstein und gab während der Nazizeit ein vierbändiges Werk über deutsche Physiker heraus, in dem Röntgen noch nicht einmal erwähnt wurde.

Dampfmaschinen, Ektoplasma und Kathodenstrahlen

Die Missgeschicke begannen mit dem Bedürfnis, die Natur der Elektrizität besser zu verstehen. Vor Maxwell hatte sich die Physik auf eine mechanische Interpretation der Naturphänomene konzentriert. Dampfmaschinen, die Newtonschen Bewegungsgesetze, Flaschenzüge und die Mechanisierung der Webstühle waren Paradebeispiele für das mechanistische Weltbild und führten zur frühen industriellen Revolution. Vor dem Hintergrund dieser Philosophie war es nur natürlich, dass sich die Physiker des 18. und 19. Jahrhunderts die Lichtwellen als einen mechanischen Prozess vorstellten. Licht breitete sich danach durch einen unkörperlichen und nicht greifbaren »Äther« aus, denn mechanische Dinge benötigen etwas zur Mechanisierung der Bewegung. Doch gegen Ende des 19. Jahrhunderts, im Anschluss an die Entdeckungen von Maxwell und Hertz, mussten auch hartgesottene »Mechanisten« zugeben, dass dies nicht richtig sein konnte. Mit seiner Interpretation, Licht sei das Ergebnis oszillierender elektrischer und magnetischer Felder im leeren Raum, hatte Maxwell eine Revolution entfacht. Wissenschaftler wandten sich nunmehr elektrischen Phänomenen zu, und innerhalb eines Jahres folgten mehrere Entdeckungen, die den Lauf der Geschichte verändern sollten.

Elektrizität fließt wie eine Flüssigkeit durch metallische Drähte.

Verbindet man das eine Ende eines Drahtes mit der negativen Klemme einer starken Batterie und das andere Ende mit einer Metallplatte in einer mit Gas gefüllten Röhre, so kann die Elektrizität durch das Gas hindurchtreten. Hier erlebte man die erste Überraschung – ein unheimliches farbiges Leuchten. In verbesserter Form ist es uns heute von Leuchtröhren und Reklametafeln vertraut.

Doch um überhaupt eine Chance zu haben, Röntgenstrahlen zu erzeugen, benötigt man einige tausend Volt sowie Vakua einer hohen Qualität, und beides wurde erst gegen Ende des 19. Jahrhunderts technisch möglich. Verbesserte Vakuumpumpen waren eines der Nebenprodukte der Eisenbahnrevolution. Die Entdeckung der Röntgenstrahlung und der Beginn der »dampffreien« Technologie beruhten beide auf dieser scheinbar nebensächlichen Tatsache. Als die erste Dampflokomotive über die Schienen zwischen Stockton und Darlington tuckerte, konnte keiner ahnen, dass die Dampfkraft entscheidend zu der alles andere als geradlinigen Entwicklung der modernen Genetik beitragen würde. Dahinter steckte kein Plan, sondern man fand sich plötzlich einfach in der Lage, extremere Bedingungen zu erzeugen, als sie bisher möglich waren.

Als der Druck in den Vakuumröhren immer niedriger wurde, fanden die Pioniere eine Fülle neuartiger Effekte. Zunächst beobachtete William Crookes Veränderungen in der Art des farbigen Lichts, wenn der Druck verringert wurde. Unter diesen Bedingungen emittieren die Gasatome ein Licht, das der *Aurora Borealis*, dem »Polarlicht«, vergleichbar ist. Dies entsteht, wenn sehr energiereiche elektrisch geladene Teilchen – so genannte kosmische Strahlung – auf die oberen Schichten der Atmosphäre trifft. Dort ist die Atmosphäre sehr dünn, und die Vakuumtechnik zu jener Zeit ermöglichte ein vergleichbar dünnes Gas in Crookes' Röhren. Der geisterhafte Schimmer der Aurora in einer Gasröhre mutet seltsam an, selbst wenn man weiß, worum es sich handelt. Für einen Wissenschaftler in der viktorianischen Zeit, der in jeder Bedeutung des Wortes im Dunkeln arbeitete, hatte es etwas Unheimliches. Nach dem Tode seines Bruders hatte Crookes einen Hang zum Spiritualismus entwickelt, und auf der Suche nach einem wissenschaftlichen Beweis für die Existenz der Seele war er von dem Leuchten in seinen Röhren ganz besessen. Er war überzeugt, im Verlauf von Séancen »grüne leuchtende Wolken« beobachtet zu haben, und glaubte, dass diese mit dem Licht in den Röhren identisch seien. So gab er bekannt, ihm sei die künstliche Erzeugung von Ektoplasma gelungen.

Auch wenn diese Ankündigung einiges Schmunzeln hervorrief, offenbarten seine Forschungen doch die drastischen Veränderungen der Lichteffekte bei sinkendem Gasdruck in den Röhren. Als er den Druck noch weiter verringerte, verschwand das Licht in der Umgebung der »Kathode« – dem Eintrittspunkt des elektrischen Stroms – und hinterließ einen dunklen Bereich in der ansonsten erleuchteten Röhre. Schließlich entfernte er so viel Gas aus seinen Röhren, wie es mit seinen besten Vakuumpumpen möglich war, und erhöhte die Spannung auf ein Maximum. Diesmal änderte sich die Natur der Entladung völlig: Die Aurora verschwand, und stattdessen beobachtete man direkt von der Kathode ausgehende hauchdünne Strahlen, die man später als »Kathodenstrahlen« bezeichnete.

Das war in den achtziger Jahren des 19. Jahrhunderts, doch erst 1897 löste J. J. Thomson, dem wir später noch begegnen werden, das ganze Rätsel um diese Kathodenstrahlen. Damit das Folgende verständlicher wird, nehme ich die Antwort kurz vorweg: Kathodenstrahlen sind Strahlen aus Elektronen, den Trägern der elektrischen Ladung und Bestandteilen der Atome. Eine ihrer vielen Eigenschaften besteht darin, Phosphor zum Leuchten zu bringen. Jeder Fernsehbildschirm ist dafür ein vertrautes Beispiel.

Wenn Kathodenstrahlen im Vakuum auf ein hartes Ziel fokussiert werden, können sie Röntgenstrahlen erzeugen, und wenn dieses Zielobjekt sehr klein ist, wird es dabei außerordentlich heiß, wie beispielsweise in einem »Kathodenstrahlofen«. Bei den Bedingungen, unter denen Crookes seine Experimente durchführte, wird der größte Teil der Energie der Kathodenstrahlen, wenn diese auf das Röhrenglas treffen, in Hitze umgesetzt. Doch rund ein Zehntausendstel ihrer Energie wird zu Röntgenstrahlen. Da zu viel Hitze das Glas zum Schmelzen gebracht hätte, verwendete Crookes gerade genug Spannung, um die Lichterscheinungen erzeugen zu können, aber auch nicht mehr als notwendig, aus Furcht, seine Ausrüstung zu zerstören. Soweit wir heute wissen, hat er tatsächlich Röntgenstrahlung produziert, allerdings außerordentlich schwach.

Fehlschläge

Röntgenstrahlen hinterlassen auf lichtempfindlichen Schichten Bilder. Crookes hatte in seinem Laboratorium einige Schachteln mit unentwickelten fotografischen Platten gelagert, und trotz ihrer Schwäche drangen die Strahlen durch die Schachteln und hinterließen auf den Platten beachtliche Spuren. Als er sie später verwenden wollte und feststellen musste, dass sie bereits belichtet waren, brachte er das jedoch nicht mit seinen Experimenten in Verbindung. In der irrigen Annahme, dass es sich um fehlerhafte Platten handelte, gab er sie dem Hersteller zurück.

Crookes war nicht der Einzige, der die Röntgenstrahlung schon Jahre vor Röntgen hätte entdecken können. Auch Philipp Lenard hatte zwei Gelegenheiten, die er beide verpasste.

1888, im Anschluss an die Arbeiten von Crookes, aber noch sieben Jahre vor dem Erfolg Röntgens, hatte Lenard nach elektromagnetischen Wellen im ultravioletten Teil des Spektrums gesucht, also jenseits des blauen Teils von sichtbarem Licht. Er verwendete eine Kathodenstrahlröhre und stellte fluoreszierende Kristalle an das vordere Ende. Hätte er mehr Gas aus seiner Röhre gepumpt und den niedrigen Druck der Röhren von Crookes erreicht, so hätte er seine Kathodenstrahlen mit höheren Spannungen erzeugen können, was wiederum zur Emission starker Röntgenstrahlen geführt hätte. Durch solche Strahlen wären die Kristalle vor der Röhre zur Fluoreszenz angeregt worden und hätten sicherlich die Aufmerksamkeit von Lenard erregt. Doch unter den Bedingungen, mit denen er tatsächlich arbeitete, wurden in diesem Experiment nur ultraviolette Strahlen sowie sehr schwache, unmittelbar neben dem ultravioletten Bereich liegende Röntgenstrahlen (so genannte weiche Röntgenstrahlen, im Gegensatz zu den hochenergetischen harten Strahlen) erzeugt. Diese Strahlen wurden von der Röhrenwand absorbiert und schafften es nie bis zu dem Kristalldetektor. So hatte er gleich zwei Fehlschläge: Er fand die gesuchte Ultraviolettstrahlung nicht, und er verpasste die größere Entdeckung der unvermuteten Röntgenstrahlen.

1893 war Lenard Assistent von Hertz. Zu dieser Zeit erzeugte er Kathodenstrahlen unter Verwendung wesentlich höherer Energien und in Gasen bei extrem niedrigem Druck, vergleichbar mit den Bedingungen von Crookes. Unter solchen Bedingungen musste er harte Röntgenstrahlung produziert haben, die aus den Röhren in die Umgebung drang. Er stellte auch fest, dass fotografische Platten intensiv schwarz gefärbt wurden. Doch vor der Berliner Akademie am 12. Januar 1893 und in einem umfangreicheren Artikel, der zu Beginn des Jahres 1884 veröffentlicht wurde, berichtete er, dass dies nur bei solchen Platten der Fall war, die sehr nahe bei seiner Apparatur lagen. Genau das hatte er auch vermutet. Er hatte nicht damit gerechnet, dass gelegentlich auch fotografische Platten geschwärzt wurden, die unter dicken Kartonschichten lagerten, so dass sämtliche Kathodenstrahlen absorbiert wurden und daher nicht für die Schwärzung verantwortlich sein konnten. Im Nachhinein wissen wir heute, dass die Röntgenstrahlung die Ursache war, doch Lenard konnte das Unerwartete irgendwie nicht wahrnehmen.

Wir wissen nicht genau, ob Lenard den höheren Preis wirklich nicht erkannt hatte oder ob er doch durch gewisse Hinweise neugierig geworden war und ihnen weiter nachgehen wollte. Was auch immer er für Pläne gehabt haben mag, sie wurden durch den plötzlichen Tod von Hertz am 1. Januar 1894 unterbrochen. Das folgende Jahr verbrachte Lenard mit der Fertigstellung und Herausgabe von drei Bänden mit den letzten wissenschaftlichen Arbeiten von Hertz. Außerdem hatte er die Verpflichtungen von Hertz als Direktor des Bonner Laboratoriums übernommen und hatte kaum Zeit für die Forschung. Da er seine Arbeiten über Kathodenstrahlen fortführen wollte, nahm er eine Professur in Breslau an, stellte dann jedoch fest, dass die experimentellen Bedingungen dort für ihn nicht geeignet waren. Schließlich übernahm er eine Stelle in Aachen, wo er mit seinen Kathodenstrahlen fortfahren konnte. Mittlerweile war es Januar 1896 und zu spät: Das sensationelle Bild, das Röntgen von den Handknochen seiner Frau Bertha aufgenommen hatte, war bereits in den Zeitungen.

Röntgen war farbenblind

Während andere Mitbewerber ihre Ruhmeschancen verpassten, begann Röntgen mit seinen Arbeiten zwar spät, doch er steuerte direkt auf sein Ziel zu. Er hatte den Bericht von Lenard aus dem Jahr 1884 gelesen, und eine tiefere Intuition hatte ihm gesagt, dass hier mehr dahinter steckte, als Lenard anscheinend bewusst war. So begann er mit eigenen Untersuchungen zu Kathodenstrahlen und schrieb sogar einen Brief an Lenard, in dem er ihn nach Einzelheiten zu seinen Experimenten befragte.

Wie bei allen Aktivitäten lernt man aus den eigenen Erfahrungen am besten. Röntgen wiederholte die Experimente Lenards und wurde mit den Eigenarten seiner Apparatur vertraut. Im Herbst 1895 war Röntgen zuversichtlich, diese erste Hürde gemeistert zu haben, und er wagte sich auf der Suche nach den hochfrequenten Strahlen in unbekanntes Terrain vor. Seine Grundidee war, die Intensität dieser Strahlung durch die höchstmögliche Spannung und den niedrigstmöglichen Druck zu maximieren. In einem abgedunkelten Raum hoffte er auf einem fluoreszierenden Schirm irgendein schwaches Leuchten wahrnehmen zu können, falls die Strahlung darauf fallen sollte.

Crookes und Lenard hatten beobachtet, wie die Röhrenwände durch die Kathodenstrahlen zu hellen Fluoreszenzerscheinungen angeregt wurden, daher wollte Röntgen diese Strahlung durch dickeres Papier abblocken. Die von ihm gesuchte hochfrequente Strahlung sollte nach verschiedenen Vorhersagen Papier und Pappe durchdringen können, und so hoffte er, sie durch ein sehr schwaches Leuchten nachweisen zu können, wenn sie auf den Fluoreszenzschirm traf. Absolute Dunkelheit war dafür eine Voraussetzung. Die kritischen Experimente begannen an jenem Novembernachmittag; ein grauer Wintertag half, und mit den schweren Vorhängen seines Laboratoriums erreichte er die notwendige Abdunkelung.

Zunächst musste er sicherstellen, dass kein Streulicht vorhanden war. Dazu deckte er die Röhre und den Funkengeber vollständig ab und schaltete die Apparatur ein. Er wusste, dass nun die Hochspannungsfunken und die Kathodenstrahlen produziert wurden, und er überprüfte die Apparatur nochmals nach irgendeinem Zeichen von Licht, das auf eine ungenügende Abdeckung hindeuten würde. Der Fluoreszenzschirm, den er später in die Nähe der Kathodenstrahlröhre bringen wollte, war bei diesem ersten Test über einen Meter von der Apparatur entfernt – außer Reichweite, wie er glaubte. Das war der erste glückliche Zufall.

Die Röhre war offensichtlich gut abgedeckt, denn nach dem Einschalten war kein Licht zu erkennen. Die experimentelle Anordnung schien perfekt zu sein, doch plötzlich glaubte er im Augenwinkel ein schwaches Leuchten von der anderen Seite des Raumes her wahrzunehmen. Er schaute hinüber, doch es war verschwunden, wie das Lächeln der Katze in *Alice im Wunderland*. Er schaltete die Apparatur wieder ein, und das Gleiche passierte: Die Röhre war vollkommen abgedeckt und dunkel, doch er sah das schwache Glühen am Rande seines Blickfeldes. Diesmal erkannte er auch, wo es herkam: von dem Fluoreszenzschirm.

Eine ähnliche Erfahrung können wir in klaren Nächten beim Betrachten der Sterne machen. Helle Sterne erkennen wir leicht, doch es gibt einige sehr schwach leuchtende Sterne, die wir nur sehen, wenn wir nicht direkt hinschauen. Dieser scheinbare Widerspruch ist tatsächlich wahr. Sehr schwach leuchtende Objekte erkennen wir besser, wenn sie sich am Rande unseres Blickfeldes befinden, wo eher die Stäbchen in unserer Netzhaut reagieren als die Zapfen. Die Stäbchen dienen weniger der feinen räumlichen Auflösung von Bildern, und daher sind mehrere von ihnen mit einem einzelnen Neuron verbunden. Es kann daher vorkommen, dass die peripheren Neuronen, die durch die Stäbchen angeregt werden, genügend Impulse erhalten, um im Gehirn ein Bild zu erzeugen, während die Zapfen des zentralen Blickfeldes effektiv blind bleiben. So sah Röntgen dieses schwache Leuchten das erste Mal. Doch es gab noch einen weiteren glücklichen Zufall: Röntgen war rot-grün-farbenblind. Glücklicherweise wird dadurch das Wahrnehmungssystem der Stäbchen nicht beeinträchtigt, außerdem wird die Pigmentschwäche oft durch eine verbesserte Form- und Kontrastauflösung ausgeglichen. Ironischerweise hatte Röntgen daher für diese Aufgabe besonders gute Seheigenschaften, und die glückliche Platzierung des Schirms hat ihm dabei noch geholfen.

Nachdem sich seine Augen an die Dunkelheit gewöhnt hatten und das schwache Leuchten des Schirms deutlicher wurde, begann er mit einer Serie von Experimenten, die schließlich zu seiner großen Entdeckung führten. Zunächst stellte er Papier, Pappe, ein dickes Buch und sogar ein Holzbrett zwischen die Röhre und den Schirm in der Hoffnung, dass die unsichtbaren Strahlen einen Schatten werfen und dadurch ihre Realität offenbaren würden. Doch keiner dieser Gegenstände verminderte das Leuchten. Es war zwar schwach, aber deutlich erkennbar und mit dem Zustand »Ein« an der Kathodenstrahlröhre korreliert. Zunächst hatte Röntgen den Schirm noch in einigem Abstand von der Apparatur belassen, doch nun schob er ihn bis auf wenige Zentimeter heran. Das Leuchten nahm zu und wurde schließlich zu einer hellen, grün flackernden Wolke (flackernd, weil auf Grund der primitiven elektronischen Kontakte zu jener Zeit die Intensität der Röntgenstrahlen erheblich schwankte). Die Helligkeit des Fluoreszenzschirms in unmittelbarer Nähe der Röhre überzeugte Röntgen vollkommen, dass der Schirm von unsichtbaren Strahlen getroffen wurde, obwohl er nichts gefunden hatte, das die Strahlen aufhalten konnte und einen Schatten warf. Röntgen wollte die Intensität der Strahlung näher untersuchen und schob den Schirm weiter und weiter von der Röhre weg. Bis zu einer Entfernung von rund zwei Metern war das Leuchten immer noch erkennbar, wenn auch deutlich schwächer. Seine Augen waren mittlerweile müde geworden, und bei größeren Entfernungen war er sich nicht mehr sicher.

Er unterbrach die Experimente und begab sich zum Abendessen. Danach ging er erholt wieder an die Arbeit. Statt der Hindernisse aus Pappe und Holz versuchte er es nun mit Metallfolien. Er wollte testen, ob sie die seltsamen Strahlen auf ihrem Weg von der Kathodenstrahlröhre zum Fluoreszenzschirm aufhalten konnten. Durch Aluminium und Kupfer drangen die Strahlen ebenso leicht wie vorher durch Pappe und Holz. Schließlich fand er jedoch etwas, das die Strahlen beeinflusste. Vor den hell leuchtenden Schirm nahe der Röhre stellte er eine Bleiplatte, und der Schatten war nun deutlich zu sehen. Die Hälfte des Schirms, die von der rätselhaften Strahlung getroffen wurde, leuchtete immer noch hell, doch die andere Hälfte befand sich im Schatten und war dunkel.

In diesem Augenblick sah er das knöcherne Bild seiner Hand und ließ vor Schreck das Metallstück fallen.

Röntgenstrahlen

Was auch immer die seltsame Strahlung war, das unwirkliche Bild seiner Knochen bewies, dass sie mit nichts vergleichbar war, das man bisher kannte oder auch nur erträumt hatte. Es gab keinen Zweifel an ihrer Realität oder Bedeutung. Doch die Forschungen im Zusammenhang mit den Kathodenstrahlen waren kontrovers und wurden teilweise mit Spiritualismus in Verbindung gebracht, woran Crookes nicht ganz unschuldig war. Crookes wurde von seinen Kollegen belächelt, und man hatte ihm wegen seiner Fantasien die Präsidentschaft der Royal Society von London verweigert. Und nun hatte Röntgen, der zu jener Zeit noch nicht zu den großen Persönlichkeiten mit einer wirklichen Reputation gehörte, die »Röntgenstrahlen« mit seiner Apparatur gemessen und dabei seine eigenen sterblichen Überreste gesehen. In der Reaktion seiner Kollegen lag somit eine potenzielle Gefahr. Auf der anderen Seite gab es keinen Zweifel an der außergewöhnlichen Bedeutung der Entdeckung. Und hierin lagen die größeren Bedenken, die jedem, der große Entdeckungen »aus dem Nichts heraus« gemacht hat, vertraut sein dürften: Bin ich der Einzige, oder gibt es noch andere, die genau in diesem Moment die gleichen Einsichten haben und mich um meinen Ruhm bringen könnten?

Versetzen Sie sich einmal in Röntgens Lage. Sie haben diese Arbeiten im Anschluss an Lenards Ergebnisse begonnen, die bereits vor zwei Jahren veröffentlicht wurden. Sie haben alleine 18 Monate mit den Vorbereitungen verbracht, nur um an den Punkt zu gelangen, den Lenard bereits vor langer Zeit erreicht hatte. Und dann entdecken Sie praktisch sofort dieses eigenartige Phänomen. Einmal gesehen, lässt es sich leicht reproduzieren. Hatte Lenard diese Erscheinungen nicht bereits gesehen, oder haben andere, die ebenfalls mit Kathodenstrahlen arbeiteten, sie übersehen? Falls nein, dann brauchen Sie nur eine Andeutung zu machen, und Ihre Konkurrenten werden sofort die Ursache einiger bisher unerklärter Aspekte ihrer eigenen Arbeiten erkennen. Crookes, der inzwischen verstorben war, hatte den Hersteller seiner fotografischen Platten für die schlechte Qualität verantwortlich gemacht, als er Schleier auf ihnen entdeckte. Wie viele andere würden die wahren Ursachen sofort erkennen und sofort ihre Prioritätsansprüche geltend machen? Statt der Schlagzeile »Röntgen entdeckt die hochfrequente Strahlung« hätte es eine Fußnote in der Arbeit irgendeines Mitstreiters geben können, der den unsterblichen Ruhm für sich geerntet hätte.

Röntgens Vorteil war, dass bisher niemand über Strahlen berichtet hatte, die durch Metalle ebenso leicht dringen konnten wie durch Luft, ganz abgesehen von der seltsamen Fähigkeit, ein Schattenbild der Knochen zu liefern. So machte er sich daran, ihre Eigenschaft etwas besser zu studieren. Er wollte in einem Artikel ihre Realität demonstrieren können und beweisen, dass es sich dabei nicht um Kathodenstrahlen handelt, sondern um eine neuartige Form von seltsamer Strahlung, die er daher X-Strahlen nannte.

Die nächsten paar Wochen arbeitete und schlief er in seinem Laboratorium. Am Sonntag vor Weihnachten nahm er das heute berühmte Bild der Hand seiner Frau mit dem Ehering auf, und sechs Tage später verfasste er einen Artikel zur Veröffentlichung in den

Sitzungsberichten der Physikalischen-Medizinischen Gesellschaft zu Würzburg, wo er lebte, obwohl er diesen Artikel beim Dezembertreffen dieser Gesellschaft nicht vorgestellt hatte. Auf diese Weise machte er seine Ergebnisse »offiziell«. Außerdem fertigte er Kopien der Schattenbilder von Berthas Hand an und verschickte sie zusammen mit Vordrucken seines Artikels an führende Physiker in Europa.

Einer seiner Kollegen zeigte das Bild einem Besucher aus Prag, dessen Vater Herausgeber der sehr einflussreichen Wiener Zeitschrift *Die Presse* war. Der Sohn gab die Nachricht an den Vater weiter, und *Die Presse* verkündete die Entdeckung Röntgens auf der Titelseite ihrer Ausgabe vom 5. Januar. Bis zum Internet sollte es zwar noch ein Jahrhundert dauern, doch die sensationelle Nachricht verbreitete sich kaum weniger rasch. Das Foto von Berthas Hand war vermutlich das erste Beispiel einer Fotowerbung, und *Die Presse* hatte eine internationale Sensationsmeldung.

Die Nachricht schlug ein wie eine Bombe. Wissenschaftler der ganzen Welt konnten die Effekte sofort selber reproduzieren (der erste und wesentliche Schritt, der die Realität von irrigen Illusionen trennt), und innerhalb weniger Wochen verwendeten Ärzte die Röntgenstrahlen zur Darstellung von Knochenbrüchen und als Hilfsmittel in der Chirurgie. Röntgen durfte seine Strahlung sogar Kaiser Wilhelm vorführen, und manche Cartoons zeigten die Welt durch eine »Röntgenbrille«: nackte Menschen, es sei denn, sie trugen Korsetts aus Blei.

Die Existenz der Röntgenstrahlen war offensichtlich und auch ihre besonderen Eigenschaften, doch worum es sich bei den Röntgenstrahlen handelte und wie sie erzeugt wurden, blieb nach wie vor ein Rätsel. Heute wissen wir, dass Röntgenstrahlen eine Form der elektromagnetischen Strahlung sind, also im Wesentlichen Licht, dessen Wellenlänge jedoch sehr viel kürzer ist, als es dem für uns sichtbaren Bereich entspricht. Demgegenüber handelt es sich bei den Kathodenstrahlen um Elektronen, die aus ihrer atomaren Umgebung herausgezerrt und Teil eines elektrischen Stroms werden. Röntgenstrahlen und Kathodenstrahlen haben also eine sehr unterschiedliche Natur, doch 1896 war das noch niemandem bekannt.

Lenard beispielsweise, der die Kathodenstrahlen entdeckt hatte, war vom Neid besessen und glaubte, dass es sich bei den Röntgenstrahlen nur um eine besonders intensive Form seiner Kathodenstrahlen oder »Lenard-Strahlen« (wie er sie gerne nannte) handelte. Er fühlte sich um seinen Anteil betrogen und war der Meinung, dass Röntgen »seine« Strahlung irgendwie geklaut hätte.

In der öffentlichen Diskussion um die Priorität gab es keinen Zweifel. Die entscheidende Entdeckung lag in den Bildern, die Röntgen vorgelegt hatte. Die Hauptfragen der Wissenschaftler bezogen sich auf die Natur und die Entstehung der Röntgenstrahlung und der Kathodenstrahlung. In den folgenden Jahren konnten Röntgenstrahlen im wahrsten Sinne des Wortes die Strukturen von Kristallen »erhellen« und bahnten schließlich auch den Weg zur Entschlüsselung der DNA und damit des Geheimnisses des Lebens. Röntgenstrahlen sollten auch zur Entdeckung der Welt innerhalb der Atome führen.

Von den Röntgenstrahlen zur DNA

Was ist der kleinste Gegenstand, den Sie mit bloßem Auge wahrnehmen können? Ein Staubteilchen im Sonnenlicht? Ein Sandkorn? Bakterien? Alle Lebensformen auf der Erde haben mit der unbelebten Materie eines gemein: Sie alle bestehen aus Atomen, die noch sehr viel kleiner sind als Bakterien – viel zu klein, um mit bloßem Auge erkennbar zu sein. Wäre unser bloßes Auge alles, was wir haben, so definierten der Andromeda-Nebel einerseits und Mikroben andererseits die Grenzen unserer sichtbaren Welt. Atome liegen weit jenseits dieser Grenze, doch sie können mit anderen Mitteln sichtbar gemacht werden. Für viele Leute sind diese Dinge weniger »wirklich« als solche, die wir unmittelbar wahrnehmen können. Daher wollen wir uns diesem Problem zunächst zuwenden.

Was ist Realität? Auf diese oberflächlich betrachtet einfache

Frage eine Antwort zu finden ist ebenso schwierig, wie mit den Fingern Haferbrei zu essen. Die größten Philosophen haben sich mit dieser Frage beschäftigt. Ludwig Wittgenstein beispielsweise war der Meinung, dass die Lösung des Rätsels um Raum und Zeit »außerhalb von Raum und Zeit« liege. Immanuel Kant bezeichnete die Realität als das »Ding an sich«, das grundsätzlich nicht erkannt werden kann und von dem uns unsere natürlichen Sinne nur ein verschwommenes Bild geben.

Wir können sehen, doch wie wir unsere Wahrnehmungen interpretieren, kann von vielen Faktoren abhängen, z. B. von der Beleuchtung, der Tönung unserer Brillengläser, den Schatten in der Umgebung oder auch der Größe anderer Gegenstände in der Nähe. Illusionisten machen von solchen Faktoren gerne Gebrauch. Wir können uns umherbewegen und das »Ding an sich« aus verschiedenen Blickwinkeln beobachten. Allerdings ist der Unterschied zwischen diesem »Ding« und einem guten Hologramm manchmal nur schwer auszumachen, zumindest wenn unser einziges Fenster zur Welt nur im Sehen besteht. Um mehr zu erfahren, erweitern wir unsere Sinne, beispielsweise um den Tastsinn. Durch Berührung lässt sich ein Hologramm leicht von einem festen Gegenstand unterscheiden. Wir können auch hören, obwohl andere Tiere noch Tonhöhen wahrnehmen, für die wir taub sind. Hunde beispielsweise reagieren auf die sehr hohen Töne einer Hundepfeife, und Fledermäuse haben ihr eigenes hochfrequentes Sonarsystem zur Vermeidung unangenehmer Zusammenstöße. Geruch und Geschmack vervollständigen noch unsere subjektiven Wahrnehmungen von Kants »Ding an sich«.

Die Geschichte der Wissenschaften ist auch eine Geschichte der Instrumente, mit denen wir unsere Wahrnehmungsmöglichkeiten erweitern. Heutzutage handelt es sich teilweise um sehr komplizierte und aufwändige Maschinen, wie Teilchenbeschleuniger oder riesige elektronische Kameras, deren Bilder wir mit dem Inneren von Sternen oder gar dem Anfang unseres Universums in Verbindung bringen. Doch sind diese Bilder weniger »wirklich«, weniger das »Ding an sich«, oder handelt es sich um reine Illusionen? Moderne Naturphilosophen würden sagen, dass sie nicht weniger (aber auch nicht mehr) wirklich sind als die subjektiven Wahrnehmungen unserer fünf Sinne. Es handelt sich lediglich um die heute möglichen Extrema in einem Kontinuum von Erfahrungen.

Die meisten von uns würden sich mit einem »ich glaub es, wenn ich es sehen kann« zufrieden geben, als ob das alles wäre. Wären in diesem Fall Moleküle und Atome »wirklich«? Wir können sie nicht sehen, schon gar nicht berühren oder hören, und doch befinden sie sich innerhalb der Reichweite unserer natürlichen Sinne. Am Anfang des 4. Kapitels habe ich erwähnt, dass wir mit unserer Nase Moleküle wahrnehmen können, die unserem bloßen Auge nicht zugänglich sind. So war den Griechen die Idee gekommen, es müsse fundamentale Materieteilchen geben. Mit unseren natürlichen Sinnen können wir daher zu Naturbereichen vordringen, die dem Auge alleine verschlossen sind. Von hier ist es nur noch ein kleiner Schritt bis zu so genannten Cyborgs (kybernetischen Organismen), die mit einem Teleskop als Erweiterung des Auges in den Weltraum schauen können oder mit anderen Hilfsmitteln tief in die Welt der Mikroorganismen.

Mit »Röntgenaugen« können wir das für uns Sichtbare bis in den Bereich der Atome erweitern. Doch warum können wir mit Röntgenstrahlen Dinge sehen, die wir mit bloßem Auge nicht wahrnehmen können? Dazu sollten wir kurz darüber nachdenken, was eigentlich beim Sehen vor sich geht.

Wir sehen die Wörter vor uns, weil Licht auf das Papier scheint und dann weiter zu unseren Augen übertragen wird. Ganz allgemein gibt es eine Strahlungsquelle (das Licht), ein untersuchtes Objekt (die Seite) und einen Detektor (unser Auge). Ein Punkt enthält Millionen von Kohlenstoffatomen, und Sie werden niemals die einzelnen Atome sehen können, selbst mit dem besten Vergrößerungsglas nicht. Atome sind kleiner als die Wellenlänge des sichtbaren Lichts und können daher von einem gewöhnlichen Vergrößerungsglas oder einem Mikroskop nicht aufgelöst werden. Licht ist eine bestimmte Form der elektromagnetischen Strahlung. Unsere Augen reagieren nur auf einen sehr kleinen Teil des gesamten elektromagnetischen Spektrums, doch die anderen Teile des Spektrums gibt es natürlich genauso. Sichtbares Licht ist die intensivste Strahlung, die der erdnächste Stern, die Sonne, abgibt, und wir Menschen haben im Verlauf der Evolution Augen entwickelt, die diesen bestimmten Bereich wahrnehmen. Trotzdem ist die gesamte Breite des elektromagnetischen Spektrums vorhanden. Ich möchte das durch eine Analogie mit Tönen verdeutlichen.

Stellen Sie sich die Tasten eines Klaviers vor, bei denen eine Oktave in der Mitte in den Regenbogenfarben bemalt ist. Wir können Tonhöhen über sehr viele Oktaven hinweg hören, doch im Fall von Licht können wir nur eine einzelne Oktave – den Regenbogen – aus dem Spektrum des elektromagnetischen Pianos sehen. Die Wellenlänge des blauen Lichts am einen Ende des Regenbogens beträgt ungefähr die Hälfte der Wellenlänge des roten Lichts am anderen Ende. Das elektromagnetische Spektrum erstreckt sich jedoch in beide Richtungen weiter. Jenseits des blauen Horizonts – wo sich die ultraviolette Strahlung sowie die Röntgen- und Gammastrahlen befinden – ist die Wellenlänge kleiner als beim sichtbaren Licht. Auf der anderen Seite, jenseits der roten Farbe zu längeren Wellenlängen hin, finden wir Infrarot-, Mikro- und Radiowellen.

Höhlenbewohner mussten wilde Tiere und ähnliche Gefahren erkennen können, sie brauchten kein Auge, um Radiosterne zu sehen. Erst nach 1945 haben wir begonnen, unsere Wahrnehmungen auf ein größeres elektromagnetisches Spektrum auszudehnen. Doch die daraus resultierenden Bilder waren für uns kaum weniger aufregend, als es eine Beethoven-Sinfonie im 13. Jahrhundert für einen Mönch gewesen wäre, dessen Erfahrungen sich auf gregorianische Gesänge innerhalb der einen Oktave im Bassschlüssel beschränkten.

Wir können das elektromagnetische Spektrum außerhalb des Regenbogens teilweise fühlen. Auch wenn unsere Augen keine Infrarotstrahlung wahrnehmen, so kann die Oberfläche unserer Haut sie doch als Wärme spüren. Moderne Infrarotkameras können Menschen in absoluter Dunkelheit über die von ihnen abgegebene Wärme »sehen«. Bienen und einige Insekten sehen im ultravioletten Bereich, jenseits der blauen Grenze unserer Augen, was ihnen Überlebensvorteile in der Evolution brachte. Doch nur die Erfindungsgabe des Menschen hat Maschinen entwickelt, mit deren Hilfe wir unsere Wahrnehmung auf das gesamte elektromagnetische Spektrum ausdehnen konnten, angefangen mit Radioteleskopen am Boden bis hin zu Röntgen- und Infrarotteleskopen in Satelliten. Außerdem haben wir verbesserte optische Teleskope auf Bergspitzen und im Hubble-Satelliten. Wir haben wundersame Dinge entdeckt, wie Pulsare, Quasare und Neutronensterne, haben uns an die Umgebungen schwarzer Löcher herangemacht und eine Fülle weiterer Naturwunder gefunden, die vor uns noch niemand gesehen hatte. Die Erweiterung unserer Wahrnehmung über die Regenbogenfarben hinaus hat uns auch zu tiefen Einsichten über die Welt der Atome geführt.

Wir können Moleküle zwar riechen, sie normalerweise aber nicht einzeln sehen. Ein einfaches Experiment kann uns jedoch eine Vorstellung von ihrer Größe vermitteln. Füllen Sie eine flache Schale mit Wasser, und streuen Sie etwas Mehl (oder besser, falls Sie die Möglichkeit haben, Lykopodium-Puder) auf die Oberfläche, so dass sie leichter erkennbar ist. Dann geben Sie sehr vorsichtig einen kleinen Tropfen Öl auf die Wasseroberfläche. Er breitet sich rasch aus, wobei sich die Moleküle in dem Tropfen so umverteilen, dass die Ölschicht nur noch eine Dicke von einem Molekül hat. An dieser Stelle ist Schluss, und der Ölfilm kann sich nicht weiter ausbreiten.

Sie sehen nun die Fläche des Ölfilms, und wenn Sie das Volumen des ursprünglichen Öltropfens wissen, können Sie das Volumen (eine dreidimensionale Größe) mit der Fläche (zweidimensional) vergleichen und so die Ausdehnung der fehlenden Dimension berechnen. Das Volumen dividiert durch die Fläche ergibt für die Höhe der einzelnen Moleküle eine Größe von ungefähr einem Hunderttausendstel Millimeter. Das ist zwar klein, doch andererseits nicht so klein, dass man es sich nicht mehr vorstellen kann. Einen Millimeter kann man leicht auf einem Lineal erkennen, und die Markierungslinien selber haben vielleicht eine Breite von einem Zehntel davon. Auf einer solchen Linie kann man rund zehn Kopfhaare nebeneinander legen, womit man eine Vorstellung von einem Hundertstel Millimeter erhält. Die Anzahl der Moleküle, die den Durchmesser eines Haares ausfüllen würden, beträgt ungefähr 10 000 – das entspricht der Anzahl an Leuten, die ein Fußballspiel in der 2. Liga besuchen würden. Einzelne Moleküle liegen zwar jenseits unserer Anschauung, aber doch wiederum nicht so weit, dass unsere Vorstellungskraft vollkommen versagt.

Ölmoleküle sind ziemlich lange Verbindungen aus einigen Dutzend Atomen. Würde man einzelne Atome in eine Kette legen, so würden rund eine Million von ihnen der Dicke eines Haares entsprechen. Mit etwas Fantasie kann man sich eine Million noch vorstellen. Eine Million Menschen, das ist ungefähr die zehnfache Menge der Besucher eines Endspiels bei einer Fußballweltmeisterschaft. Diese Anzahl stelle man sich nun in der Breite eines Haares untergebracht vor. Atome liegen vermutlich so eben an der Grenze unserer Vorstellungskraft.

Wir können Atome nicht sehen, weil sich Licht wie eine Welle verhält, und Wellen lassen sich nicht leicht an kleinen Gegenständen streuen. Um etwas sehen zu können, muss die Wellenlänge der Strahlung kleiner sein als der Gegenstand, den man betrachten möchte. Für die Sichtbarmachung von Molekülen oder Atomen bedarf es daher einer Wellenlänge, die vergleichbar groß oder sogar kleiner ist als diese. Damit Sie ein Gefühl für die Größenordnung bekommen, wie weit eine solche Strahlung vom sichtbaren Licht entfernt ist, stellen Sie sich die Welt um das Zehnmillionenfache vergrößert vor. Die Wellenlänge von blauem Licht entspräche knapp fünf Metern, wohingegen ein Atom auf dieser Skala nur einen Millimeter ausmachen würde. Das ist viel zu klein, um eine blaue Welle beeinflussen zu können, und wir benötigen Licht mit einer sehr viel kürzeren Wellenlänge. Dies bringt uns in den Bereich der Röntgenstrahlung und darüber hinaus.

Röntgenstrahlen haben eine so kurze Wellenlänge, dass sie von regulären molekularen Strukturen gestreut werden. Solche Strukturen finden wir beispielsweise in Kristallen. Ihre Wellenlänge ist allerdings immer noch größer als der Durchmesser einzelner Atome, die somit auch für Röntgenstrahlen unsichtbar bleiben. Die Abstände zwischen benachbarten Kristallebenen sind jedoch vergleichbar mit der Wellenlänge von Röntgenstrahlen, so dass man mit ihnen die relative Lage solcher Kristallebenen auflösen kann. Dieses Verfahren bezeichnet man als »Röntgenkristallografie«, und es wurde eine der wichtigsten und revolutionärsten Anwendungen von Röntgenstrahlen in der Wissenschaft.

Man gewinnt eine bessere Vorstellung von den Schwierigkeiten bei der Entzifferung in der Röntgenkristallografie, wenn man für einen Augenblick an Wasserwellen statt an elektromagnetische Wellen denkt. Wenn ein Stein ins Wasser fällt, breiten sich Wellen kreisförmig aus. Auf einem Foto könnte man aus diesen kreisförmigen Mustern auf den Ort zurückschließen, an dem der Stein ins Wasser fiel. Spränge eine Gruppe von Synchronschwimmern gleichzeitig ins Wasser, würde sich eine symmetrisch angeordnete Folge von Kreiswellen ausbreiten und zu einem charakteristischen Muster führen, das durch die Überlagerung von Wellenbergen und -tälern entsteht. Auch aus diesem Muster könnte man – wenn auch mit größeren Schwierigkeiten – bestimmen, an welchen Stellen die Schwimmer in das Becken gesprungen sind. Ein ganz ähnliches Problem hat die Röntgenkristallografie: Die an den regelmäßigen Kristallebenen mehrfach gestreuten Wellen müssen aufgezeichnet und aus dem Muster die Kristallstruktur zurückberechnet werden.

Man kann auch Bilder von sehr komplizierten Molekülen aufnehmen, beispielsweise der DNA, der wohl berühmtesten Anwendung der Röntgenkristallografie. Die Ereigniskette von den Röntgenstrahlen bis zur Entdeckung der Doppelhelixstruktur des DNA-Moleküls und der modernen Genetik ist ein ideales Beispiel für den Gang der Geschichte in den Wissenschaften: Meist hat man nicht die leiseste Vorstellung, welche Entwicklungen sich in der Zukunft aus den fundamentalen Entdeckungen von heute ergeben können. Versetzen Sie sich in das Jahr 1894. Bis zur Entdeckung der Röntgenstrahlen dauert es noch ein Jahr. Zu jener Zeit glaubten viele Leute, sie stünden kurz vor dem Durchbruch zu einer Erklärung der gesamten physikalischen Welt – und dann sind da plötzlich die Röntgenstrahlen. Zunächst waren sie für alle ein Rätsel, und dann entwickelt sich die Röntgenkristallografie. Das ist der erste Schritt in einem naturwissenschaftlichen und technischen Prozess. Ein neu entdecktes Phänomen wird zu einem Hilfsmittel im Dienste der Wissenschaft. Mit diesem Hilfsmittel – meist einer Erweiterung unserer Sinne – entdecken wir weitere wundersame Dinge. Heute kennen wir die Molekularstrukturen von Salzen, Proteinen und der DNA.

In dem Moment, als die Doppelhelixstruktur der DNA enträtselt war, konnten die Probleme der Reproduktion, der Genetik und die Frage nach der Natur des Lebens wissenschaftlich angegangen werden. Weitere 40 Jahre später folgte die genetische Revolution, die Biotechnologie, und damit verbunden die Ausrottung vieler Krankheiten. 100 Jahre vorher konnte niemand ahnen, was die Röntgenstrahlen einmal möglich machen sollten. Röntgenstrahlen haben die grundlegende Spiegelasymmetrie in der DNA-Helix offen gelegt. Die Spekulationen von van't Hoff über rechts- und linkshändige Moleküle, die Händigkeit der Aminosäuren und der fantastische Kode der DNA sind mit Hilfe der Röntgenstrahlen als »Wirklichkeit« erkannt worden. In tausend Jahren werden viele der heutigen Ansichten über unser Universum naiv erscheinen, doch die Erkenntnisse über die CGAT-Spirale der DNA werden immer ihre Gültigkeit behalten. Die Entdeckung von Crick und Watson wird von vielen als das Grundlegendste des 20. Jahrhunderts angesehen, und wir können uns ganz sicher sein, dass ihre Interpretation der DNA zu den unvergänglichen Wahrheiten gehört.

Kapitel 6

»ELEKTRISCHE KRÄFTE«

Die Natur hat ihre Geheimnisse tief vergraben, aber sie hat sie nicht gänzlich versteckt. Überall um uns herum finden wir Anzeichen für die unablässigen Veränderungen in ihrer atomaren Architektur: die Radioaktivität von Naturgesteinen, die frei werdende statische Elektrizität, wenn ein Glasstab mit Fell gerieben wird, der Magnetismus im Magnetgestein, die Funken und Blitze in der Luft, um nur einige Beispiele zu nennen. Nach einem weit verbreiteten Glauben sind die großen Entdeckungen nur den Genies vorbehalten, doch oftmals sind andere Faktoren wichtiger: zum richtigen Zeitpunkt mit den richtigen Vorkenntnissen am richtigen Ort sein. Die Reaktion von Henri Becquerel in Frankreich auf die neuen Röntgenstrahlen ist hierfür ein vorzügliches Beispiel.

Die seltsamen Strahlen kamen auf unterschiedliche Weise zur Anwendung, obwohl niemand so recht wusste, worum es sich dabei handelte. Während die Mediziner die Knochenschatten sahen und diese Eigenschaft der Röntgenstrahlen sofort zu ihrem Nutzen umsetzten, versuchten viele Physiker, die Experimente von Röntgen zu wiederholen und zu erweitern in der Hoffnung, dass die Röntgenstrahlen ihre neuen Geheimnisse irgendwie preisgeben würden. Für Becquerel riefen diese Bilder alte Erinnerungen wach, und innerhalb weniger Wochen hatte er der Wissenschaft eine neue Wendung gegeben.

Becquerels Großvater war fasziniert von den Erscheinungen der Phosphoreszenz und hatte sich immer wieder gefragt, weshalb einige Metalle und Mineralien in der Dunkelheit leuchten. Henris

Vater, Edmund, hatte dieses Phänomen ebenfalls untersucht und Experimente mit Uranverbindungen unternommen, und Henri hatte ihm dabei geholfen. Von der Natur dieser in kaltem Zustand leuchtenden Chemikalien hatte man nur vage Vorstellungen. Man vermutete, dass sie irgendwie das helle Tageslicht aufsaugen und dann bei Dunkelheit wieder als schwaches Leuchten abgeben. In einigen Fällen ist das tatsächlich richtig, aber nicht in allen. Im Fall von Uran vermutete jedoch niemand ernsthaft, dass die Atome selber die energetische Quelle dieser unablässigen Strahlung seien – und das seit Millionen von Jahren. Diese Fehleinschätzung beruhte zum Teil darauf, dass die Anhänger der Atomtheorie (und um 1896 glaubte bei weitem nicht jeder an die Existenz von Atomen) sich die Atome eher als harte, unstrukturierte Kugeln vorstellten und nicht als die komplizierten Objekte, die wir heute kennen. Die Antworten konnten auch kaum erraten werden, denn 1896 fehlten noch mindestens drei Entdeckungen bis zu dem notwendigen Kenntnisstand. Das sollte sich durch die Arbeiten von Henri Becquerel innerhalb von zehn Jahren grundlegend ändern.

Becquerel hatte in der ersten Januarwoche 1896 von den Röntgenstrahlen erfahren. Zu diesem Zeitpunkt war er 44 Jahre alt und hatte durch seine Forschungen herausragende Kenntnisse über Phosphoreszenz, Uranverbindungen und Fotografie gewonnen. Außerdem war er Mitglied der Französischen Akademie der Wissenschaften. Die Nachrichten über Röntgens Entdeckung und die erstaunlichen Bilder faszinierten ihn, und er fragte sich, ob es nicht eine Beziehung zwischen Röntgenstrahlen und Phosphoreszenz gebe.

Einmal geboren, war auch offensichtlich, wie diese Idee zu überprüfen war. Zunächst setzte er einige phosphoreszierende Kristalle für einige Stunden der Sonne aus, so dass sie wie üblich aufgeladen wurden. Dann wickelte er sie in lichtundurchlässiges Papier, legte das Paket auf fotografische Platten und verstaute alles in einer dunklen Schublade. Falls die Fluoreszenz nur aus sichtbarem Licht bestünde, würde keine Strahlung durch das Papier hindurchdringen und die Fotoplatte erreichen. Falls von den Kristallen jedoch auch

Röntgenstrahlen emittiert würden, so sollten diese ungehindert durch das Papier dringen und die Fotoplatten schwärzen können. Als zusätzlichen Test legte er noch einige Metallstücke zwischen die eingewickelten Kristalle und die Fotoplatten, so dass auch die Röntgenstrahlen abgeblockt würden und auf dem Bild einen entsprechenden Schatten hinterließen.

Er entwickelte die Platten und fand, dass sie tatsächlich belichtet worden waren und außerdem die Schattenbilder der Metallstücke zeigten. Am 24. Februar 1896, nur sechs Wochen, nachdem er von den Röntgenstrahlen erfahren hatte, berichtete er über seine Ergebnisse vor der Akademie der Wissenschaften. Er hatte eindeutig bewiesen, dass die Kristalle für die Belichtung verantwortlich waren. Außerdem hatte er festgestellt, dass die Uranverbindungen in diesen Experimenten besonders gut abschnitten, was er den Mitgliedern der Akademie ebenfalls mitteilte. Falsch war allerdings seine Annahme, dass erst die Bestrahlung mit Sonnenlicht den Kristallen die notwendige Energie zuführte, um den Prozess in Gang zu setzen.

Das wirkliche Geheimnis galt es erst noch zu lüften. Erst in der folgenden Woche, als er seine Experimente fortsetzte, machte er seine eigentliche Entdeckung: Uran strahlt seine Energie spontan ab, ohne vorherige Stimulation durch das Sonnenlicht. Tatsächlich hatte das Sonnenlicht überhaupt nichts damit zu tun, wie mal wieder der Zufall beweisen sollte.

In der letzten Februarwoche war der Himmel über Paris sehr bedeckt. In der irrigen Annahme, das Sonnenlicht sei für den Effekt notwendig, wollte Becquerel seine Experimente erst bei besserem Wetter wieder aufnehmen. Doch glücklicherweise blieb es die ganze Woche bewölkt, und am 1. März wurde er langsam ungeduldig. Um nicht ganz untätig zu sein, entschloss er sich, die Fotoplatten trotzdem zu entwickeln. Wie er später berichtete, erwartete er bestenfalls ein sehr schwaches Bild. Oh, Glücklicher! Zu seiner großen Überraschung waren die Bilder so scharf und deutlich wie vorher, d. h., die Aktivierung fand auch im Dunkeln statt.

Anders als Crookes, der einige Jahre zuvor die Entdeckung der Röntgenstrahlen verpasst hatte, weil er seine belichteten Fotoplatten als Herstellungsfehler deutete, ging Becquerel dem neuen Phänomen nach. Vielleicht beruhte seine Inspiration auf seinen Erfahrungen mit Uran, die er der Akademie ja auch schon mitgeteilt hatte. Im Gegensatz zu seinen früheren Experimenten war das Uran vor dem fotografischen Prozess keinem direkten Sonnenlicht ausgesetzt gewesen. Entweder reagiert es auch auf schwaches Licht, oder es emittiert überraschenderweise die hochfrequente Strahlung aus eigener Kraft. Becquerel wiederholte seine früheren Experimente nochmals, verwendete diesmal jedoch Uranproben, die er zuvor keinem Licht aussetzte. Das weltbewegende Resultat wurde bald deutlich: Es gibt Materie, die sehr energiereiche Strahlung spontan abgeben kann, ohne vorherige Anregung durch Licht.

Obwohl diese Entdeckung der spontanen »Radioaktivität« heute als zukunftsweisend angesehen wird, hinterließ sie ironischerweise damals keinen besonderen Eindruck. Strahlungen aller Art waren die Neuheit des Jahrzehnts: Kathodenstrahlen, Röntgenstrahlen, Lenard-Strahlen, Radiowellen oder auch Licht, das von kalten Kristallen und sogar Lebewesen wie den Glühwürmern abgegeben wird – sie alle wetteiferten um Aufmerksamkeit. Die Becquerel-Strahlen wurden daher zunächst nur als ein weiterer Eintrag in dieser Liste angesehen. Die wirkliche Geburt der radioaktiven Ära begann, als Marie und Pierre Curie die Radioaktivität auch in anderen Elementen fanden, insbesondere in Radium, wo sie so stark ist, dass Radium sogar im Dunkeln glüht. (Es war Marie Curie, die den Begriff der »Radioaktivität« prägte.) Um 1903 war die Bedeutung offensichtlich geworden, und so war es nur angemessen, dass sich das Ehepaar Curie den Nobelpreis mit Becquerel teilte.

Über die Radioaktivität entdeckte man in den frühen Jahren des 20. Jahrhunderts den Atomkern. Die Enthüllung einer inneren Struktur der Atome, die auf der gegenseitigen Anziehung zwischen positiver und negativer elektrischer Ladung beruht, wird uns schließlich zu der fundamentalen Symmetrie der Materie führen. Der erste Schritt auf dieser Reise bringt uns zur Entdeckung des Elektrons.

Das allgegenwärtige Elektron

Hundert Jahre können einen gewaltigen Unterschied ausmachen. Zwei ganze Jahre verbrachte Stanley auf Reisen, nur um mit Livingstone über seine Zeitung zu sprechen. Heute würde er ihn über sein Handy anrufen und sich die nächsten 729 Tage anderen Aufgaben zuwenden. Die Revolution in der Kommunikationstechnologie hat die Welt effektiv verkleinert, über Satelliten lässt sich ohne große Reisen der Kontakt sofort herstellen, und das Tempo des Lebens hat sich beschleunigt. Das sind nur einige der Entwicklungen, die auf den 30. April 1897 folgten, als Joseph John Thomson in die Royal Institution von London marschierte und die Entdeckung des Elektrons bekannt gab, eines fundamentalen Bestandteils des Atoms.

Elektronen fließen als elektrischer Strom durch Drähte und versorgen die Industriegesellschaft mit Energie, sie reisen durch das Labyrinth unseres zentralen Nervensystems und halten uns bei Bewusstsein, und ihre Sprünge von einem Atom zum nächsten bilden den Grundstein der Chemie, der Biologie und des Lebens. Man schätzt, dass durch die moderne Elektronik das Bruttosozialprodukt der Welt um rund zwei Millionen DM pro Minute oder eine Billion Dollar pro Jahr zunimmt. Allein die Mehrwert- bzw. Umsatzsteuer davon ist höher als der Betrag, den alle Regierungen der Welt zusammengenommen für wissenschaftliche Grundlagenforschung ausgeben. Thomsons Elektron wird zu Recht als die weitreichendste der drei großen Entdeckungen (neben den Röntgenstrahlen und der Radioaktivität) angesehen, und vor einigen Jahren beging man die Hundertjahrfeier dieses Ereignisses. Deutschland brachte zu diesem Anlass eine Briefmarke zu Ehren von Röntgen heraus und Frankreich eine 500-Franc-Note mit einer Abbildung von Becquerel. Der so zum Ausdruck gebrachte Stolz auf diese Entdeckungen war vollkommen gerechtfertigt. (Ironischerweise gedachte England, trotz des Drängens vieler berühmter Wissenschaftler und Industrieller, auf seinen Briefmarken in diesem Jahr nicht der Entdeckung des Elektrons durch Thomson, sondern stattdessen des hundertsten Geburtstags der Kinderbuchautorin Enid Blyton.)

Unter allen Teilchen, die eine Ladung tragen, ist das Elektron das leichteste; es ist stabil und allgegenwärtig. Unsere Gliedmaßen, die Körperformen und eigentlich die Formen aller festen Strukturen werden durch Elektronen bestimmt, die sich in den Hüllen der Atome aufhalten. Elektronen befinden sich in allen Substanzen, und sie lassen sich vergleichbar einfach freisetzen. Während eines vom Fernsehen übertragenen Vortrags Weihnachten 1993 in der Royal Institution in London baute ich aus drei Kindern eine menschliche Batterie und erzeugte elektrischen Strom aus ihren Körperelektronen. Elektronen sind auch an vielen Kernreaktionen beteiligt, etwa den Energie erzeugenden Prozessen im Inneren unserer Sonne. Für das Universum als Ganzes mag die Gravitation die vorherrschende Kraft sein, doch es sind die elektromagnetischen Kräfte und die Elektronen, die Gestalt, Form und Struktur verleihen, insbesondere hier auf der Erde. Das Elektron existiert überall im Raum und seit allen Zeiten. Nach den heutigen Vorstellungen war das Elektron nach der Schöpfung der erste materielle Bewohner unseres Universums, und sollte sich das Universum endlos ausdehnen, so werden die Elektronen vermutlich auch unter den letzten Überresten sein, bevor die Lichter ausgehen.

Es ist eigentlich überraschend, dass gerade Thomson die Entdeckung des Elektrons zufiel. Er hatte 1876 ein Stipendium für ein Mathematikstudium in Cambridge gewonnen. Daraus ergab sich ein Stipendium für das Trinity College, wo er sich auf sein Spezialgebiet, die mathematische Physik konzentrierte. Als im Jahr 1884 die Professur am Cavendish-Laboratorium frei wurde, wollten die Verantwortlichen zunächst Lord Kelvin dafür gewinnen, der allgemein als der führende Experimentalphysiker der Nation galt. Doch Kelvin zog es vor, in Glasgow zu bleiben. Für Cambridge war es der dritte fehlgeschlagene Versuch, Lord Kelvin abzuwerben. Thomson war eine Überraschungsalternative, obwohl man sich im Nachhinein kaum vorstellen kann, dass Kelvin bedeutendere Dinge hätte erreichen können, als es Thomson während der folgenden 50 Jahre beschieden sein sollte.

Kurz nachdem Thomson die Stelle übernommen hatte, begann

er mit der Erforschung der Elektrizität. Als Kind erstand ich in einem Ramschladen ein Buch mit dem Titel *Fragen und Antworten der Wissenschaften*. »Was ist Elektrizität?«, lautete eine der Fragen. »Elektrizität ist ein imponderables Fluidum, dessen Natur dem Menschen ein Rätsel ist«, lautete die Antwort im melodramatischen viktorianischen Stil. Das Erscheinungsjahr des Buches war 1898, ein Jahr nach der Entdeckung Thomsons. Heute verbreiten sich vergleichbare Neuigkeiten schneller.

»Elektrische Kräfte«

Elektrische Erscheinungen sind seit Jahrtausenden bekannt, und einige ihrer besonderen Eigenschaften wurden schon von den alten Griechen untersucht. Wenn Sie einen Kunststoffkamm durch Ihr Haar ziehen oder Bernstein an Ihrer Felljacke reiben, kann der Kamm bzw. der Bernstein kleine Papierschnitzel aufheben. An einem trockenen Tag kann heftiges Kämmen sogar Funken auslösen. An Glas, Gagat (zum Schmuckstein gepresste Kohle) und einigen Edelsteinen bleiben ebenfalls nach dem Reiben Dinge kleben. Spätestens im Mittelalter hatte sich an den europäischen Höfen herumgesprochen, dass viele Substanzen diese magische Eigenschaft besitzen. Seltsam war jedoch, dass diese Substanzen ihre »Kräfte« erst durch das Reiben erhielten. William Gilbert, der Hofarzt von Elizabeth I., vermutete daher, dass es sich bei der Elektrizität um ein »imponderables Fluidum« handele (was noch mein Buch aus dem Jahr 1898 übernommen hatte), das durch Reibung von einer Substanz auf eine andere übertragen werden kann. Diese »elektrischen Kräfte« (heute würde man einfach von Elektrizität sprechen) leiten ihren Namen von dem griechischen Wort für Bernstein, »elektron«, ab.

Der nächste Schritt bestand in der Entdeckung, dass elektrisiertes Glas seine »elektrischen Kräfte« auf andere Körper übertragen kann, entweder durch Berührung oder durch einen Verbindungsdraht. So entstand die Idee des elektrischen Stroms. Wurde die

Elektrizität von Glas auf zwei getrennte Metallstücke übertragen, so stellte man fest, dass diese sich abstoßen. Zunächst hatten die »elektrischen Kräfte« Dinge wie Papierschnitzel angezogen. Nun konnten sie auch Dinge zurückstoßen. Aus dieser Beobachtung entwickelte sich die Vorstellung, dass es zwei Arten von Elektrizität geben müsse, die man als »glaselektrisch« und »harzelektrisch« bezeichnete.

»Vereinigung« (die Verbindung zweier oder mehrerer Theorien zu einer) war für die Physik schon immer eine starke und erfolgreiche Triebkraft. Wie Sherlock Holmes gegenüber Watson bemerkte: Wenn sich zwei seltsame Dinge ereignen, dann hängen sie vermutlich zusammen. Dass in Wirklichkeit nur eine »elektrische Kraft« vorliegt, die sich jedoch in verschiedenen Formen manifestieren kann, erkannte als Erster Benjamin Franklin. Franklin war ein sehr vielseitig begabter Mensch und später auch einer der Unterzeichner der amerikanischen Unabhängigkeitserklärung. Elektrische Phänomene begannen ihn zu faszinieren, nachdem er um 1740 in Boston, Neuengland, einer öffentlichen Vorführung eines Gastdozenten aus England beigewohnt hatte. Franklin experimentierte auch selber. Bekannt wurden seine Versuche, die elektrischen Ströme von Blitzen einzufangen, indem er während eines Gewitters Drachen steigen ließ (es ist allerdings nicht erwiesen, dass er diese Experimente auch tatsächlich persönlich durchführte).

Eine Gewitterwolke ist in Wirklichkeit nur ein natürlicher elektrostatischer Generator, der allerdings einige Millionen Volt und tödliche Funken erzeugen kann. Franklins eigentliche Erkenntnis bestand darin, dass alle Körper die Elektrizität latent in sich tragen und dass diese von einem Körper auf einen anderen übertragen werden kann. Den Zuwachs dieser Elektrizität bezeichnete Franklin als positiv, den Verlust als negativ. Die Gesamtmenge an »elektrischer Kraft« bzw. Ladung bleibt dabei erhalten. Wenn zwei Körper aneinander gerieben werden, beispielsweise Glas und Seide oder Bernstein und Fell, dann ist die Menge an positiver elektrischer Ladung auf dem einen Körper gleich der Menge an negativer elektrischer Ladung auf dem anderen. Die Gesamtladung bleibt immer Null. In

Abb. 6.1: Benjamin Franklin auf einer amerikanischen 100-Dollar-Note.

Anlehnung an Thomson würden wir heute sagen, dass die Atome Elektronen enthalten, die von einem Körper auf einen anderen übertragen werden und dabei ihre Ladung mitnehmen. In den einhundertfünfzig Jahren zwischen der Erkenntnis Franklins und der Entdeckung Thomsons hatten sich die Bezeichnungen für »positiv« und »negativ« leider unwiderruflich etabliert. Die Definition, dass Elektronen eine negative elektrische Ladung tragen, verdanken wir daher einem historischen Zufall.

Die negative Gesamtladung eines Körpers ist gleich der Anzahl an Elektronen, die diesem Körper zugeführt wurden. Entsprechend ist die positive Gesamtladung gleich der Anzahl an Elektronen, die ihm entzogen wurden. Wenn feste Gegenstände wie Glas und Seide aneinander gerieben werden, dann werden Elektronen von einem Gegenstand auf den anderen übertragen – sie werden nicht erzeugt oder vernichtet. Heute, zweihundertfünfzig Jahre später, stellt uns diese Erhaltung der elektrischen Ladung vor eines der großen Rätsel unserer Existenz, doch weder Franklin noch Thomson konnten davon etwas ahnen. Wir werden darauf noch zurückkommen.

Dass Elektronen von Bernstein auf Teflon übertragen werden und nicht andersherum, ist eine empirische Tatsache und eine Folge der atomaren Strukturen an der Oberfläche dieser Materialien. Die Eigenschaften solcher Oberflächen sind Gegenstand eines sehr umfangreichen Forschungsgebiets, und auch heute noch ist es nicht immer leicht, aus den bekannten Gesetzen der Atomphysik die Flussrichtung der Elektronen vorherzusagen. Die Bestimmung der elektronischen Strukturen in Materialien und der chemischen Bindungen durch die elektrische Anziehung, beispielsweise für die Entwicklung neuartiger Klebstoffe, ist oft ebenso sehr eine Kunst wie eine Wissenschaft. Die zu Grunde liegenden physikalischen Prinzipien sind verstanden, doch die Berechnungen für konkrete Anwendungen führen oft an den Rand des Möglichen.

Wir wissen heute, dass Elektronen nur rund den Zweitausendstel Teil der Masse eines typischen Atoms ausmachen, und nur ein kleiner Prozentsatz von ihnen ist überhaupt an elektrischen Strömen beteiligt. Daher ist die Massenänderung eines Körpers, der elektrisch aufgeladen wird, kaum nachweisbar. Doch wie ließ sich das »imponderable Fluidum« bzw. die »elektrische Kraft« überhaupt isolieren, identifizieren und untersuchen? Normalerweise fließt Elektrizität durch einen Gegenstand – einen Draht, ein Gas oder auch unseren Körper. Doch in Drähte kann man nicht »hineinschauen«, also kam man auf die Idee, Funken näher zu untersuchen. Man glaubte hier die Bestandteile der Elektrizität zu finden. Tatsächlich bewiesen ja Blitze, dass sich elektrischer Strom auch durch die Luft ausbreiten kann. Man konnte den elektrischen Strom also »im Freien« untersuchen, außerhalb der metallischen Drähte, die ihn gewöhnlich zwar leiten, aber auch verbergen.

So begannen die Wissenschaftler, in ihren Röhren Elektrofunken zu erzeugen. Sie entzogen den Röhren immer mehr Gas in der Hoffnung, dass schließlich der elektrische Strom alleine übrig bliebe. Es stellte sich jedoch heraus, dass die Luft den Elektronenfluss eher behinderte, und erst nachdem der größte Teil der Luft aus den Röhren entfernt worden war, offenbarten die Elektronen ihre bizarre Gegenwart. Bei ungefähr einem Fünfzigstel des gewöhnlichen Atmosphärendrucks beginnen manche Gase zu leuchten (dies war der Anfang unserer Geschichte im 5. Kapitel); die Farbe hängt dabei vom Gas ab. Aus den modernen Leuchtröhren sind uns die gelbe Farbe von Natriumdampf und die grüne Farbe von Quecksilberdampf vertraut. Trifft der Elektronenfluss unter solchen Bedingungen auf die Gasatome, wird Energie in Form von Licht freigesetzt. Bei noch geringerem Gasdruck verschwindet das Licht wieder, und auf der Glasfläche zeigt sich in der Nähe der Kathode (der Quelle des Stroms) ein grünes Leuchten. Dieser Effekt ist unabhängig davon, wo sich die Anode (die mit der positiven Stromklemme verbundene Metallplatte) befindet. Daraus schloss man, dass irgendetwas aus der Kathode herauskommen muss.

Eine erste wichtige Entdeckung folgte im Jahr 1869: Gegenstände innerhalb der Röhre hinterließen in dem grünen Leuchten auf der Glaswand einen Schatten. Dadurch war bewiesen, dass die Strahlen in Bewegung waren, dass sie von der Kathode kamen und auf das Glas trafen, außer wenn irgendwelche Dinge im Weg standen. Der englische Wissenschaftler Sir William Crookes, der sich seit 1879 mit Kathodenstrahlen beschäftigt hatte, fand heraus, dass diese Strahlen durch einen Magneten abgelenkt werden. Aus der Ablenkungsrichtung konnte man schließen, dass es sich um negativ geladene Teilchen handeln muss. Ungefähr zu dieser Zeit wurde Crookes jedoch von der Vorstellung besessen, Ektoplasma zu erzeugen. Die *wirkliche* Natur dieser rätselhaften Strahlung sollte jemand anderes entdecken.

Thomson und das Elektron

Um 1890 hatten sich zwei Lager gebildet. Die meisten französischen und englischen Wissenschaftler waren von Crookes beeinflusst und glaubten, die Strahlen bestünden aus elektrisch geladenen Teilchen. In Deutschland jedoch standen die Wissenschaftler Heinrich Hertz näher, der 1883 zu der Überzeugung gelangt war, die Strahlen würden sich nicht durch elektrische Kräfte ablenken lassen. Das hatte zu der vorherrschenden Meinung geführt, die Strahlen breiteten sich entlang gerader Linien aus, würden auch von der Gravitation nicht beeinflusst, und seien somit Wellen ebenso wie Licht.

Als Nebenprodukt seiner falschen Vorstellungen hatte Hertz 1885 elektromagnetische Wellen entdeckt, die sich durch den leeren Raum ausbreiten. Der Grund für seine falsche Interpretation der Kathodenstrahlen lag darin, dass die ihm zur Verfügung stehenden elektrischen Felder zu schwach waren, um die schnellen Elektronen messbar ablenken zu können. Doch indem er seinen irrigen Vorstellungen folgte, fand er zwei Jahre später die wirklichen elektromagnetischen Wellen. In der Zwischenzeit ging die Suche nach der Natur der Kathodenstrahlen weiter. Röntgen wurde davon angesteckt und fand die Röntgenstrahlen (dieser Nebeneffekt tritt auf, wenn die Kathodenstrahlen in der Röhre auf Metall treffen). Das wiederum brachte Becquerel auf die Spur der Radioaktivität (die keinen unmittelbaren Zusammenhang mit den Kathodenstrahlen hat). Während all dieser Entdeckungen blieb die Frage nach der Natur der Kathodenstrahlen unbeantwortet, und damit war auch die Natur der Röntgenstrahlen zunächst noch unsicher.

Im Jahr 1895 entdeckte der Franzose Jean Perrin, dass ein Kollektor in einer Kathodenstrahlröhre negativ aufgeladen wird. Ob diese Ladung jedoch von den Kathodenstrahlen selber herrührt oder ob die Kathodenstrahlen sie nur aus den Atomen im Restgas heraustrennt, blieb zunächst strittig. Thomson gelang, was Hertz versagt geblieben war. Er wies nach, dass es tatsächlich die Kathodenstrahlen sind, welche die negative Ladung tragen. Seine Vorteile waren, dass er in seinen Röhren einen tieferen Gasdruck erreichte (d. h., die Elektronen konnten sich ungehinderter ausbreiten) und dass er stärkere elektrische Felder zur Verfügung hatte (wodurch der Strahl deutlicher abgelenkt wurde). Außerdem zeigte er, dass die Kathodenstrahlen von den negativ geladenen elektrischen Platten abgestoßen und von den positiv geladenen angezogen wurden. Da sich gleichartige Ladungen abstoßen und entgegengesetzte Ladungen anziehen, konnte er daraus eindeutig schließen, dass die Bestandteile der Kathodenstrahlen – die Elektronen – negativ geladen sind.

Dadurch waren zwar alle Zweifel über den Ursprung der negativen Ladungen in den Experimenten von Perrin aus dem Weg geräumt, doch es ergab sich eine andere Frage: In welchem Sinne war Thomson eigentlich der Entdecker der Elektrons? Thomson hatte einen intellektuellen Sprung gewagt, eine kühne Verallgemeinerung oder eine geniale Vermutung – wie Sie es auch nennen wollen –, und er hatte Recht.

Ein weiterer Vorteil von Thomson war, dass er zur Ablenkung des Strahls sowohl elektrische als auch magnetische Felder einsetzte. Wenn der Strahl am Ende der Röhre auf das Glas trifft, erzeugt er einen kleinen grünen Fleck (der gleiche Mechanismus wie bei modernen Fernsehbildschirmen). Thomson verwendete einmal elektrische Kräfte, indem er die Klemmen einer Batterie mit zwei Metallplatten im Inneren der Röhre verband. Der Strahl wurde durch die positive Platte angezogen und von der negativen Platte abgestoßen. Damit war bewiesen, dass der Strahl aus Elektrizität bestand. Dann steckte Thomson die Röhre in eine Spule aus Metalldrähten und erzeugte so ein magnetisches Feld. Der Strahl wurde ebenfalls abgelenkt. Schließlich versuchte Thomson noch etwas sehr Raffiniertes: Er schaltete die elektrischen und magnetischen Kräfte gleichzeitig ein und adjustierte sie so, dass sie sich gegenseitig aufhoben und der grüne Fleck an seine ursprüngliche Stelle zurückkam. Das mag zunächst seltsam erscheinen, doch elektrostatische Kräfte und magnetische Kräfte wirken unterschiedlich. Elektrostatische Kräfte beeinflussen alle elektrischen Ladungen, doch magnetische Kräfte wirken nur auf bewegte Ladungen. Heben sich die beiden Kräfte an einem bewegten Ladungsträger gerade auf, so kann man die Geschwindigkeit und die Masse (pro Ladungseinheit) dieses Objekts berechnen. Auf diese Weise bestimmte Thomson die Eigenschaften der Bestandteile des elektrischen Stroms.

Thomson führte eine ganze Reihe von Experimenten durch, mit unterschiedlichen Gasen in der Röhre und unterschiedlichen Metallen in der Kathode. Außerdem veränderte er die Geschwindigkeiten der Kathodenstrahlen. In allen Fällen erhielt er ungefähr 10^8 Coulomb* pro Gramm, was ihn davon überzeugte, dass es sich

* Ein Coulomb ist eine Einheit für die elektrische Ladung. Sie wird definiert als die Ladungsmenge, die von einem Strom von einem Ampere in einer Sekunde transportiert wird.

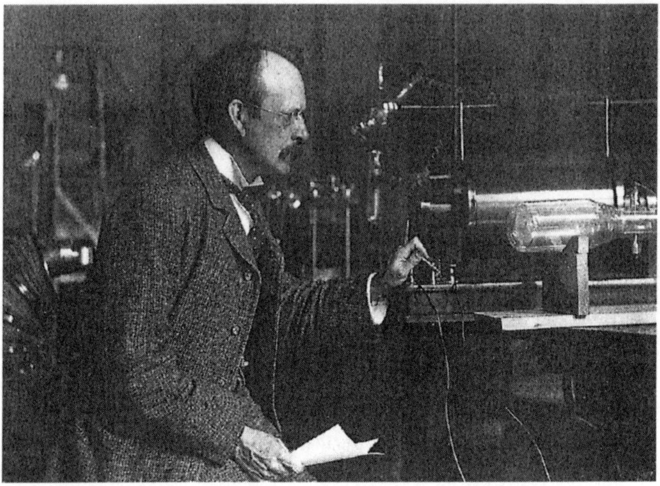

Abb. 6.2: Joseph John Thomson und seine Kathodenstrahlröhre.

hier um eine Eigenschaft der Strahlen handeln musste, die unabhängig von dem Gas und dem Kathodenmaterial war.

Das allein war bereits ein großer Fortschritt, doch die eigentliche Frage war damit immer noch nicht beantwortet: Wo ist das Elektron? Die Antwort ist alles andere als offensichtlich, wie die Geschichte von Walter Kaufmann beweist. »Wer ist das?«, werden Sie fragen. Sein Name ist bei weitem nicht so bekannt wie der von Thomson, er hat keinen Nobelpreis erhalten, und er gehört auch nicht zu den wenigen Persönlichkeiten, die wir mit den herausragendsten Entdeckungen unserer Kultur in Verbindung bringen. Und doch hat er zur gleichen Zeit fast das gleiche Experiment durchgeführt wie Thomson, und seine Ergebnisse waren sogar genauer als die von Thomson! Wir wissen das heute, weil wir mit modernen Instrumenten das Verhältnis von Ladung zu Masse mit einer Genauigkeit von 1:10000 messen können. Der Wert von Thomson unterschied sich von dem heute bekannten Wert um rund einen Faktor zwei, während das Ergebnis von Kaufmann aus dem Jahr 1897 ungefähr fünfzig Mal genauer war. Trotzdem gilt Thomson als der Entdecker des Elektrons. Kaufmann hatte sich mit einer gewissen geistigen »Kurzsichtigkeit« der Meinung der deutschen Schule angeschlossen, wonach es sich bei den Kathodenstrahlen um eine Form von elektromagnetischen Wellen handeln sollte, und so erkannte er die wirkliche Bedeutung seiner Ergebnisse nicht.

Kaufmann war unvorbereitet, und er stand in Deutschland allein. Demgegenüber hatte Thomson in England in zweifacher Hinsicht Glück. Zum einen entsprachen elektrisch geladene Kathodenstrahlen der herrschenden Meinung seiner Umgebung. Und außerdem wusste er von den Arbeiten von Pieter Zeeman, einem holländischen Spektroskopen. Zeeman hatte den Einfluss magnetischer Felder auf die von Natriumatomen emittierte Strahlung untersucht. Bringt man ein Element wie Natrium in eine Flamme und lässt das Licht durch ein Prisma oder ein Beugungsgitter treten, so wird die Strahlung in ihre verschiedenen Farbbestandteile zerlegt. Auf diese Weise findet man eine Reihe heller Linien, bei Natrium insbesondere zwei sehr intensive gelb-orange Linien, die den mit Natrium gefüllten Straßenleuchten ihre charakteristische Farbe verleihen. Diese Linien sind sehr scharf, doch Zeeman war aufgefallen, dass sie in einem Magnetfeld breiter wurden; je stärker das Magnetfeld, umso breiter die Linien. Aus diesen Experimenten konnten die theoretischen Physiker für die Objekte, die innerhalb des Atoms als elektrische Quelle des Lichts galten, das Verhältnis von Ladung zu Masse bestimmen. Das war 1896 geglückt, ein Jahr vor den entscheidenden Experimenten von Thomson. 1897 bestimmte Thomson das gleiche Verhältnis für die Ladungsträger der Kathodenstrahlen, und seine Werte waren nahe genug an den Werten für die Ladungsträger in den Atomen, so dass er den Mut für seinen intellektuellen Sprung fand.

Die Arbeiten von Zeeman hatten gezeigt, dass irgendetwas *in* den Atomen elektrischen Strom trägt. Thomson hatte gezeigt, dass dasselbe »irgendetwas« auch *außerhalb* der Atome existierte. Die Schlussfolgerung war, dass die Träger des elektrischen Stroms in den Kathodenstrahlen identisch mit den elektrisch geladenen Bestandteilen der Atome sind. Thomson stellte die kühne Behauptung auf, dass diese Objekte für alle Elemente die gleichen seien. Die Eigenschaften »seiner« Elektronen waren immer dieselben, ob sie von einer Reihe von Metallen als Kathodenstrahlen emittiert wurden oder mit Hilfe des Zeeman-Effekts in Natrium und anderen Elementen nachgewiesen wurden.

Das elektrisch geladene Atom

Ist eine fundamentale Wahrheit einmal gefunden, hilft sie oft auch bei der Beantwortung offener Fragen in anderen Bereichen und wird nach und nach als »Realität« akzeptiert. Thomsons Elektron ist hierfür ein Paradebeispiel.

In Wasser wird der elektrische Strom durch Ionen transportiert. Kochsalz (Natriumchlorid) beispielsweise spaltet in positiv geladene Natrium-Ionen und negativ geladene Chlorid-Ionen auf. Für diese Ionen war bekannt, dass ihr Verhältnis von Ladung zu Masse bei verschiedenen Elementen unterschiedlich ist. Nachdem Thomson dieses Verhältnis für die Kathodenstrahlelektronen bestimmt hatte, war offensichtlich, dass sich der Wert für das Elektron um mehr als das Tausendfache von dem Wert für atomare Ionen unterschied. Der Grund war schnell gefunden: Ionen entstehen, wenn ein oder zwei Elektronen aus einem Atom herausgeschlagen werden (wie bei dem positiv geladenen Natrium) oder dem Atom hinzugefügt werden (wie bei dem negativ geladenen Chlor). Die Masse des Elektrons ist im Vergleich zur Masse eines Atoms verschwindend klein. Dividiert man daher die Ladung durch die Masse, so findet man für Elektronen (in den Kathodenstrahlen) einen Wert, der riesig ist im Vergleich zu dem entsprechenden Wert für Ionen (wo die gesamte Masse des Atoms im Nenner dieses Quotienten auftaucht). Dadurch wuchs das Vertrauen in die Hypothese Thomsons, wonach die leichtgewichtigen Elektronen Teile der Atome sind.

Nachdem einmal verstanden war, dass diese Bestandteile der Atome – die Träger des elektrischen Stroms – mindestens 2000-mal leichter waren als die kleinsten Atome, löste sich für die Wissenschaftler noch ein weiteres Rätsel, nämlich, weshalb die Elektrizität so leicht durch Kupferdrähte fließt. Die jahrtausendealte Vorstellung von den Atomen als den ultimativ kleinsten Teilchen wurde durch die Existenz des Elektrons gekippt. Es wurde immer deutlicher, dass Atome eine komplexe Struktur besitzen.

Atome bestehen aus einem kompakten, positiv geladenen Zentrum (dem Kern), zu dem sich in vergleichsweise großer Entfernung die leichten, negativ geladenen Elektronen gesellen. Obwohl ein Atom als Ganzes elektrisch neutral sein kann, enthält es in seinem Inneren elektrische Ladungen und sehr starke elektrische Felder. Diese Ladungen und Felder sind für die Struktur der Materie verantwortlich: Die Gravitation zieht uns zwar zu Boden, doch es sind die intensiven elektrischen Aktivitäten innerhalb der Atome, die verhindern, dass wir bis ins Zentrum der Erde hindurchsinken.

Diese elektrischen Kräfte sind auch dafür verantwortlich, dass sich die Atome miteinander verbinden und schließlich die komplexeren Moleküle des Lebens formen. Bei den Kohlenstoffatomen sind die Elektronen so angeordnet, dass vier von ihnen für die Verbindung mit benachbarten Atomen frei sind. Dieses Quartett verleiht dem Kohlenstoffatom seine vier »Tentakeln« (Seite 82), in die sich die Nachbaratome verfangen. Die Anzahl dieser Elektronen oder Tentakeln ist für jedes Element charakteristisch, und sie bestimmt auch, ob und in welchem Verhältnis sich verschiedene Elemente miteinander verbinden. So hat Wasserstoff nur ein freies Elektron; Sauerstoff hat zwar insgesamt acht Elektronen, doch nur zwei davon stehen für chemische Verbindungen zur Verfügung – daher die Affinität von zwei Wasserstoffatomen zu einem Sauerstoffatom, die dann das Molekül H_2O – Wasser – bilden.

Wie wir in Kapitel 4 gesehen haben, verdankt der Kohlenstoff seine Fähigkeit, die vielfältigen und erstaunlich komplexen molekularen Strukturen bilden zu können, in erster Linie seinen vier Tentakeln. Wir haben ebenfalls gesehen, wie leicht dabei asymmetrische Strukturen entstehen können und somit molekulare Formen, die sich zueinander wie Spiegelbilder verhalten. Die Existenz dieser

Spiegelbildisomere wurde zuerst durch die Entdeckung von Pasteur bewiesen, der die Rotation der Polarisationsebene von planar polarisiertem Licht (Seite 87) an Kristallen beobachtet hatte. Jetzt sind wir in der Lage, diese Drehung zu verstehen. Der molekulare Klebstoff besteht aus elektrischen und magnetischen Kräften; Licht andererseits besteht aus oszillierenden elektrischen und magnetischen Feldern. Wenn diese oszillierenden Felder auf den elektromagnetischen Klebstoff der Moleküle treffen, werden ihre Schwingungen davon beeinflusst. Die elektrischen und magnetischen Felder der Strahlung, die den Kristall verlassen, sind relativ zu der ursprünglichen einfallenden Strahlung gedreht.

In einem linkshändigen Molekül haben die elektrischen und magnetischen Felder irgendeine komplizierte Form. Die Felder in der rechtshändigen Version haben die gleiche komplizierte Form, allerdings entgegengesetzt – gespiegelt. Die anziehenden und abstoßenden Kräfte, die auf polarisiertes Licht wirken, sind in solchen Kristallen ebenfalls entgegengesetzt. Wie auch immer ein Molekül den Lichtstrahl verdrehen mag, sein Spiegelbild dreht den Strahl in die entgegengesetzte Richtung. Werden die elektrischen und magnetischen Felder in dem einen Fall nach links abgelenkt, so werden sie in dem anderen Fall um denselben Betrag nach rechts abgelenkt. Die fundamentale Spiegelasymmetrie der Moleküle des Lebens zeigt sich daher in den entgegengesetzten Rotationen der Polarisationsebenen von Licht.

Kapitel 7

DAS HERZ DER MATERIE

Im Oktober 1895, einen Monat bevor Röntgen die Röntgenstrahlen entdeckte und zwei Monate vor der Aufsehen erregenden Ankündigung dieser Entdeckung, verließ ein junger Mann seine Heimat Neuseeland und reiste um die halbe Welt nach England ans Cavendish-Laboratorium in Cambridge. Es war Ernest Rutherford. Eine Kurzform seines Lebenslaufs könnte lauten: Während seiner Zeit in Cambridge identifizierte er zwei verschiedene Formen von Radioaktivität; er wechselte nach Kanada und entdeckte die Umwandlung chemischer Elemente, wofür er den Nobelpreis erhielt; in Manchester wies er die Existenz des Atomkerns nach und kehrte schließlich nach Cambridge zurück, wo er J. J. Thomson als Cavendish-Professor folgte. Seine Entdeckungen reichen für mehr als drei herausragende Wissenschaftler, und er war der größte Experimentalphysiker seiner Zeit.

Thomson ist bekannt für seine Entdeckung des Elektrons im April 1897. Es war ein monumentales Ereignis, das die Technologie des 20. Jahrhunderts nachhaltig beeinflussen sollte und sich als das Ergebnis jahrelanger Untersuchungen der elektrischen Leitfähigkeiten von Gasen herauskristallisierte. Als Rutherford im Herbst 1895 nach Cambridge kam, befand sich Thomson bereits mitten in seinen Forschungen. Gerade hatte sich die Nachricht verbreitet, dass die rätselhaften Röntgenstrahlen Gase ionisieren, d. h. elektrische Ladungen aus den Atomen lösen können, was Thomsons Enthusiasmus nur verstärkte. Ein viel versprechendes Forschungsfeld hatte sich aufgetan, Thomson war an der vordersten Front, und ein hochbegabter junger Student hatte sich gerade seinem Laboratorium angeschlossen. Es war selbstverständlich, dass Thomson Rutherford in dieses neue Feld leitete.

Man ist leicht versucht zu meinen, der Rest sei Geschichte, hier habe die Karriere von Rutherford begonnen und schließlich zur Entdeckung des Atomkerns geführt. Doch der wirkliche Gang der Dinge war nicht so geradlinig und teilweise sogar das Ergebnis einer falschen Unterweisung.

Rutherford war kein gewöhnlicher Assistent. Als Student hatte er in Neuseeland an Magneten und elektrischen Geräten herumgebastelt und dabei entdeckt, wie man Radiosignale senden und empfangen kann. Als er 1895 nach Cambridge kam, war er vermutlich ein größerer Experte auf diesem Gebiet als Marconi. Daher wollte sich Rutherford eigentlich mit der Erforschung und Weiterentwicklung des Empfangs elektromagnetischer Wellen beschäftigen. Das brachte Thomson in ein Dilemma, und bevor er sich entschloss, Rutherford in das neue Gebiet der Röntgenstrahlen einzuführen, suchte er Rat bei Lord Kelvin hinsichtlich der kommerziellen Möglichkeiten des Radios. Hätte dieser große Mann etwas mehr Begeisterung an den Tag gelegt, so wäre die Geschichte vielleicht anders verlaufen: Rutherford wäre für die Entwicklung des Radios berühmt geworden, und jemand anders gälte als der Begründer des atomaren Zeitalters. Doch Kelvin war in Bezug auf die Zukunft des Radios sehr skeptisch, und so wurde Rutherford von Thomson in das Gebiet der neuen Strahlung eingewiesen, und das Radio wurde Marconi überlassen (der anderenfalls vielleicht nur zu einer Fußnote unter »Rutherfords Wireless Telegraph Co. Ltd.« gekommen wäre).

Tief im Innern der Materie befinden sich Atome, die durch ihre Strahlung auf sich aufmerksam machen. Seit Milliarden von Jahren haben sie auf diese Weise dazu beigetragen, die Voraussetzungen für die Entstehung von Leben zu schaffen, indem sie die innere Wärme der Erde aufrechterhalten. Und sie haben auf ihre wissenschaftliche Entdeckung gewartet. Als 1896 der Winter dem Frühling wich, war Henri Becquerel auf diese Strahlung gestoßen, ohne jedoch zu wissen, worum es sich dabei handelte und wo sie herkam. Während Marie Curie nach anderen Elementen suchte, die neben Uran diese Strahlung ebenfalls aufwiesen, und während Becquerel seine ursprünglichen Messungen mit Uran verfeinerte, wollte Rutherford diese Strahlen zunächst nur als bequemes Hilfsmittel zur Ionisierung von Gasen einsetzen. Doch er erkannte bald, dass die größere Herausforderung in der Frage nach der Natur dieser Strahlung lag. So drehte er den Spieß einfach um und nutzte die Ionisierung von Gasen als Hilfsmittel zur Untersuchung der Radioaktivität.

Rutherford verwendete dazu ein so genanntes Goldblättchenelektroskop, das auf einem einfachen Prinzip basiert. Zunächst reibt man einen Glasstab mit einem Katzenfell. Das klingt vielleicht nach faulem Zauber, dient aber einem einfachen Zweck: Der Glasstab wird elektrisch aufgeladen. Anschließend berührt man mit diesem Stab eine Metallplatte, so dass die Ladung auf das Metall abfließt. Am Ende dieser Metallplatte befinden sich zwei dünne Blättchen aus Goldfolie, die sich auseinander biegen, wenn die elektrische Ladung auf sie fließt. Diese einfache Anordnung kann nun eingesetzt werden. In trockener, neutraler Luft bleiben die Goldblättchen v-förmig auseinander gebogen. Ist die Luft jedoch ionisiert, so fließt die Ladung von den Goldfolien ab, die abstoßenden elektrischen Kräfte zwischen den Folien werden kleiner, und die Blättchen fallen wieder zusammen. Je schneller die Blättchen zusammenfallen, umso rascher haben sie ihre Ladung verloren, d. h., umso größer war die Ionisierung, und das wiederum bedeutet – und darum geht es letztendlich –, umso stärker war die Strahlung.

Diese Beschreibung klingt sehr grob und betrifft nur das Prinzip; die eigentliche Anordnung war außerordentlich präzise. Trotzdem zeigt sich hier das Genie von Rutherford. Er konnte mit den einfachsten Hilfsmitteln die tiefsten Wahrheiten offen legen.

Mit Hilfe dieser Anordnung wollte er überprüfen, wie leicht die Strahlung durch verschiedene Materialien absorbiert wurde. Er deckte das Uran mit einer dünnen Aluminiumfolie ab und sah, dass die Intensität der Strahlung abnahm. Je mehr Aluminium er hinzufügte, umso schwächer wurde die Strahlung, allerdings nicht in dem zu erwartenden Maße. Während eine einzelne sehr dünne Folie bereits ausreichte, die Intensität auf die Hälfte zu verringern, benötigte er eine Schicht von mehreren Millimetern, um die verbleibende Strahlung ganz zu absorbieren. Rutherford schloss daraus, dass in Wirklichkeit zwei Arten von Strahlung vorliegen: eine (die er »Alpha« nannte), die von Aluminium gut absorbiert wurde, und eine weitere (»Beta«), die Aluminium leichter durchdringen konnte.

Als später eine dritte Form entdeckt wurde, lag es nahe, die von Rutherford eingeführte Bezeichnung beizubehalten und die neue Variante als »Gamma«-Strahlung zu bezeichnen. Gammastrahlen besitzen noch mehr Energie als Röntgenstrahlen. Während Röntgenstrahlen von Elektronen emittiert werden, die tief im Inneren großer Atome gebunden sind, stammen Gammastrahlen aus dem Atomkern. Später sollte Rutherford zeigen, dass es sich bei den Betastrahlen um Elektronen handelt (oder, wie er es zu jener Zeit ausdrückte, »ähnlich den Kathodenstrahlen«, die J. J. Thomson 1897 als Elektronen identifizierte) und bei den Alphastrahlen um Teilchen, die dem Kern eines Heliumatoms entsprechen. Rutherford benötigte insgesamt zehn Jahre, um die Hintergründe vollständig zu klären, und wir werden an entsprechender Stelle noch darauf zu sprechen kommen.

Rutherfords Aufmerksamkeit wurde zunächst von einer anderen Beobachtung eingenommen. Im Zusammenhang mit der Identifizierung der beiden Formen von Radioaktivität war ihm aufgefallen, dass das radioaktive Element Thorium ein Gas abgibt, welches selber radioaktiv ist. Das war im Jahr 1900. Pierre und Marie Curie hatten bereits 1898 entdeckt, dass von Radium ebenfalls ein radioaktives Gas ausgeht. Dieses Gas war ähnlich, vielleicht sogar identisch mit dem Gas, das Rutherford gefunden hatte. Doch worum handelte es sich dabei? Das herauszufinden hatte für Rutherford oberste Priorität. Mittlerweile war er in Montreal an der McGill-Universität und hatte dort die Bekanntschaft des Chemikers Frederick Soddy gemacht, der die Herausforderung annahm.

Soddy fand zunächst heraus, dass dieses Gas chemisch sehr reaktionsträge war: Es handelte sich um Radon, ein weiteres Element! Das war eine wirkliche Überraschung. Radium und Thorium, beides chemische Elemente, die als unveränderliche fundamentale Bestandteile des materiellen Universums galten, konnten offenbar spontan Argonatome emittieren, das ebenfalls als fundamentales Element galt. Durch ihre Beobachtung spontaner Zerfälle von chemischen Elementen hatten Rutherford und Soddy das alte Paradigma gestürzt, es handele sich bei Atomen um etwas Unveränderliches und Vollkommenes. Es war eine der größten Entdeckungen, und durch sie wurde die Alchemie zu einer Wissenschaft. Als Nächstes untersuchten sie, wie Uran, Radium und Thorium als Folge der Emission von Alpha- und Betastrahlung ihre elementare Form verändern. Die dabei entstehenden »neuen« Elemente erwiesen sich als komplexes Sammelsurium. Die Entwirrung dieses Kodes der chemischen Elemente war eine der Glanzleistungen von Rutherford und Soddy.

Ihr erster Durchbruch bestand in der Entdeckung, dass jedes radioaktive Produkt eine charakteristische Halbwertszeit hat. Die Halbwertszeit entspricht der Zeitdauer, nach der die Intensität der Strahlung auf die Hälfte abgefallen ist bzw. die Hälfte der Atome sich in Atome eines neuen Elements transformiert haben. Die Halbwertszeit von Uran beträgt 4,5 Milliarden Jahre, die von Radium 1600 Jahre. Thorium besitzt sogar ein Zerfallsprodukt mit einer Halbwertszeit von nur 22 Minuten.

Soddy konnte weiter zeigen, dass die Produkte nicht nur einfach aus einer gewissen Anzahl von Elementen bestehen, sondern dass es sich teilweise um physikalisch verschiedene Varianten desselben chemischen Elements handelt. Die physikalisch verschiedenen, aber chemisch identischen Formen bezeichnete er als »Isotope«, nach dem griechischen Wort für »am gleichen Platz« (gemeint ist »im Periodensystem der Elemente«). Der Grund für diese unterschiedlichen Formen hängt damit zusammen, dass die Atomkerne aus zwei verschiedenen Arten von Teilchen – Protonen und Neutronen – zusammengesetzt sind. Die positive elektrische Kernladung (die von den Protonen herrührt) zieht eine entsprechende Anzahl negativ geladener Elektronen an, und ihre Anzahl in einem elektrisch neutralen Atom bestimmt die chemischen Eigenschaften, die wir mit diesem chemischen Element verbinden. Die Natur kann den Kern jedoch mit einer unterschiedlichen Anzahl neutraler »Neutronen« ausstatten, wodurch sich zwar seine Masse verändert, nicht jedoch seine elektrische Ladung. Daher bleibt auch die Chemie des entsprechenden Atoms unverändert. Die Massen der Isotope richtet sich daher nach der Anzahl der Neutronen in ihrem Kern.

Die chemischen Eigenschaften bleiben zwar unverändert, doch die physikalischen Eigenschaften können sich drastisch ändern. Verschiedene Isotope desselben Elements können vollkommen unterschiedliche Halbwertszeiten haben. Beispielsweise ist der Kern des leichten Elements Beryllium stabil, wenn er aus vier Protonen und fünf Neutronen besteht, doch wenn er nur aus vier Protonen und vier Neutronen besteht, zerfällt er innerhalb eines Billiardenstel Teils einer Sekunde in zwei Alphateilchen. Er hält damit den Rekord für die kürzeste gemessene Halbwertszeit eines Atomkerns. Die großen Unterschiede in den Halbwertszeiten ermöglichten es Soddy, die Zerfallsprodukte bzw. »umgewandelten Elemente« nachzuweisen und zu klassifizieren. Isotope finden auch Anwendung in der Gerichtsmedizin, und sie helfen bei der Erforschung des Ursprungs des Lebens, doch dazu später mehr.

Rutherford untersuchte währenddessen die Alpha- und Betastrahlung. Er konnte eindeutig beweisen, dass die Betastrahlung aus Elektronen besteht, und hatte gute Gründe anzunehmen, dass es sich bei den Alphastrahlen um positiv geladene Heliumatome handelt. Der Beweis dieser Vermutung gelang erst 1908, und bekannt gegeben wurde er bei der Verleihung des Nobelpreises, den sich Rutherford mit Soddy für ihre gemeinsame Arbeit zur Umwandlung chemischer Elemente teilte.

Marie Sklodowska wurde 1867 in Polen geboren und emigrierte 1891 nach Paris. Zu diesem Zeitpunkt hatte sie nicht mehr als umgerechnet 17 englische Pfund in ihrer Tasche. Selbst wenn man den veränderten Zeitwert des Geldes berücksichtigt, war das zu jener Zeit eine mutige Tat für eine Frau, die eine Wissenschaftlerin werden wollte. In Paris traf sie Pierre Curie. Er war acht Jahre älter als sie und damals schon Mitglied der Fakultät der École de Physique et de Chemie Industrielle. Seine frühen Arbeiten beschäftigten sich mit den Symmetrien von Kristallstrukturen und der Piezoelektrizität (der Eigenschaft bestimmter Kristalle, unter Druck elektrisch polarisiert zu werden). Sie heirateten im Juli 1895, nachdem Marie ihre Examina bestanden hatte. Ihre Tochter Irene (eine spätere Nobelpreisträgerin) wurde am 12. September 1897 geboren. Anschließend begann Marie mit dem Projekt zu ihrer Doktorarbeit. Pierre hatte vorgeschlagen, sie solle die neue »Becquerel-Strahlung« näher untersuchen.

Zunächst wiederholte sie die Experimente von Becquerel, der mit Hilfe eines Elektroskops herausgefunden hatte, dass Luft durch die Strahlung ionisiert wird. Marie Curie verwendete stattdessen ein Elektrometer, dessen zentrales Element aus einem piezoelektrischen Quarz bestand. Hierbei handelte es sich um eine Erfindung von Pierre, und sie erwies sich für die quantitative Messung der Strahlung als außerordentlich wichtig. Ihre Daten waren wesentlich genauer als die von Becquerel und durchaus vergleichbar mit denen von Rutherford. Sie fand heraus, dass die Strahlungsintensität einer Uranprobe proportional zu der in dieser Probe enthaltenen Menge an Uran ist – unabhängig von der chemischen Form, in der dieses Uran vorliegt, d. h., ob es sich um ein Oxid, ein Salz oder eine metallische Form handelt.

Das bestätigte, dass es sich bei der Strahlung um eine atomare Eigenschaft des Elements Uran handelt, was auch Becquerel schon vermutet hatte. Während Becquerel sich jedoch darauf konzentrierte, die Strahlung von Uran intensiver zu untersuchen, um so mehr über sie zu erfahren, ging Marie Curie einen anderen Weg. Sie wollte wissen, ob diese Form der Strahlung noch bei anderen Elementen auftritt, und bald fand sie in Thorium, einem silbrig weißen Metall, das in manchen Mineralien enthalten ist, einen weiteren Kandidaten. Damit war bewiesen, dass es sich bei der seltsamen Strahlung nicht um eine Kuriosität von Uran handelt, sondern um eine allgemeinere Naturerscheinung, der sie den heute bekannten Namen »Radioaktivität« gab.

An diesem Punkt traf sie eine glückliche, vielleicht auch geniale Entscheidung. Statt weiterhin einzelne Elemente und deren Verbindungen zu untersuchen, wendete sie ihre Aufmerksamkeit natürlichen Erzen zu. Sie entdeckte, dass gewisse uran- und thoriumhaltige Erze radioaktiv waren, wie es auch sein sollte, überraschenderweise war jedoch die Intensität der Radioaktivität bei einigen dieser Erze höher, als es durch ihren Gehalt an Uran und Thorium allein hätte erklärt werden können. Beispielsweise ist die so genannte Pechblende, ein Uranerz, außerordentlich radioaktiv, wenn sie direkt aus dem Boden stammt. Marie Curie verglich die Radioaktivität von Pechblende mit der von reinem Uran und fand, dass sie wesentlich höher war. Das Erz musste eine zusätzliche Verunreinigung enthalten, irgendein hochradioaktives Element.

Zur Gewinnung dieses rätselhaften Elements entwickelten die Curies eine neue Wissenschaft: die Radiochemie. Von dem gesuchten Element war außer seiner Radioaktivität nichts bekannt. Sie wollten nach Möglichkeit das Erz irgendwie auflösen, mit herkömmlichen chemischen Methoden in verschiedene Anteile trennen und sehen, wo die Radioaktivität schließlich verblieb. In diesem hochradioaktiven Extrakt sollte die Konzentration des neuen Elements erheblich höher sein. Sie fanden den Schuldigen überraschend schnell. Ende 1897 hatten sie erst mit ihrer Suche begonnen, im April 1898 hatten sie die radioaktiven Elemente bestimmt und im Juli das bisher unbekannte Element isoliert. Zu Ehren des Geburtslandes von Marie erhielt es den Namen »Polonium«.

Die nächste Entdeckung hatte schwerwiegendere Folgen. Im September 1898 fanden sie ein weiteres, bis dato unbekanntes Element, das auf Grund seiner ungeheuerlichen Radioaktivität im Dunkeln leuchtet und sich warm anfühlt: Radium. Rutherford und Soddy waren im Rahmen ihrer Untersuchungen der Radioaktivität natürlich beeindruckt von der Strahlungsintensität von Radium und maßen die Energie, die es im Verlauf seines Zerfalls abgibt. Nach ihren Ergebnissen emittierte ein einzelnes Gramm Radium mindestens 100 Millionen Kalorien, vielleicht sogar das Hundertfache dieses Werts. In einer Ankündigung hieß es, dass die freigesetzte Energie bei radioaktiven Prozessen »mindestens 20000-mal, vielleicht sogar Millionen Mal« größer sei als die frei werdenden Energiemengen bei chemischen Reaktionen mit vergleichbaren Substanzmengen. Dies war der erste Hinweis auf die weit reichenden, aber auch schrecklichen Möglichkeiten, die sich aus den neuen Entdeckungen im Zusammenhang mit dem Atom ergaben.

Im Jahr 1903 besuchte Rutherford das Ehepaar Curie in Paris. Nach dem Abendessen gingen sie in den Garten, wo es dunkel war, und Marie Curie brachte ein Reagenzglas mit Zinksulfid, das etwas gelöstes Radium enthielt. Der helle Glanz zeigte deutlich die abgestrahlte Energie, während das Radium zerfiel und auf der Treppe des Periodensystems einen kleinen Sturz auslöste, der schließlich bei Blei, dem Endpunkt der Strahlungskette, zum Halt kam. Das Leuchten war sogar so hell, dass man die Entzündungen an der Hand von Pierre Curie deutlich erkennen konnte. Sie waren eine Folge der Strahlung und ein erstes Beispiel für ihre gefährlichen Eigenschaften.

Vor einigen Jahren hatte ich Gelegenheit, den wissenschaftlichen Nachlass von Rutherford zu studieren, der in der Bibliothek der Universität von Cambridge aufbewahrt wird. Er war sorgfältig katalogisiert und seit nahezu 80 Jahren verstaut. Während ich in den Seiten blätterte, entdeckte ich plötzlich ein Stück zusammengefaltetes Papier, das zwischen zwei Seiten eingeklemmt war und das anscheinend noch nie geöffnet worden war. Auf der Außenseite stand die Antwort zu einer Examensfrage, die offensichtlich irgendein seit langem vergessener Student dort hingeschrieben hatte. Doch was machte dieser Zettel in den Aufzeichnungen dieses großen Mannes?

Ahnend, dass er Rutherford vor langer Zeit als Schmierzettel für eine dringende Notiz gedient haben könnte, öffnete ich ihn sorgfältig. Die scharfe Falte ließ vermuten, dass ich der Erste war, der seinen Inhalt sah. Meine Ahnung erwies sich als richtig. Auf der Innenseite war in der ausgeprägten Handschrift von Rutherford mit Bleistift geschrieben: »Madam Curie meint, 5 Gramm [Radium] sollten ausreichen«. Ausreichen für was? Die Antwort wird wohl für immer im Dunkeln bleiben, doch diese unerwartete Entdeckung war für mich wertvoller als der Blick in seine »offiziellen« Aufzeichnungen.

Heute verwendet man die Strahlung von Radium meist zur Behandlung von Krebs, doch unkontrolliert kann sie großen Schaden anrichten. Marie Curie erkrankte an einem seltsamen Leiden. Obwohl sie 67 Jahre alt wurde, waren ihre Hände ständig mit Blasen besetzt und in Binden eingewickelt. Schließlich starb sie an aplastischer Anämie, hervorgerufen durch eine übermäßige Strahlenbelastung. Ihre experimentellen Aufzeichnungen, ja sogar ihre Kochbücher waren noch fünfzig Jahre später radioaktiv.

Das Ehepaar Curie teilte sich 1903 den Nobelpreis mit Becquerel. Er hatte die Kernstrahlung entdeckt, doch Marie und Pierre Curie hatten die weit reichenden Möglichkeiten erkannt. Und Rutherford sollte sie als Hilfsmittel zur Erkundung der atomaren Struktur einsetzen.

Im Jahr 1905 begann Rutherford die Strahlung von Alphateilchen bei Thorium, Radium und anderen Elementen zu untersuchen. Er fand, dass die Alphateilchen all dieser Elemente dieselbe Masse wie Heliumatome haben, aber anders als Heliumatome zwei Einheiten positiver Ladung tragen (wenn man die Ladung eines Elektrons als eine negative Einheit definiert). Dies führte ihn zu der Vermutung, dass es sich bei Alphateilchen um doppelt ionisierte Heliumatome handelt. Diese Vermutung wurde durch die Beobachtung gestützt, dass man in kristallinen Uran- und Thoriumerzen auch eingeschlossenes Helium gefunden hatte, ein bis dahin unerklärtes Phänomen, das jedoch mit der spontanen Emission von Alphateilchen – Heliumionen – durch Uran oder Thorium eine natürliche Erklärung fand.

Es deutete zwar vieles darauf hin, dass es sich bei den Alphateilchen um einen Baustein der Heliumatome handelte, doch einen stichhaltigen Beweis hatte man noch nicht. Der folgte erst im Jahr 1908 und war in typisch Rutherfordschem Stil entwaffnend einfach.

Zu jener Zeit war Rutherford in Manchester, wo er seit Oktober 1907 die Stelle eines Professors innehatte. Er ließ den Glasbläser des Instituts eine Röhre aus dickem Glas herstellen, die in ihrem Inneren eine zweite Röhre aus dünnerem Glas enthielt. Die Idee war, dass das dünne Glas die Alphateilchen passieren ließ, während das dickere äußere Glas sie gefangen hielt. Die Apparatur wurde zunächst evakuiert und anschließend die innere Röhre mit Radongas gefüllt, das eine gute Quelle für Alphateilchen ist. Die äußere Röhre füllte sich nun langsam mit Alphateilchen, deren positive Ladung Elektronen anzog, die sich mit den Alphateilchen zu neutralen Heliumatomen verbanden. Diese Heliumatome konnte Rutherford einige Tage später nachweisen, indem er das Gas energetisch anregte, bis es leuchtete, und dann von diesem Licht eine Spektralanalyse vornahm. Spektrallinien sind wie ein Fingerabdruck, und sie identifizierten seinen Verursacher eindeutig als Helium. Dieses Experiment wurde Mitte 1908 gemacht, und Rutherford gab seine Ergebnisse in seiner Ansprache anlässlich der Verleihung des Nobelpreises bekannt.

Dahinter steckt eigentlich eine doppelte Ironie. Als Rutherford in Manchester mit seiner Arbeit begann, hatte er sich eine Liste von Forschungsfragen zusammengestellt, mit der er einen gezielten Vorstoß auf die Struktur des Atoms und seine Strahlung unternehmen wollte. Alphateilchen waren auf dieser Liste ganz weit oben, und der Beweis, dass es sich bei den Alphateilchen um doppelt ionisierte Heliumatome handelt, hatte höchste Priorität. Daher rührte auch sein Stolz bei der Bekanntgabe dieser Ergebnisse in Stockholm. Weiter unten auf der Liste erschien ein scheinbar profaner Punkt mit dem Titel »Streuung von Alphateilchen«. Doch dieser Punkt sollte – alles andere als profan – zu einer Entdeckung führen, die weitaus größer war als die, für die er den Nobelpreis erhalten hatte.

Atmen Sie einmal kräftig ein und wieder aus! Ihre Lungen dehnen sich aus und fallen wieder zusammen, doch Ihr Haar bleibt an seinem Platz. Diese einfache Beobachtung hat eine sehr tief liegende Bedeutung.

In jedem Teil unseres Körpers befinden sich Elektronen. Jedes Atom in der Atmosphäre, jedes eingeatmete Sauerstoffatom (das sich mit dem Kohlenstoff aus unserem Körper verbindet und als Kohlendioxid wieder ausgeatmet wird) enthält Elektronen. Im Durchschnitt atmen wir alle fünf Sekunden ein und exhalieren anschließend weit über eine Trillion (Millionen mal Millionen mal Millionen) solcher Atome und damit entsprechend viele negativ geladene Elektronen. Das ist eine riesige Menge an elektrischer Ladung, und doch stehen uns die Haare nicht zu Berge. Dieses Beispiel zeigt, dass alle Atome neben den negativ geladenen Elektronen noch das exakte Gegenstück an positiver Ladung tragen müssen. Das ehemals unteilbare Atom entpuppt sich als ein Objekt mit einer detaillierten inneren Struktur.

Rutherford und Soddy hatten entdeckt, dass sich chemische Elemente ineinander umwandeln können. Dies konnte als erster Hinweis gedeutet werden, dass Atome aus kleineren Bausteinen bestehen, die allen Elementen gemeinsam sind. Die Alchemie beruht somit auf einer Umordnung dieser Bausteine. Thomson hatte 1897 schon eine erste Andeutung in dieser Richtung gemacht, als er vermutete, dass Atome negativ geladene Elektronen enthalten, die bei allen Elementen gleich sind. Es drängt sich die Frage nach dem Aufbau der Atome auf: Wie sind die positiven und negativen Ladungen in einem Atom verteilt? Was verursacht die Umwandlungen? Was ist die geheimnisvolle Kraft der Radioaktivität?

Die Enthüllung der inneren Struktur der Atome, an die man 1894 noch kaum gedacht hatte, war zur Jahrhundertwende zu einer der dringlichsten wissenschaftlichen Herausforderungen geworden. Mit einer genialen Geradlinigkeit wandte sich Rutherford sofort diesem zentralen Problem zu.

Damit das Folgende besser verständlich wird, möchte ich die Pointe vorwegnehmen. Wir wissen heute, dass sich die leichten, negativ geladenen Elektronen im äußeren Bereich eines Atoms aufhalten, weit entfernt von dem schweren, positiv geladenen Kern im Zentrum. Die Anziehung zwischen den entgegengesetzten Ladungen hält die Elektronen in der Hülle und erzeugt gleichzeitig sehr starke elektrische Felder. Der Kern ist so klein und die Elektronen sind so weit entfernt, dass, abgesehen von diesem elektrischen Feld, das Atom zu 99,9999999999999 Prozent aus leerem Raum besteht! Das Bild von Elektronen, die um einen zentralen Kern kreisen, dient atomaren Institutionen weltweit als Emblem und lässt uns heute die Struktur der Atome vertraut erscheinen. Diese Asymmetrie zwischen positiven und negativen Ladungen ist der Schlüssel zum Verständnis von Leben und Existenz, und sie wird im Weiteren eine zentrale Rolle einnehmen. Doch wie wurde diese Struktur entschlüsselt?

Der erste Schritt lag in der Erkenntnis, dass es sich bei einem Atom nicht um ein hartes, unveränderliches Gebilde handelt, sondern im Wesentlichen um leeren Raum. Philipp Lenard, der 1893 schon die Entdeckung der Röntgenstrahlen verpasst hatte (Seite 114), untersuchte um 1903 das Verhalten von Kathodenstrahlen, mit denen er Atome bombardierte. Die Strahlen drangen durch Atome, als ob ihnen praktisch nichts im Wege stünde. Was für ein Gegensatz: Feste, harte Materie erscheint auf atomarer Skala nahezu transparent. Lenard fasste dieses Rätsel in der Bemerkung zusammen: »Der Raum, der von einem Kubikmeter harten Platins eingenommen wird, ist so leer wie der Raum der Sterne außerhalb unserer Erde.« Doch ebenso wie bei seinem früheren Misserfolg hatte Lenard auch in diesem Fall die Wahrheit nur oberflächlich erkannt. Der eigentliche Ruhm fiel anderen zu.

Auch wenn Atome im Wesentlichen leer sind, so müssen sie doch irgendetwas enthalten, das ihnen ihre Masse gibt. Dass Atome mehr sind als nur leerer Raum, wurde 1906 durch die experimentellen Ergebnisse von Rutherford mit Alphateilchen deutlich.

Seit Rutherford 1899 das Alphateilchen isoliert hatte, widmete er sich der Enthüllung seiner eigentlichen Identität. Als Nebenprodukt dieser Arbeit erkannte er, dass sich Alphateilchen sehr gut zur Erprobung von Atomen eignen.

Alphateilchen waren schneller als eine Gewehrkugel, trotzdem wurden sie durch eine dünne Folie aus Glimmer abgelenkt. Aus dieser leichten Ablenkung berechnete Rutherford die elektrischen Felder im Inneren von Glimmer und fand, dass sie im Vergleich zu allem Bekannten immens sein mussten. In freier Luft würden Felder von dieser Stärke Funken auslösen, und er hatte nur eine Erklärung dafür: Diese gewaltigen Felder existieren nur in außerordentlich kleinen Bereichen, kleiner sogar als ein Atom. Er vermutete, dass diese elektrischen Felder die Elektronen in ihrem atomaren Gefängnis halten und die schnellen Alphateilchen von ihrer Bahn ablenken. Und wieder zeigte sich Rutherfords Genie, als er erkannte, dass er mit den Alphateilchen das Innere der Atome erkunden konnte. Aus der Art ihrer Ablenkung ließ sich auf die elektrische Struktur des Atoms schließen. So wurde die Streuung von Alphateilchen eines der Forschungsprojekte auf Rutherfords Liste, als er 1907 in Manchester anfing.

Alphateilchen zu streuen war eine Sache, doch sie anschließend zu beobachten und nachzuweisen, war eine andere. Er beschichtete eine Glasplatte mit Zinksulfid, das beim Aufprall von Alphateilchen szintilliert (d. h. Lichtblitze emittiert). Diese Lichtblitze sind sehr schwach, und mit einem Mikroskop lässt sich gerade eben das Auftreffen einzelner Alphateilchen beobachten, aber Augen und Konzentration werden dabei sehr in Anspruch genommen. Rutherford und sein Assistent, Hans Geiger, wechselten sich beim Zählen der Lichtblitze ab. Sie benötigten zunächst eine halbe Stunde, bis sich ihre Augen an die Dunkelheit gewöhnt hatten. Anschließend konnten sie die schwachen Blitze für jeweils ein oder zwei Minuten beobachten. In ihren Aufzeichnungen kann man deutlich die grobe Handschrift von Rutherford und die feinere Handschrift seines Mitarbeiters unterscheiden, die sich bei der Notierung der Messergebnisse abwechselten.

Sie feuerten die Alphateilchen auf Aluminium, Platin und Gold, und sorgfältig wurden alle Ergebnisse aufgeschrieben. Aus der Art der Ablenkungen konnten sie schließen, dass tatsächlich sehr starke elektrische Felder vorhanden sein mussten, es gab allerdings ein Problem mit einigen sehr weit gestreuten Teilchen, die sie sich nicht erklären konnten. Rutherford vermutete zunächst, diese Teilchen könnten von der Metalloberfläche der Apparatur reflektiert worden sein. Das erschien aber eher unwahrscheinlich, da der Streuwinkel dieser Teilchen sehr groß hätte sein müssen, damit sie in den Bereich des eigentlichen Experiments hätten gelangen können. Doch diese gestreuten Teilchen waren da und mussten überprüft werden. Er bat Ernest Marsden, einen jungen Assistenten, zu testen, ob Alphateilchen von dünnen Folien auch zurückgeworfen werden konnten, anstatt diese nur zu durchdringen.

Marsden verwendete dazu einen Alphateilchen-Strahl, der unter einem Winkel von 45° auf eine dünne Goldfolie einfiel. Geiger hatte einen elektrischen Zähler konstruiert, der bei jedem auftreffenden Alphateilchen hörbar klickte (ein Vorläufer des modernen Geiger-Zählers). Marsden platzierte einen dieser Geiger-Zähler unter einem Winkel von 45° zur Folie, so dass er alle Alphateilchen nachweisen konnte, die unter einem rechten Winkel von der Folie reflektiert wurden. Natürlich musste er sicherstellen, dass keine Teilchen direkt von der Quelle zum Zähler gelangen konnten, ohne die Folie getroffen zu

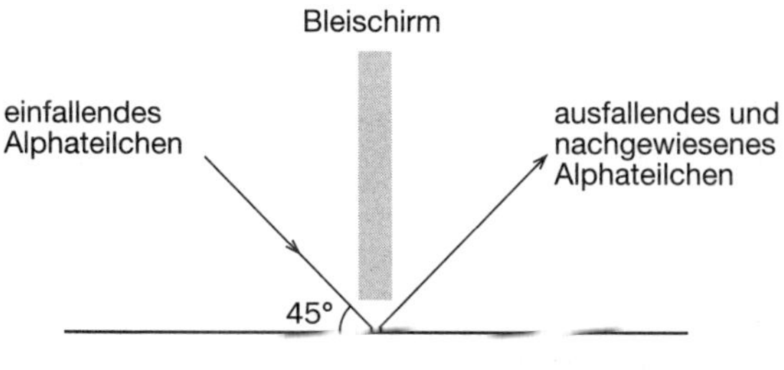

Abb. 7.1: Streuung von Alphateilchen: Das Alphateilchen trifft von links auf die Folie und wird nach rechts abgelenkt, wo es nachgewiesen wird. Eine Bleiplatte in der Mitte verhindert, dass Alphateilchen direkt von der Quelle zum Detektor gelangen können.

haben, und so legte er noch einen dicken Bleiklotz zwischen Quelle und Zähler. Die Alphateilchen konnten das Blei nicht durchdringen, daher musste jedes im Zähler nachgewiesene Teilchen von der Folie gestreut worden sein. (Die starken elektrischen Felder innerhalb der Atome hatten die Alphateilchen nur um einen kleinen Winkel abgelenkt, doch Marsden suchte nun nach Teilchen, die um 90° abgelenkt wurden!) Er erwartete eigentlich nicht, irgendwelche Teilchen zu sehen, und war daher sehr erstaunt, als sein Detektor tatsächlich gestreute Alphateilchen nachwies. Schnelle Alphateilchen konnten also trotz ihres großen Impulses in einem rechten Winkel gestreut werden. Er kontrollierte alles ein zweites und ein drittes Mal, bis er sicher war, dass er nichts übersehen hatte, und er Rutherford diese Beobachtungen mitteilen konnte. Rutherford beschrieb später seinen Schock mit der berühmt gewordenen Bemerkung: »Es war, als ob man ein 38-cm-Geschoss auf ein Papiertaschentuch feuerte und dieses Geschoss zurückgeschleudert wurde und dich traf.« Wenn Alphateilchen von einer Folie, die nur ein Zehntausendstel Zentimeter dick

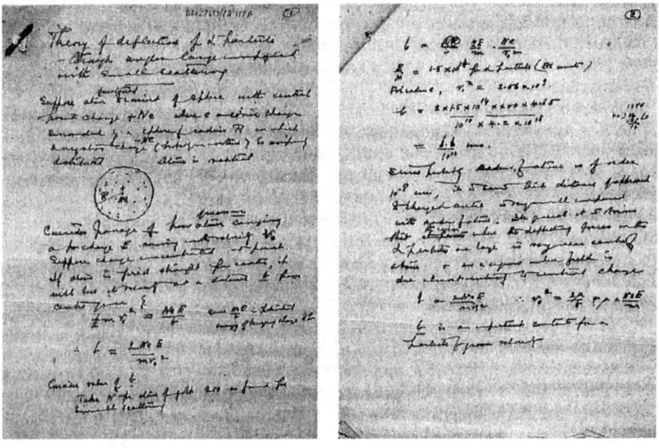

Abb. 7.2: Rutherfords Aufzeichnungen, in denen er die Größe des Atomkerns berechnet.

war, um 90° abgelenkt werden konnten, wie Marsden gezeigt hatte, dann mussten sie auf Felder getroffen sein, die milliardenfach stärker waren als alles, was man bisher kannte, und auch weitaus stärker als das, was Rutherford und Geiger gemessen hatten.

Fast ein Jahr lang grübelte Rutherford über den Grund dieser Resultate und ihre Bedeutung. Selbst nachdem er zu seiner für damalige Verhältnisse radikalen Erklärung gelangt war – dass nämlich die positive Ladung eines Atoms in einem kompakten, schweren Kern zusammengeballt ist –, hielt er sich mit einer Veröffentlichung dieser Idee noch zurück.

Während die leichten Elektronen die Alphateilchen kaum stören, sitzen die positiven Ladungen auf massiven Bällen im Zentrum des Atoms. Bei einem Element wie Gold ist dieser Kern sehr viel schwerer als ein Alphateilchen, daher kann er dem Eindringling standhalten und ihn mit seiner elektrischen Ladung zurückstoßen. »Gleiche Ladungen stoßen sich ab«, lautet die Regel, und der schwere Goldkern bleibt an seinem Platz, während er die einfallenden Alphateilchen ablenkt. Je genauer ein Alphateilchen auf einen Kern zufliegt, umso stärker wird es abgelenkt. Bei einem frontalen Zusammenstoß wird es gebremst und direkt zurückgestoßen.

In Wirklichkeit ist der Atomkern sehr klein, und die meisten Alphateilchen fliegen gerade oder fast gerade durch das Atom hindurch. Nur sehr selten werden sie unter einem großen Winkel abgelenkt. Diese seltenen Fast-Frontaltreffer waren die Ursache für die großen Ablenkungen, die Marsden nachgewiesen hatte und die zunächst als weit gestreute Teilchen in dem Experiment von Rutherford und Geiger aufgetaucht waren.

Rutherford berechnete, dass nahezu die gesamte Masse eines Atoms im Kern konzentriert sein muss, dass dieser jedoch nur ein Tausendstel eines Millionstels eines Millionstels des Volumens eines Atoms ausmacht. Er war selber so erstaunt darüber, dass seine Handschrift in seinen Aufzeichnungen, die in der Bibliothek der Universität von Cambridge aufbewahrt werden, fast unleserlich wird, als er den Satz schreibt: »... man erkennt, dass das geladene Zentrum sehr klein im Vergleich zum Atomradius ist.« Wie schon früher erwähnt, besteht das Atom zu 99,9999999999999 Prozent aus leerem Raum. Das ist nicht zuletzt deshalb sehr erstaunlich, weil harte Materie so undurchdringlich erscheint.

Dieses Bild des Atoms mit seinem Kern sollte sich die nächsten achtzig Jahre kaum verändern. In einem neutralen Atom halten sich die negativen Elektronen und die positiven Kerne gerade die Waage, zumindest, was die elektrische Ladung betrifft. Hinsichtlich der Masse eines Atoms sieht es ganz anders aus: Die positiven Kerne übertreffen diesbezüglich die negativen Elektronen um das mehrmals Tausendfache. Unsere Materie besteht aus riesigen Positiva und winzigen Negativa. Der exakten Ausgeglichenheit zwischen positiven und negativen Ladungen steht eine völlige Asymmetrie hinsichtlich der Massen gegenüber.

In den folgenden Kapiteln werden wir sehen, dass diese Asymmetrie im Herzen der Materie für unsere Existenz wesentlich ist. Doch zunächst wollen wir uns noch weiter mit dem von Rutherford entdeckten Atomkern beschäftigen. Auch er besitzt eine komplizierte Struktur, und die Enthüllung seiner Eigenschaften hat den Forschern auf ihrer Suche nach dem Geheimnis der Asymmetrien einen großen Schritt weitergeholfen.

Die Entdeckung des Protons und des Neutrons

Rutherford wusste, dass alle Atomkerne eine positive Ladung tragen und dass die schweren Elemente, wie Eisen, Blei oder Gold, mehr davon enthalten als ihre leichteren Gefährten, beispielsweise Wasserstoff, Kohlenstoff oder Stickstoff. Außerdem wächst die Ladungsmenge immer um eine bestimmte Einheit, wenn man im Periodensystem von einem Element zum nächsten geht, angefangen beim Wasserstoff bis hin zum Uran. Es hatte den Anschein, als ob es ein positiv geladenes Teilchen gibt, das allen Atomkernen gemein ist. Wir wissen heute, dass das stimmt. Dieses Teilchen wurde von Rutherford entdeckt, und er gab ihm den Namen »Proton« (nach dem griechischen Wort für »Erster«).

An diesem Projekt, das schließlich zur Entdeckung des Protons führen sollte, arbeitete Rutherford während des Ersten Weltkriegs. Zu dieser Zeit wurde er auch von der britischen Admiralität sehr in Anspruch genommen. Er hatte seine wissenschaftlichen Kenntnisse mehrfach nützlich einbringen können, beispielsweise bei der Entwicklung eines Systems zur Ortung von U-Booten (neben vielen anderen Dingen). Doch gleichzeitig erkannte er auch die herausragende Bedeutung der sich anbahnenden Entdeckung hinsichtlich der Struktur der Atomkerne. So entschuldigte er sich von einem Treffen bei der Admiralität mit der Begründung, »wenn er erreicht habe, was er vermute, dann sei das wichtiger als der Krieg«. Das war sicherlich eine prophetische Äußerung, insbesondere, wenn man bedenkt, welche Ereignisse rund 25 Jahre später den Zweiten Weltkrieg beendeten.

Bis 1932 war das Proton der einzige nachgewiesene Bestandteil des Atomkerns. Das änderte sich mit der Entdeckung des Neutrons, eines Teilchens mit nahezu derselben Masse wie das Proton. Diese Entdeckung klärte das Rätsel um das Periodensystem und die Isotope, und sie gab der Kernphysik ein einzigartiges Hilfsmittel in die Hand. Das Neutron trägt keine elektrische Ladung, daher ist es unempfindlich für die elektrische Barriere um den Atomkern und kann problemlos bis in den Kern vordringen. Mehr als irgendein anderes Teilchen hat das Neutron zur Erforschung des Atomkerns beigetragen.

James Chadwick hatte am 7. März 1911 als Student an dem Treffen der Philosophischen Gesellschaft von Manchester teilgenommen, bei dem Rutherford seine Entdeckung des Atomkerns bekannt gegeben hatte.

Die Idee von der Existenz eines Neutrons, eines neutralen Teilchens, das dem Proton in allem außer seiner elektrischen Ladung sehr ähnlich sei und das neben dem Elektron und dem Proton der dritte Baustein des Atoms sein sollte, wurde von Rutherford bei einem Vortrag vor der Royal Society am 3. Juni 1920 zum ersten Mal erwähnt. In diesem Zusammenhang spekulierte er über die Möglichkeit eines »ladungsfreien Atoms der Masse 1«. Er dachte dabei nicht unbedingt an ein elementares Teilchen, sondern eher an eine enge Verbindung zwischen einem Proton und einem Elektron. Bei dieser Gelegenheit erwähnte er auch, dass sich dieses Teilchen frei durch Materie bewegen könne. Da es im Gegensatz zu den Alphateilchen oder den Protonen nicht vom Atomkern abgestoßen würde, sollte sich das Neutron auch als sehr effektives Hilfsmittel zur Erkundung des Atomkerns eignen.

Zu dieser Zeit war Chadwick bereits ein Assistent von Rutherford. Er war bei dem Vortrag von Rutherford vor der Royal Society anwesend, und so hörte er von der Vermutung zur Existenz des Neutrons, des fehlenden Glieds beim Aufbau des Atomkerns. Dieses Erlebnis hatte für Chadwick weit reichende Folgen, denn zwölf Jahre später sollte er den Nobelpreis für den Nachweis des Neutrons erhalten, und zwar für den Beweis, dass Rutherford Recht hatte. Demgegenüber hatte Irene Joliot-Curie (eine Tochter von Marie und Pierre Curie) das Skript zu dem Vortrag von Rutherford und seiner Spekulation nicht gelesen (bei diesen Vorträgen wurden normalerweise keine neuen Ideen vorgestellt), und das mag dazu beigetragen haben, dass sie die Entdeckung des Neutrons 1931 verpasste.

Als Rutherford über das Neutron spekulierte, war noch nicht ein Jahr seit seiner Entdeckung des Protons vergangen. Immer noch plagten ihn Zweifel, ob er nicht durch irgendwelche Verunreinigungen getäuscht worden war, und so wollte er mit Chadwick zusammen die experimentellen Befunde niet- und nagelfest machen. Chadwick hatte ein Mikroskop entwickelt, mit dessen Hilfe das ermüdende Zählen der kritischen Szintillationen vereinfacht wurde, und 1920 konnten sie mit den gemeinsamen Messungen beginnen. Zur Vorbereitung ihrer Augen auf die Registrierung der schwachen Blitze saßen sie vor ihrer Arbeit eine halbe Stunde zusammen in einem dunklen Raum und unterhielten sich ausgiebig. Bei dieser Gelegenheit erläuterte Rutherford Chadwick im Detail seine Vorstellungen vom Neutron und seine Gründe, warum es existieren müsse.

Rutherford fragte sich, wie jedes einzelne Element aufgebaut sei. Das Periodensystem der Elemente galt nach sorgfältigen chemischen Untersuchungen als gesichert. Beginnend mit Wasserstoff, dann Helium usw., hat jedes Element in dieser Reihe seinen Platz, den man auch als »Atomzahl« bezeichnet. Rutherfords Untersuchungen der Atomkerne hatten ergeben, dass die Atomzahl für jedes Element identisch ist mit der positiven Ladungsmenge seines Atomkerns. Die Atomzahl entspricht daher der Anzahl der Protonen in einem Atomkern. Das war so weit in Ordnung. Doch auch die relativen Gewichte der Atomkerne dieser Elemente waren bekannt, und wenn man im Periodensystem nach oben geht, nimmt das Gewicht der Kerne schneller zu als die Atomzahl; bei Eisen beträgt es bereits das Doppelte, bei Uran nahezu das Dreifache. Helium beispielsweise hat die Atomzahl 2 und das Gewicht 4, Stickstoff hat die Atomzahl 7 und das Gewicht 14. Bei den schwereren Elementen wächst dieses Verhältnis, und bei Uran mit einer Atomzahl von 92 findet man manchmal ein Gewicht von 235, öfter jedoch ein Gewicht von 238. Rutherford vermutete, dass es noch einen elektrisch neutralen Zwillingsbruder zum Proton gebe, der sich ebenfalls im Atomkern befindet. Je mehr dieser neutralen Teilchen in einem Kern vorhanden sind, umso größer ist die Masse, ohne dass sich jedoch die Ladung ändert. Der Unterschied zwischen der Atomzahl und dem Gewicht ließe sich somit durch die Anzahl der Neutronen verstehen. Mit dieser Idee ließ sich auch das Phänomen der Isotope erklären, also dass ein einzelnes chemisches Element wie Uran mit unterschiedlichen Atomgewichten auftreten kann. In diesen Fällen muss die Anzahl der Neutronen unterschiedlich sein. Aus diesen Dunkelkammergesprächen mit Rutherford entwickelte sich bei Chadwick die Überzeugung, dass das Neutron Wirklichkeit sein müsse. Das Problem war nur, wie man es nachweisen könnte.

Der entscheidende Beitrag auf dem Weg zu seiner Entdeckung kam 1928 von Walther Bothe und Herbert Becke aus Deutschland. Sie hatten leichte Elemente mit Alphateilchen bombardiert, unter anderem auch Beryllium, und dabei entdeckt, dass Gammastrahlen mit einer vorher noch nie beobachteten Intensität emittiert wurden. Noch seltsamer war jedoch, dass die Energie dieser Strahlung offenbar größer war, als es nach den Gesetzen der Physik erlaubt gewesen wäre, es sei denn, der Berylliumkern zerfiel bei diesem Prozess.

Diese Ergebnisse waren mehr als überraschend, und zwei Gruppen machten sich sofort daran, das Phänomen zu wiederholen. In Frankreich arbeitete Irene Joliot-Curie mit ihrem Ehemann Frédéric Joliot zusammen, und in England setzte Chadwick einen Studenten auf das Problem an.

Eine wichtige Entdeckung folgte um die Mitte des Jahres 1931, als dieser Student bemerkte, dass die Strahlung von Beryllium in Vorwärtsrichtung (d. h. der Richtung der einfallenden Alphateilchen) intensiver war als in Rückwärtsrichtung. Das würde man erwarten, wenn die Strahlung aus massiven Teilchen besteht, die zunächst im Beryllium ruhen und dann durch die auftreffenden Alphateilchen herausgestoßen werden. Demgegenüber haben Gammastrahlen keine Masse und sollten wie das Licht einer Lampe in alle Richtungen gleichermaßen emittiert werden. Chadwick war überzeugt, dass es sich hier um das Neutron handelte und dass die Deutschen es übersehen hatten.

In der Zwischenzeit wiederholten auch Joliot und Curie in Frankreich das Experiment der Deutschen. Ihr Vorteil war, dass sie Zugang zu großen Mengen an Polonium hatten, einer intensiven Quelle von Alphastrahlung. Das Radiuminstitut von Marie Curie erhielt immer die verbrauchten Radon-Kapseln, die in der Krebsbehandlung verwendet wurden und die, nachdem das Radon zerfallen war, für die Ärzte keinen Nutzen mehr hatten. Doch die Zerfallsprodukte enthielten Polonium 210. Joliot und Curie hatten chemische Verfahren entwickelt, das Polonium aufzubereiten, und so hatten sie in Paris mehr Polonium angesammelt, als es sonst irgendwo auf der Welt gab.

Polonium erzeugt einen Strahl von Alphateilchen, mit dem das Beryllium beschossen wurde, das daraufhin die seltsame Strahlung emittierte. Vor der Französischen Akademie der Wissenschaften verkündete Irene Joliot-Curie am 28. Dezember 1931, dass sie diese Strahlung ebenfalls gesehen habe und dass sie in ihren Experimenten sogar noch intensiver war, als es die Deutschen beobachtet hatten. Joliot und Curie gingen nun einen Schritt weiter. Sie platzierten hinter dem Beryllium andere Materialien, um zu überprüfen, ob die rätselhaften Strahlen Protonen aus der Materie herausschlagen würden, wie das bei Alphastrahlen der Fall war. Auch hier waren sie erfolgreich. Die seltsame Strahlung schlug Protonen aus der Materie in einer Weise, wie beim Billard der Spielball einen zweiten Ball aus einem Pulk anderer Bälle herausschlagen kann. Doch beim Billard haben alle Bälle dieselbe Masse. Die Reaktion des Protons auf die seltsame Strahlung war genau so, wie man es auch erwarten würde, wenn die Strahlung aus Teilchen mit einer ähnlichen Masse wie der des Protons bestünde. Im Nachhinein ist es erstaunlich, dass Joliot und Curie die seltsame Strahlung für Gammastrahlen hielten und nicht für massive Neutronen, anderenfalls wäre ihnen der Nobelpreis für diese Entdeckung sicher gewesen. Ihr Scheitern mag damit zusammenhängen, dass sie das Skript von Rutherfords Vortrag nicht gelesen hatten und daher nichts von der Idee über ein massives neutrales Teilchen wussten. Da sie ebenso wie vor ihnen die Deutschen nur an Gammastrahlen dachten, missinterpretierten sie ihre Beobachtungen.

Anfang Februar 1932 erfuhr Chadwick von ihrer Arbeit, und er erkannte sofort, dass Joliot und Curie einen fatalen Fehler begangen hatten. Gammastrahlen haben keine Masse. Sie können zwar problemlos leichte Fermionen aus einem Atom herausschlagen, doch ein 2000-mal schwereres Proton würde von ihnen kaum beeinflusst. Er erzählte Rutherford von der französischen Vermutung. Rutherford glaubte zwar den Beobachtungen, doch die Interpretation hielt er ebenfalls für falsch.

Chadwick war nun von der Existenz des Neutrons überzeugt, doch er konnte es nicht beweisen. Er wollte das Neutron finden, bevor das französische Team seinen Fehler erkannte, und er machte sich sofort an die Arbeit. Für zehn Tage arbeitete er Tag und Nacht wie im Fieber; dann hatte er den Beweis. Es war eine der schnellsten, intensivsten und weitreichendsten Entdeckungen in der Geschichte der Physik.

Chadwick hatte eine Strahlungsquelle für Alphateilchen und wiederholte zunächst sorgfältig das Experiment von Joliot und Curie, um seine experimentelle Anordnung zu testen. Dann betrat er Neuland: Er bestrahlte eine ganze Reihe von Elementen mit der seltsamen Strahlung. Aus jedem der Elemente wurden Protonen herausgeschlagen, sogar aus dem Gold in Rutherfords Nobelmedaille. Auch die Anzahl der Protonen war in allen Fällen ähnlich, und, was das Wichtigste war, ihre Energien waren höher, als es hätte sein können, wenn es sich bei der mysteriösen Strahlung um Gammastrahlen gehandelt hätte.

Chadwick hatte einen wesentlichen Punkt erkannt: Falls es sich bei der Strahlung tatsächlich um Gammastrahlen gehandelt hätte, so hätte deren Energie bei der Bestrahlung von schweren Elementen größer werden müssen, um eine entsprechende Anzahl von Protonen aus den schwereren Kernen zu lösen. Bestand die Strahlung jedoch aus neutralen Teilchen mit einer der Protonenmasse vergleichbaren Masse, so würden – ähnlich wie bei den Billardkugeln – die Protonen nahezu unabhängig von der Größe ihres Heimatkerns herausgeschlagen.

Mit einem Strahl natürlicher Alphateilchen war somit das Geheimnis des Neutrons aufgebrochen worden. In kaum zehn Tagen und Nächten hatte Chadwick die Existenz dieses dritten Bestandteils der Materie nachgewiesen. Nun ließ sich leicht erklären, warum das Atomgewicht von der Atomzahl verschieden ist. Die Atomzahl entspricht dem Platz im Periodensystem und ist durch die Kernladung bzw. die Anzahl der Protonen bestimmt. Durch das Neutron erhält der Kern zusätzliche Masse, ohne dass sich die Ladung verändert.

Die Entdeckung des Neutrons war von so großer Bedeutung, dass sie allgemein als der eigentliche Beginn der Kernphysik angesehen wird. Nun konnte man damit beginnen, den Aufbau der Materie zu verstehen.

Atom und Atomkern

Nach dem bisher Gesagten ergibt sich folgendes Bild: Der Atomkern besteht aus Protonen und Neutronen. Die Protonen tragen eine positive elektrische Ladung und ziehen dadurch die Elektronen an, die das Atom aufbauen. Durch die Neutronen wird der Kern schwerer, doch sie verändern nicht seine elektrische Ladung und beeinflussen daher auch nicht die Elektronen, die sich in einiger Entfernung vom Kern aufhalten. Die Neutronen tragen nur zur Stabilisierung des Atomkerns bei.

Atome eines bestimmten chemischen Elements können in ihrem Kern eine unterschiedliche Anzahl von Neutronen besitzen. Diese Formen desselben Elements bezeichnet man als Isotope. Auf der Erde ist die relative Häufigkeit der verschiedenen Isotope der chemischen Elemente gut bekannt, doch in anderen Bereichen des Universums können die Isotope eine unterschiedliche Verteilung haben. Die relative Häufigkeit der Isotope ist wie ein Fingerabdruck, aus dem sich der Ursprung des Materials ablesen lässt – beispielsweise ob das Material von der Erde stammt oder aus dem Weltraum. Auf diese Weise wurde der außerirdische Ursprung der Murchison-Meteore (Seite 99) nachgewiesen.

Die positiv geladenen Protonen halten die Elektronen zu einem atomaren Verband zusammen. Hinsichtlich der Ladung ist das neutrale Atom vollkommen ausgeglichen – eine perfekte Harmonie. Die Massen sind jedoch sehr einseitig verteilt. Ein Proton oder Neutron ist ungefähr 2000-mal schwerer als ein Elektron, mit dem Ergebnis, dass der Atomkern massiv und schwerfällig ist, während die Elektronen leicht und beweglich sind. Elektronen springen zwischen den Atomen hin und her und erzeugen so die chemische Bindung der Moleküle und bestimmen deren Gestalt. Wir haben gesehen, dass manche Moleküle »Spiegelbildisomere« bilden können und dass viele Lebensformen ein bestimmtes Spiegelbildisomer bevorzugen und das gespiegelte Molekül ablehnen. Wir werden später einige Vorstellungen kennen lernen, wie es dazu kommen konnte und warum sich unsere DNA und die Aminosäuren in eine Richtung aufrollen, während man die Spiegelbilder zumindest in lebenden Organismen nicht findet.

Erst seit vergleichsweise kurzer Zeit weiß man, dass sich diese asymmetrischen Strukturen vermutlich aus einem symmetrischen Ausgangszustand entwickelt haben. Unser Bild der atomaren Struktur, wie es sich zu Beginn des 20. Jahrhunderts etabliert hat, entspricht der Materie unter den vergleichsweise kalten Bedingungen unserer Umgebung. Doch im Zentrum von Sternen oder unter den extremen Bedingungen des Big Bang sieht bzw. sah es ganz anders aus.

Eine ähnliche Geschichte gilt für die Kräfte in der Natur, welche die fundamentalen Teilchen zusammenhalten. Sowohl die Kräfte als auch die fundamentalen Teilchen selber haben sich von einer ursprünglichen Einheit zu der heute bekannten Vielfalt unterschiedlicher Formen entwickelt. Die uns vertrauten reichhaltigen Strukturen entstanden aus einer hohen Symmetrie, die in den ersten Augenblicken des Universums – bei jenem einzigartigen Geschehen, das wir als Big Bang bezeichnen – vorherrschte. Wenn wir uns in der Zeit zurück auf diesen Augenblick zubewegen, beginnen wir diese Symmetrie und vielleicht sogar die wahre Harmonie des Universums zu erahnen. Auf diese Reise werden wir uns in den nächsten Kapiteln begeben.

Kapitel 8

ERSTE ANZEICHEN EINER SYMMETRIE

In den Stunden vor Sonnenaufgang lassen sich die Fischer von den Sternen und den Gezeiten sicher nach Hause leiten; Amateurastronomen treffen sich zu einer bestimmten Stunde an irgendeinem abgelegenen Teil dieser Welt, um zu beobachten, wie sich der Mond vor die Sonne schiebt; Satelliten kreisen über uns; Raumschiffe bringen Menschen zum Mond oder nutzen die Schwerkraft des Jupiters wie eine Schleuder zur Erkundung unseres Sonnensystems. In all diesen Fällen (und noch vielen mehr) spielt die Gravitationskraft die Hauptrolle. Newton hatte erkannt, dass der Fall eines Apfels, das Auf und Ab der Gezeiten und unsere Beziehungen zu den Sternen auf ein und derselben Kraft beruhen. Seitdem kennen wir die Regeln und sind in der Lage, die Zeitpunkte astronomischer Ereignisse mit hoher Genauigkeit und Sicherheit zu berechnen.

Wenn Sie (wie ich) an Höhenangst leiden und nicht über das Geländer eines hohen Gebäudes blicken können, dann muss ich Sie von der Wirkung der Gravitationskraft nicht weiter überzeugen. Wir lernen schon früh, dass es nicht ratsam ist, über den Rand einer Klippe zu treten. Trotzdem erscheint es wie ein Wunder, woher die Erde »weiß«, dass wir da sind, weit entfernt und für einen Augenblick in der Luft schwebend, bevor wir zu einem letzten Sturzflug beschleunigt werden. Und noch seltsamer ist es, wie die Sonne – von der Erde aus betrachtet, kaum größer als ein Daumennagel – uns und die Planeten aus fast einhundertfünfzig Millionen Kilometern Entfernung zu einem kosmischen Tanz durch den leeren Raum einfangen kann.

Die fundamentale Einsicht Newtons bestand darin, dass die Anziehungskraft der Gravitation zwischen zwei Körpern kleiner wird, wenn ihr Abstand zunimmt, und zwar umgekehrt zum Quadrat ihres Abstands. Dieses Verhalten ist sehr wesentlich. Wir werden von der Erde festgehalten, die wiederum um die Sonne kreist. Die Schwerkraft weit entfernter Sterne ist dagegen vernachlässigbar. Wäre die Kraft der Gravitation jedoch unabhängig vom Abstand, so würden wir unter anderem von der Schwerkraft riesiger Galaxien am Rand unseres Kosmos beeinflusst. Doch so wie die Sache steht, haben einzelne Galaxien auf uns keinen Einfluss. Die Gezeiten, Sonnenfinsternisse und unsere Raumschiffe werden durch die gravitativen Einflüsse der Sonne, lokaler Planeten und Monde bestimmt und können von uns genau berechnet werden. Der Grund, warum die Gravitation mit dem Quadrat des Abstands schwächer wird, hängt eng mit der dreidimensionalen Natur unseres Raumes zusammen und der Tatsache, dass die Gravitation den gesamten Raum ausfüllt. Ein schwerer Körper wie unsere Erde oder die Sonne streckt in gewisser Hinsicht seine gravitativen Fangarme in den Raum aus, und zwar in alle Richtungen gleichermaßen.

Die Bahn der Erde um die Sonne ist fast kreisförmig. Stellen wir uns für einen Augenblick die Sonne in der Mitte eines Balls vor, dessen Radius mit dem der Erdbahn übereinstimmt. Die Anziehungskraft auf unserem Planeten ist an allen Punkten der Erdbahn die gleiche, und sie wäre es auch an allen Punkten auf der Oberfläche dieses imaginären Balls. Angenommen, wir würden nun auf eine Bahn gebracht, die doppelt so weit von der Sonne entfernt ist wie die der Erde. Die Oberfläche des entsprechenden imaginären Balls wäre nun vier Mal größer (denn die Fläche wächst mit dem Quadrat des Abstands). Nimmt man nun die Analogie ernst zwischen der Wirkung der Gravitationskraft und den Fangarmen, die sich symmetrisch in alle Richtungen des Raumes ausbreiten, wie Newton das getan hat, dann ergibt sich eine interessante Schlussfolgerung: Die Intensität der Gravitation in einem gegebenen Abstand würde sich gleichförmig über die Fläche des imaginären Balls verteilen. Da diese Fläche aber mit dem Quadrat des Abstands zunimmt, muss die Intensität der Gravitation umgekehrt mit dem Quadrat des Abstands abnehmen.

Diese Analogie verdeutlicht die enge, seit Newton bekannte Beziehung zwischen dem Verhalten der Gravitationskraft und der Dreidimensionalität unseres Raumes. Wir lernen hier etwas über die rätselhafte Erscheinung, wie eine Kraft zwischen zwei offensichtlich nicht miteinander verbundenen Körpern wirken kann: Der dazwischen liegende Raum ist irgendwie daran beteiligt. Auch diese Idee stammt von Newton und hat sich im Kern über 300 Jahre bis heute gehalten. Sie wurde durch die genialen Einsichten Einsteins in einer Form erweitert, die Newton sich kaum hätte träumen lassen. Die grundlegende Idee ist, dass es in einem ansonsten »leeren« Raum eine Art Spannung gibt, die sich in Form von Kräften auf Objekte in der unmittelbaren Nachbarschaft äußert. Den Einflussbereich dieser Spannung bezeichnet man als Feld, und das Gravitationsfeld der Erde beispielsweise erstreckt sich in den Raum und zieht Fallschirmspringer zum Boden zurück.

Die Erde besitzt auch ein Magnetfeld, das unter anderem Kompassnadeln dreht. Der geschmolzene Metallkern unseres Planeten wird durch die Rotation der Erde in Bewegung gehalten, und durch die Wärme werden die Atome ihrer äußeren Elektronen beraubt. Diese fliegen daher frei umher, mit dem Ergebnis, dass im geschmolzenen Erdkern elektrische Ströme fließen. Diese Ströme machen aus der Erde einen riesigen Magneten mit einem Nord- und einem Südpol und magnetischen Armen, die sich in den Raum erstrecken. Das Magnetfeld der Erde ist weitaus stärker als ihr Gravitationsfeld, und es beeinflusst eine Kompassnadel praktisch sofort. Seit Menschengedenken diente dieses Phänomen den Reisenden als Richtungsweiser, und es ist ein weiteres Beispiel für die scheinbare Wirkung einer Kraft über eine Distanz hinweg. Wie kann ein kleiner, kaum zentimetergroßer Magnet »wissen«, in welcher Richtung der möglicherweise einige tausend Kilometer entfernte Nordpol liegt? Wie bei der Gravitation haben wir uns an die Vorstellung eines magnetischen Feldes gewöhnt, das sich durch den Raum erstreckt und dessen Stärke bei großen Abständen abnimmt.

Doch nicht nur das Magnetfeld der Erde beruht auf elektrischen und magnetischen Kräften. Alles, was wir sehen, enthält elektromagnetische Felder, und sie sind für unsere Existenz von fundamentaler Bedeutung. Wir selber werden durch die elektromagnetischen Kräfte zwischen den Atomen und Molekülen zusammengehalten. Die elektromagnetische Kraft zwischen zwei Wasserstoffatomen ist beispielsweise 10^{40}-mal größer als die Gravitationskraft zwischen ihnen. Die gravitative Anziehung zwischen unserem Kopf und unseren Füßen ist sehr klein, doch die elektromagnetischen Kräfte geben unseren Gliedmaßen ihre Form und Struktur.

Bereits in der Schule lernen wir die Grundregel über das Verhalten elektrischer Ladungen: Entgegengesetzte Ladungen ziehen sich an und gleiche Ladungen stoßen sich ab. Beide Arten von Ladungen befinden sich in typischen Atomen, negativ geladene Elektronen in der äußeren Hülle und im Zentrum der positiv geladene Atomkern. Wenn sich Atome sehr nahe kommen, kann der positiv geladene Kern des einen Atoms die negativ geladenen Elektronen des anderen Atoms anziehen, so dass die beiden Atome noch ein wenig mehr zusammenrücken, mit dem Ergebnis, dass sich ganze Atomgruppen untereinander verstricken können und zu Molekülen verbinden. In der Chemie und der Biologie spielen die elektromagnetischen Kräfte die Hauptrolle.

Die Felsen der harten Erdkruste werden durch elektromagnetische Kräfte zusammengehalten, und durch sie entstehen Berge und Täler. Die gravitative Anziehung zwischen einzelnen Atomen ist vernachlässigbar klein. Allerdings addieren sich die Beiträge der einzelnen Atome in einem großen Gegenstand, und sobald der Durchmesser eines Gegenstands größer ist als 500 Kilometer, überwiegt die Gravitation. Es ist daher das Gewicht, die Schwerkraft, die das Ganze in Form einer großen Kugel zusammenhält. Die Gravitation bewirkt, dass große Gegenstände kugelförmig sind, die elektromagnetischen Kräfte geben der Oberfläche ihre Struktur. Bereits in Kapitel 2 hatten wir erwähnt, dass bei Bergen ab einer bestimmten Größe ihr Eigengewicht die chemischen Bindungen zwischen den Atomen aufbrechen würde: Die Felsen würden schmelzen und der

Berg würde in sich zusammensinken. Aus diesem Grund gibt es keine Berge von 100 Kilometern Höhe, und die Erde als Ganzes erscheint aus großer Entfernung betrachtet glatt und rund. Demgegenüber wird die Gestalt kleinerer Gegenstände durch die Gesetze bestimmt, wie sich die Atome untereinander verbinden können. Die daraus resultierenden Formen sind meist alles andere als nur langweilige Kugeln.

Die Kräfte der Natur

Die fundamentalen Kräfte der Gravitation und des Elektromagnetismus sind uns aus dem Alltag vertraut. Doch zusätzlich gibt es noch zwei weitere Kräfte, deren Einfluss im Zusammenhang mit dem Atomkern von Bedeutung ist. Eine dieser Kräfte ist stärker als die elektromagnetische Kraft, die andere ist schwächer. Dementsprechend sind sie als »starke« und »schwache« Kraft bekannt geworden, obwohl dies auch sehr irreführend sein kann, wie wir noch sehen werden. Dieses Viergespann von Kräften bestimmt unsere Existenz.

Stellen Sie sich eine Gruppe von Druiden bei Sonnenaufgang in Stonehenge vor. Alle vier Kräfte sind am Werk. Die erste Kraft, die *Gravitation*, hält die Steine auf der Erdoberfläche. Die *elektromagnetische* Kraft liefert das Morgenlicht, das auf diese Gruppe leuchtet. Die Helligkeit der Sonnenoberfläche ist das Ergebnis thermonuklearer Reaktionen im Inneren der Sonne: Wasserstoffkerne verschmelzen zu Heliumkernen, wobei Protonen in Neutronen umgewandelt werden. Diese Umwandlung erfolgt durch die *schwache* Wechselwirkung. (Bei dieser Reaktion entsteht Energie, die schließlich als Sonnenlicht durch den Raum zu uns gelangt und die uns mit genau der richtigen Wärme versorgt, die wir für das Leben brauchen.) Dass es überhaupt Kohlenstoff und die anderen lebensnotwendigen Elemente gibt, liegt an der vierten, der *starken* Kraft, ohne die unser Universum nur Wasserstoff enthielte.

Wasserstoff ist das einfachste Element. Es ist insgesamt im Universum am weitesten verbreitet und Hauptbestandteil der Sterne.

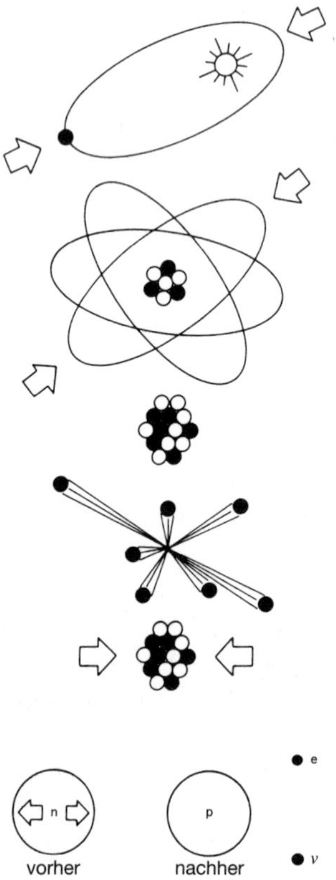

Gravitationskraft: Sie wirkt zwischen allen Teilchen, ist für jede Form von Materie anziehend und ist die Bindungskraft für Sonnensysteme und Galaxien.

Elektromagnetische Kraft: Entgegengesetzte Ladungen ziehen sich an. Die Wolke negativ geladener Elektronen wird durch den positiv geladenen Atomkern zusammengehalten. Sie ist die Bindungskraft der Atome.

Starke Kraft: Der Atomkern enthält Protonen. Gleichartige Ladungen stoßen sich über die elektromagnetischen Kräfte ab. Der Atomkern fällt jedoch nicht auseinander, weil die starke Kraft Protonen und Neutronen anzieht und sie zum Kern verbindet. Heute wissen wir, dass diese Kraft eine Sekundärerscheinung einer noch stärkeren Kraft ist (manchmal als **Colour-Kraft** bezeichnet), die zwischen den Quarks im Inneren der Protonen und Neutronen wirkt.

Schwache Kraft: Sie verursacht den radioaktiven Zerfall einiger Kerne. Ein Neutron zerfällt, emittiert dabei ein Elektron und wird zu einem Proton. In dieser Form ist die schwache Kraft ungefähr tausend Mal schwächer als die starke Kernkraft. Doch bei hohen Energien wird diese Kraft stärker und verhält sich ähnlich wie die elektromagnetische Kraft. Bei sehr hohen Energien scheinen die elektromagnetische Kraft und die schwache Kraft eng zusammenzuhängen.

Abb. 8.1: Die vier fundamentalen Kräfte.

Demgegenüber ist Wasserstoff auf der Erde sehr selten. Sobald es einmal seinem natürlichen Gefängnis, dem Wassermolekül H_2O, entronnen ist, strömt es in die obersten Schichten der Atmosphäre und von dort in den freien Raum. Unser Heimatplanet, die Erde, enthält sehr viele andere Elemente, unter ihnen Kohlenstoff in unseren Körpern, Stickstoff und Sauerstoff in der Luft und Gold in der Bank! Diese Elemente bestehen alle aus Atomen, in deren Zentrum sich ein Atomkern befindet, der eine große Anzahl eng zusammengepackter Protonen enthält. Die goldene Regel der elektromagnetischen Kraft besagt, dass sich gleichartige Ladungen abstoßen, und daher erscheint es zunächst paradox, dass so viele positiv geladene Protonen zusammenbleiben können. Verantwortlich dafür ist die starke Kraft, die zwischen Neutronen und Protonen, sobald diese sich berühren, sehr stark anziehend wirkt und die dann die elektrische Abstoßung überwiegt.

Alle vier Kräfte sind für die Entstehung und Entwicklung von Leben notwendig. Die starke Kraft hält die Atomkerne zusammen; die schwache Kraft ist für die Umwandlung der Elemente in den Sternen verantwortlich und hilft so, das reichhaltige Periodensystem aufzubauen; die elektromagnetische Kraft wirkt auf die Elektronen und hält Atome und Moleküle zusammen; und die Gravitation ist notwendig, damit Sterne überhaupt erst einmal entstehen und existieren können. Die Stärke und die charakteristischen Eigenschaften dieser Kräfte sind untereinander eng verkoppelt. Wäre beispielsweise die schwache Kraft nur rund drei Mal stärker, als sie es in Wirklichkeit ist, so wäre die Leben spendende Wärme der Sonne bereits vor langer Zeit erloschen. Wäre andererseits diese Kraft nur etwas schwächer, so wären vermutlich die Lebens notwendigen Elemente in den Sternen noch nicht einmal »gebacken« worden.

Wir beginnen heute, die Beziehungen zwischen diesen Kräften zu verstehen, doch wir wissen immer noch nicht, warum ihre relativen Stärken so sind, wie sie sind. Später werden wir zumindest einige Ansatzpunkte zur Beantwortung dieser Fragen kennen lernen. Langsam beginnen wir, erste Symmetrien zwischen diesen Kräften zu erkennen.

Der Glaube an eine tiefer liegende, vereinheitlichende Verbindung zwischen oberflächlich betrachteten verschiedenen Phänomenen hat sich in der Wissenschaft seit Jahrhunderten als erfolgreiches Konzept erwiesen. Dass fallende Gegenstände, die Gezeiten, die Planetenbahnen und die Bewegung ganzer Galaxien nur verschiedene Manifestationen einer universellen Gravitationskraft sind, war eine der ersten großen Erkenntnisse dieser Art. Kämmen Sie Ihr Haar an einem trockenen Tag, und möglicherweise springen Funken; hängen Sie einen Magneten an einen dünnen Faden, und er wird sich zur Nord-Süd-Achse ausrichten. Es ist alles andere als offensichtlich, dass diese elektrischen und magnetischen Phänomene zusammenhängen. Doch genau das hatte Maxwell erkannt (Seite 108f.) und seine vereinheitlichte Beschreibung des Elektromagnetismus geschaffen.

Der Elektromagnetismus umfasst heute auch die Theorie der Atomstrukturen sowie die Bereiche Elektronik, Optik und Telekommunikation. Als Becquerel, das Ehepaar Curie und Rutherford die Beta-Radioaktivität entdeckten, hat keiner von ihnen auch nur im Entferntesten an eine Beziehung zum Regenbogen gedacht. Heute kennen wir diese Beziehung, und wir werden später noch darauf zu sprechen kommen. Die Symbiose zwischen der schwachen, für die Radioaktivität verantwortlichen Kraft und der elektromagnetischen Kraft zeigt sich erst unter Bedingungen, bei denen die relevanten Energien bzw. Temperaturen weit höher sind, als wir es im Alltag gewohnt sind. Seit dieser Entdeckung in den achtziger Jahren des 20. Jahrhunderts suchen die Physiker nach dem »Heiligen Gral« der ultimativen Theorie. Dabei konzentrieren sie sich zunehmend auf die extremen Bedingungen zu Beginn unseres Universums, weil sie dort die perfekte Symmetrie der Naturgesetze am ehesten zu finden glauben.

Wenn man in der modernen Kosmologie von einem Credo der Schöpfung sprechen kann, so lautet es: Am Anfang war das Universum symmetrisch. Wäre das nicht der Fall gewesen, würde unser

Sinn für Ästhetik sofort nach dem »Warum« fragen und nach einer tiefer liegenden Erklärung suchen. Dieser Glaube an eine ursprüngliche Symmetrie wird durch viele Beispiele bestärkt, aus denen wir schließen können, dass die »heutigen« Asymmetrien des Universums – dazu zählen z. B. die völlig unterschiedlichen Stärken und Eigenschaften der fundamentalen Kräfte – sich aus sehr viel symmetrischeren Bedingungen in der frühen Geschichte des Universums entwickelt haben. Wir wissen, dass das Universum ursprünglich heißer war, als es heute irgendein Stern ist, und insbesondere wesentlich heißer als die Temperatur des leeren Raumes (klirrende –270 °C, d. h. 3 °C über dem absoluten Nullpunkt).

Unter solch extremen Bedingungen verhält sich Materie sehr ungewöhnlich. Beispielsweise sind die Verhältnisse auf der Sonne vollkommen anders als auf der Erde. In unserer Welt werden die Protonen und Neutronen in stabilen Atomkernen zusammengehalten. Die elektrische Ladung dieser Kerne fängt vorbeifliegende Elektronen ein, und gemeinsam bilden sie Atome. Diese Atome sind die Grundbausteine unserer Materie, ob im festen Felsen, den flüssigen Ozeanen oder der gasförmigen Atmosphäre. Aus ihnen bestehen die unzähligen chemischen Verbindungen, denen unser Planet seine Schönheit verdankt. Im Vergleich zu Festkörpern sind die Atome in Flüssigkeiten und insbesondere in Gasen zunehmend frei, doch es handelt sich um dieselben Atome. Ob Dampf, Regen oder Schnee – die Grundsubstanz ist immer H_2O. Bei radioaktiven Zerfällen verändern sich zwar die Atomkerne, doch sie behalten eine ihnen entsprechende Elektronenwolke, so dass immer wieder Atome vorliegen. Mit steigender Temperatur bewegen sich die Atome jedoch immer schneller und stoßen mit zunehmender Wucht aufeinander. Oberhalb einiger tausend Grad, wie beispielsweise in der Sonne, reicht die Wucht dieser Stöße aus, um sämtliche Elektronen aus den Atomen herauszuschlagen. Bei solchen Temperaturen können Atome nicht mehr überleben, und ihre einzelnen Bestandteile – beim Wasserstoff z. B. Elektronen und Protonen – bilden unabhängig voneinander zwei elektrisch geladene Gase. Diesen Zustand der Materie bezeichnet man als »Plasma«.

Im heutigen Universum gibt es unzählige heiße Flecken wie die Sonne und riesige kalte Bereiche im interstellaren Raum. Leben könnte in keiner dieser beiden extremen Umgebungen entstehen. Leben benötigt eine gewisse Wärme, damit Prozesse wie der Stoffwechsel, das Wachstum und die Replikation der DNA effizient vonstatten gehen können. Doch bei zu viel Wärme würden die Atome in ihre Bestandteile zerlegt. In unserem Universum war sehr viel Zeit vergangen, bis die richtigen Bedingungen vorhanden waren. Wir leben heute in einem Universum, das 15 Milliarden Jahre hinter sich hat, seit es unter extremer Hitze bei einem Vorgang, den wir als »Big Bang« bezeichnen, geboren wurde. Während der ersten Augenblicke war das Universum heißer, als es heute unsere Sonne ist. Wenn wir mit einem Teleskop tief in den Weltraum hineinschauen und weit in die Zeit zurück (denn das Licht benötigt Zeit, um von den Sternen durch den Weltraum zu uns zu gelangen), so können wir heute bis zu einem Zeitpunkt von rund 100000 Jahren nach der Schöpfung zurückblicken. Wir können jedoch nicht in den Big Bang selber hineinsehen, weil die Hitze dort so immens war. Es wäre dasselbe, als ob wir durch die Oberfläche der Sonne hindurch in ihr Zentrum schauen wollten. Doch es ist nicht alles verloren, denn wir können uns unsere Kenntnisse über diesen Zustand stückweise erarbeiten, indem wir diejenigen Informationen auswerten, die zu uns auf die Erde gelangen.

Der Nachweis von Neutrinos erlaubt uns Rückschlüsse auf das geheimnisvolle Innere der Sonne. Neutrinos sind geisterhafte, elektrisch neutrale Teilchen, die bei der Verschmelzung der Kerne im Zentrum der Sonne entstehen, diese ungehindert verlassen und mit Lichtgeschwindigkeit (oder zumindest fast Lichtgeschwindigkeit) durch den Raum fliegen. Auf der Erde angekommen, können wir sie mit speziellen Detektoren nachweisen. Ihre Anzahl und Energie erlaubt Rückschlüsse auf die Bedingungen, unter denen sie entstanden sind. Kernphysiker können die Reaktionen zwischen Protonen und anderen Atomkernen, wie sie im Inneren der Sonne ablaufen, auch im Labor reproduzieren. Die Bedingungen, unter denen sich Protonen treffen, umwandeln, wieder auseinander fliegen oder Energie absorbieren, lassen sich alle in Experimenten auf der Erde messen. Diese Information können wir mit Modellen vergleichen, die Astrophysiker vom Inneren der Sonne und anderen Sternen aufgestellt haben. Man könnte sagen, dass die Sterne uns Faxe in Form von Licht und anderen Elementarteilchen zuschicken, die wir dann mit unseren Erfahrungen aus erdgebundenen Experimenten entziffern können.

Je höher die Temperatur, desto heftiger sind die Stöße zwischen den Teilchen im Plasma. Ganze Atomkerne können dabei auseinander gerissen und die gebundenen Energien freigesetzt werden. Beispielsweise sind Deuterium und Tritium schwere Formen – Isotope – von Wasserstoff, die neben dem Proton (das auch im Wasserstoff vorhanden ist) noch ein bzw. zwei weitere, fest gebundene Neutronen enthalten. In Culham, England, versucht eine Gruppe europäischer Wissenschaftler, eine Fusionsreaktion in Gang zu setzen und aufrechtzuerhalten, die an Effizienz die Sonne bei weitem übertrifft. Dazu werden Deuterium- und Tritiumkerne bei Energien zusammengestoßen, die Temperaturen von einigen hundert Millionen Grad entsprechen, also rund dem Zehnfachen der Temperatur im Inneren der Sonne. Unter diesen Bedingungen werden die Kerne gespalten, und es wird Energie frei, die zur Aufrechterhaltung des Experiments dient. Die Schwierigkeiten sind technischer Natur bzw. liegen in der Kontrolle des außerordentlich turbulenten elektrischen Plasmas. Grundsätzlich ist das Verhalten der Kernreaktionen bei diesen Temperaturen sehr gut verstanden. Die Kerne zerfallen zunächst in ihre Bestandteile, Protonen und Neutronen, die sich dann wieder zu stabileren Kombinationen verbinden.

Die einfachsten dieser Prozesse finden derzeit in der Sonne statt. Protonen, ihr Hauptbestandteil, kollidieren und verschmelzen. Über die schwache Wechselwirkung werden dabei einige der Protonen in Neutronen umgewandelt (wobei als Nebenprodukt die geisterhaften Neutrinos emittiert werden), und schließlich verbinden sie sich zum Kern des nächstschwersten Elements: Helium. Pro Sekunde verbrennt die Sonne ungefähr 600 Millionen Tonnen an Protonen und hinterlässt dabei Helium als Asche. Vier Millionen

Tonnen Materie werden pro Sekunde in Energie umgewandelt und als Sonnenlicht abgestrahlt. Hat ein Stern seine ursprünglichen Vorräte an Protonen verbraucht, lebt er von der Verschmelzung von Heliumkernen zu noch schwereren Elementen. In Laborexperimenten auf der Erde haben wir die Kollision von Heliumkernen und anderen Elementen bei den in Sternen vorherrschenden Energien (Temperaturen) nachvollziehen können und so Stück um Stück gelernt, wie ein Stern geboren wird, lebt und schließlich stirbt. Sterne »kochen« aus dem Ausgangsmaterial Wasserstoff die schwereren Elemente, einschließlich denen, die wir für das Leben brauchen. Durch diese Einsichten sind wir heute in der Lage, die relativen Häufigkeiten der Elemente zu erklären. Die weite Verbreitung von Kohlenstoff und Sauerstoff ist ebenso verstanden wie die Seltenheit (und daher der Wert) von Gold.

Einige Details müssen noch geklärt werden, beispielsweise zu den Vorgängen während der unvorstellbar heftigen Explosion einer Supernova. Hier könnte es zur Fusion von sehr kurzlebigen radioaktiven Kernen kommen, die zerfallen und sich umordnen, bevor sie dann in einer stabileren Form in den Kosmos geschleudert werden und dort Planetensysteme wie das unsrige anreichern. Wollen wir mehr darüber erfahren, müssen wir seltene und instabile nukleare Isotope bei Energien in Kontakt bringen, die den Energien bei einer Supernovaexplosion entsprechen. Die technischen Schwierigkeiten bestehen darin, diese seltenen Isotopenspezies in dichten Strahlen zu bündeln. Bei Kernphysikern steht dieses Projekt ganz oben auf der Wunschliste, doch grundsätzlich sind die Regeln bekannt: Zwischen Neutronen und Protonen wird es zu einem intensiven und häufigen Partnertausch kommen.

Außerirdische Besucher

Bei noch höheren Energien setzen neuartige Prozesse ein, wie Experimente hier auf der Erde bestätigt haben. Und aus der kosmischen Strahlung wissen wir, dass diese Vorgänge auch im Universum stattfinden. Bei der kosmischen Strahlung handelt es sich um Teilchen, die kleiner sind als Atome und die ständig aus dem Himmel auf uns herabregnen. In jeder Sekunde wird jeder von uns von vielen Millionen solcher Teilchen getroffen, ohne dass wir etwas davon spüren. Sie sind vor langer Zeit tief im Weltraum bei ungeheuren Sternexplosionen entstanden. Durch elektrische und magnetische Felder im interstellaren Raum werden diese Überreste zu riesigen Geschwindigkeiten beschleunigt, so dass manche der Teilchen Energien haben, die weit über das auf der Erde Bekannte hinausgehen. Einige von ihnen, die unserem Planeten nahe kommen, werden von den magnetischen Armen der Erde eingefangen und herangezogen, bis sie auf die obere Atmosphäre treffen. Unter der Wucht dieser Kollisionen werden die Luftatome in kleine Teile gespalten, die dann zur Erde schießen.

Kosmische Teilchen sind zwar kleiner als Atome, trotzdem können wir sie wahrnehmen. Sollten Sie weit genug im Norden wohnen, haben Sie ihre Wirkung vielleicht schon mit eigenen Augen gesehen. Das Nordlicht entsteht, wenn kosmische Teilchen durch die magnetischen Pole der Erde zu gebündelten Strahlen konzentriert werden und die Atome in der oberen Atmosphäre zur Emission von Licht anregen. Mit vergleichsweise einfachen Instrumenten kann man Teile der kosmischen Strahlung auch direkt beobachten. Die Teilchen können in einer mit elektrischen Drähten gefüllten Kammer Kurzschlüsse auslösen, und die dabei erzeugten Funken lassen die Flugbahn der Teilchen in dieser »Funkenkammer« erkennen. In seltenen Fällen können sie auch Ihre Computerchips beeinflussen oder sogar zu einem Systemzusammenbruch führen.

Kosmische Strahlen haben so hohe Energien, dass bei ihrer Kollision mit den Atomen in der oberen Atmosphäre kurzlebige exotische Teilchen erzeugt werden, mit denen man ursprünglich nicht gerechnet hatte und die den Wissenschaftlern aus ihren erdgebundenen Laboratorien auch nicht bekannt waren. Jede umfassende Theorie des Universums muss erklären können, warum diese Teilchen existieren. Die Entdeckung dieser exotischen, »seltsamen« Teilchen vor rund einem halben Jahrhundert trug entscheidend zur

Entwicklung der modernen Wissenschaft der Hochenergiephysik bei. Unter anderem begann man, Protonen und Elektronen zu hohen Energien zu beschleunigen und so die kosmische Strahlung zu simulieren.

Aus der Art der kosmischen Strahlung können wir auf gewaltige Prozesse im Universum schließen, doch diese Strahlung erreicht uns nur unregelmäßig, und sie warf ursprünglich mehr Fragen auf, als dass sie Antworten gab. Wer hat diese seltsamen Teilchen bestellt? Weshalb sind sie so, wie sie sind? Was ist ihre Beziehung zu dem bekannten Proton und Neutron, die das Fundament der uns bekannten Form von Leben bilden? Sind sie für die Existenz des materiellen Universums notwendig? Und so weiter! Zur Beantwortung dieser und anderer Fragen begann die Ära der »Atomzertrümmerer« – riesiger Teilchenbeschleuniger, mit denen sich die Energien der kosmischen Strahlung und die Erzeugung der flüchtigen exotischen Teilchen unter kontrollierten Bedingungen nachstellen lassen. Ursprünglich wollte man so die Natur und die Struktur der Materie besser verstehen, doch in den letzten Jahren entwickelte sich diese Forschung mehr und mehr auch zu einer Untersuchung des frühen Universums, wo die Temperaturen riesig und die Energien der umherschwirrenden Teilchen entsprechend groß waren. In modernen Beschleunigern, wie beispielsweise am CERN in Genf in der Schweiz, finden Teilchenkollisionen bei Energien statt, die höher sind als die Energien in den Zentren der meisten exotischen Sterne und durchaus vergleichbar mit den Energien im frühen Universum. Mit solchen Experimenten an Hochenergie-Teilchenbeschleunigern können wir uns den Bedingungen im Universum kurz nach dem Big Bang noch weiter nähern.

Hier verbinden sich die Teilchenphysik (die sich mit Experimenten an Elementarteilchen beschäftigt) und die Kosmologie (die Theorien über die Struktur und Entwicklung des Universums als Ganzes aufstellt), und gemeinsam haben sie zu Einsichten geführt, die für eine der beiden Wissenschaften allein kaum möglich gewesen wären. Teilchenphysiker schauen tief in die Materie und haben die Natur der kurzlebigen exotischen Teilchen in der kosmischen

Strahlung identifiziert. Sie haben den Grund gefunden, warum diese und ihre Partner Teil einer so umfangreichen Familie sind: Das Proton, das Neutron und ihre »seltsamen« Verwandten sind keine fundamentalen Bausteine der Materie. Zu Beginn des 20. Jahrhunderts dachten wir, wir hätten das grundlegende Alphabet der Natur gefunden, doch dann mussten wir erkennen, dass es sich wie beim Morse-Kode aus Kombinationen von Punkten und Strichen zusammensetzen lässt. 1964 erkannten die Amerikaner Murray Gell-Mann und Georg Zweig unabhängig voneinander, dass sie für alle Teilchen, die an der starken Wechselwirkung teilnehmen, einen solchen Kode angeben können. Das Analogon zu den Punkten und Strichen sind kleine Teilchen, die Gell-Mann als »Quarks« und Zweig als »Aces« (Asse) bezeichnete. Der Name »Quarks« hat sich durchgesetzt. Es stellte sich rasch heraus, dass es sich hier um mehr als nur eine einfache Kodierung handelte. Mit manchen Experimenten lässt sich in das Innere der Protonen schauen, und dabei hat man die Quarks »gesehen«. Heute wissen wir, dass es sich bei einem Proton eigentlich um einen Schwarm von Quarks handelt, die durch die starke Wechselwirkung miteinander »verklebt« sind.

Wie Anthropologen haben die Teilchenphysiker die Quarks untersucht und ihr Verhalten studiert und dabei erste Anzeichen für eine tiefer liegende Symmetrie entdeckt.

Die so genannten starken Kräfte zwischen Protonen und Neutronen in einem Atomkern sind nur die schwachen Überreste einer noch stärkeren Kraft, welche die Quarks aneinander bindet. In der ersten Milliardstel Sekunde nach dem Big Bang waren die Quarks die unmittelbaren Bausteine der Materie. Aus Experimenten wissen wir, dass die starke Wechselwirkung bei Energien, wie sie zu dieser Zeit vorherrschten, einen ganz anderen Charakter hat. Unter diesen Bedingungen bewegen sich die Quarks praktisch frei umher, und die Kraft zwischen den Quarks zeigt ähnliche Eigenschaften wie die bekanntere elektromagnetische Kraft. Wir glauben heute, dass sich die elektromagnetische und die starke Kraft sehr ähnlich sind und dass dies zu Beginn des Universums auch zum Ausdruck kam.

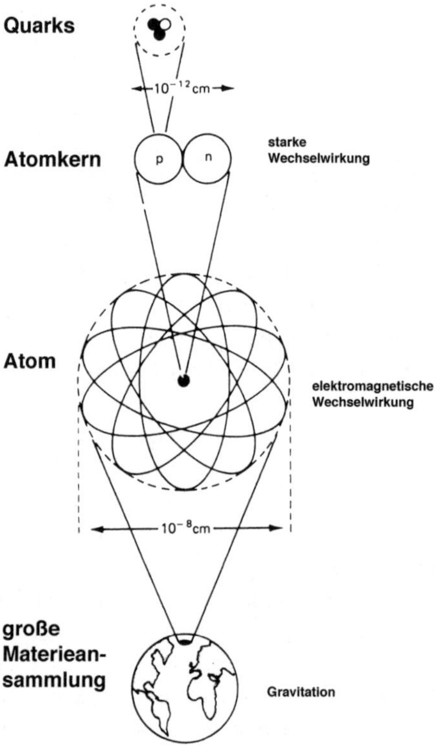

Abb. 8.2: Teilchen und Kräfte.

Auch wenn es bisher nur Anhaltspunkte dafür gibt, sind wir doch überzeugt, auf eine zu Grunde liegende Vereinheitlichung gestoßen zu sein. Verstärkt wird unser Glaube dadurch, dass wir dieser Vereinheitlichung noch in einem anderen Zusammenhang begegnet sind. Die elektromagnetische Kraft und die schwache Kraft (Radioaktivität) verschmelzen zu einer vereinten Kraft, wenn die Temperatur ungefähr 400 Milliarden Mal größer ist als unsere Körpertemperatur. Wir wissen das, weil wir solche Bedingungen am LEP, einem Beschleuniger am CERN (Kapitel 11), nachstellen können. Die schwache und die elektromagnetische Kraft, die bei Zimmertemperatur so verschiedenartig erscheinen, werden bei hohen Energien zu einer einzigen Kraft, die man als »elektroschwache« Kraft bezeichnet.

Um die Bedeutung dieser Aussage wirklich nachvollziehen zu können und ein Gefühl dafür entwickeln zu können, wie diese und andere Symmetrien im Verlauf der Entwicklung des Universums verloren gegangen sind, müssen wir die Natur von Kräften besser verstehen. Woher »weiß« eine Kompassnadel von den weit entfernten magnetischen Polen der Erde? Die Entwicklung der Ideen bis hin zu unserer heutigen Vorstellung von Kräften möchte ich im Folgenden kurz nachzeichnen.

Vereinheitlichte Kräfte

Rund ein Drittel eines Jahrtausends ist vergangen, seit Isaac Newton zum ersten Mal die Widersprüchlichkeit von Licht erkannte. Auf der einen Seite verhält sich Licht wie ein Schwarm von Teilchen – Photonen –, die sich geradlinig ausbreiten, hinter einem Hindernis einen Schatten werfen und deren Helligkeit mit der Anzahl der Photonen zunimmt. Andererseits verhält sich Licht unter bestimmten Bedingungen aber auch wie eine Welle, das mit der Vorstellung von Photonen nicht leicht erklärbar ist.

Das Wellenbild von Licht wurde Mitte des 19. Jahrhunderts wieder populär, als James Clerk Maxwell erkannte, dass Licht aus oszillierenden elektrischen und magnetischen Wellen besteht. Licht scheint eine schizophrene Natur zu haben. Manchmal verhält es sich wie ein Teilchenschwarm und dann wiederum wie eine Welle. Vor weniger als einem Jahrhundert wurde dieses Paradoxon durch die Quantentheorie gelöst. In diesem Zusammenhang klärte sich auch das physikalische Bild von dem seltsamen Konzept einer Kraft, die über ein Feld wirkt. Nach der Quantentheorie ist ein Feld nicht etwas Passives, sondern es füllt in Form von meist ungeordneten Wellen den Raum aus. Diese Wellen können Dinge bewegen und so eine Kraft übertragen. Im Falle des elektromagnetischen Feldes übernehmen die elektromagnetischen Wellen diese Aufgabe. Die Quantentheorie sagt außerdem, dass diese Wellen in kleinen Bündeln organisiert sind, die sich wiederum wie Teilchen verhalten – Photonen im Falle des elektromagnetischen Feldes. Diese Photonen rasen zwischen zwei elektrisch geladenen Teilchen hin und her, stoßen in sie, werden absorbiert, werden wieder emittiert, nochmals absorbiert und emittiert, und durch diese Prozesse werden die Dinge umherbewegt, und es entsteht eine Reaktion auf die elektromagnetische Kraft. Für die »Wirkung über eine Distanz« gibt es einen Übermittler – das Photon. Ganz ähnlich verhält es sich im Falle der Gravitation; hier bezeichnet man den Übermittler als Graviton.

Die Energie jedes einzelnen Photons ist allein durch die Wellenlänge der Lichtwelle bestimmt. Kleine Wellenlängen, wie bei blauem oder ultraviolettem Licht oder bei Röntgenstrahlen, haben eine größere Energie, während lange Wellenlängen, wie bei rotem und infrarotem Licht oder Radiowellen, vergleichsweise niedrige Energien haben. Je größer die Wellenlänge wird, umso kleiner ist die transportierte Energiemenge. Im Extremfall kann man sich eine Welle mit einer Wellenlänge vorstellen, die sich durch den gesamten Raum erstreckt und deren Photonen praktisch keine Energie tragen.

Ein Großteil der modernen Technologie beruht auf der Vorstellung von elektromagnetischen Wellen als Quantenbündeln – den Photonen. Während der letzten 50 Jahre wurde diese Idee, wonach die elektromagnetischen Kräfte durch Photonen übertragen werden, durch eine Reihe von Präzisionsexperimenten untermauert. Auch die starke Wechselwirkung, welche die Kernbausteine zusammen»klebt«, wird durch Teilchen übertragen, die man als »Gluonen« (nach dem englischen Wort »glue« für Klebstoff) bezeichnet. Die fehlende Fantasie bei der Namensgebung zeigt sich bei der schwachen Kraft noch deutlicher: Hier bezeichnet man die Quantenbündel der schwachen Strahlung, d. h. die für die Beta-Radioaktivität verantwortlichen Übermittler, einfach als »W«-Teilchen (»w« für »weak«, das englische Wort für schwach). Das W-Teilchen trägt eine elektrische Ladung, die positiv oder negativ sein kann. Aus der

Theorie der Vereinigung der schwachen und elektromagnetischen Wechselwirkung gab es eine erfolgreiche Vorhersage, dass es zu den geladenen W-Teilchen noch ein elektrisch neutrales Analogon geben müsse. Dieses ladungsfreie Objekt bezeichnet man als Z^0 (der ultimativ fantasielose Name: Z steht für Null – Zero –, und der hochgestellte Index »0« ist eine Tautologie).

Newton hatte die Bewegung von Äpfeln und Planeten in seiner Gravitationstheorie auf etwas Gemeinsames zurückgeführt. Maxwell hatte die Elektrizitätstheorie und den Magnetismus zum Elektromagnetismus vereinigt. Im Jahr 1979 wurde schließlich der Nobelpreis an Sheldon Glashow, Steven Weinberg und Abdus Salam verliehen für ihre Vereinigung der elektromagnetischen und schwachen Kräfte zu dem, was wir heute die »elektroschwache« Kraft nennen. Als Preis dieser Vereinigung wurden drei Arten von schwacher Strahlung vorhergesagt, die den Quantenbündeln W^+, W^- und Z^0 entsprechen, wobei die W- und Z-Teilchen die sehr massiven Analoga des (masselosen) Photons sind. Dementsprechend bezeichnete man das Z^0 auch scherzhaft als »schweres Licht«. Anfang der achtziger Jahre wurde die Existenz der W- und Z-Teilchen durch Experimente am CERN bewiesen und damit auch die Richtigkeit des Modells von Glashow, Salam und Weinberg. 1984 verlieh das Nobelkomitee den Preis an Carlo Rubbia und Simon van der Meer für ihre führende Rolle bei der Entwicklung der CERN-Maschine, mit der die W- und Z-Teilchen erzeugt wurden. Vermutlich steckte auch eine gewisse Erleichterung dahinter, dass der frühere Preis an die drei Theoretiker durch diese Entdeckung bestätigt wurde und nicht widerrufen werden musste. Die CERN-Experimente, von denen eines von Rubbia und das andere von Pierre Darriulat und Luigi Di Lella geleitet wurden, ergaben, dass das W- und das Z-Teilchen ungefähr 90-mal schwerer sind als ein Wasserstoffatom.

Abgesehen von ihren riesigen Massen, sind die W- und Z-Teilchen dem Photon sehr ähnlich. Wären das W und das Z masselos wie ein Photon, so hätte die elektromagnetische Kraft eine hohe Symmetrie, und die Stärken der elektromagnetischen Kraft und der Kraft der Radioaktivität wären gleich. Der Unterschied in den

Massen – die riesige Masse der W- und Z-Teilchen einerseits und das masselose Photon andererseits – bricht die Symmetrie der elektroschwachen Kraft, so dass der »schwache« Teil im Vergleich zur elektromagnetischen Kraft seinem Namen gerecht wird. Diese massiven Biester sind bei Zimmertemperatur sehr lethargisch und kaum aktiv; daher die Schwäche der zugehörigen Kraft. Bei den sehr hohen Temperaturen des frühen Universums jedoch, wie sie beim CERN nachgestellt werden, sind diese Teilchen derart agil, dass der Unterschied zwischen leicht und schwer verschwindet. W, Z und Photon sind gleichermaßen in Bewegung, und die Einheitlichkeit der schwachen und elektromagnetischen Kraftträger wird offensichtlich.

Warum sind das W und das Z so schwer, wohingegen das Photon überhaupt keine Masse hat? Dies ist heute in der Physik eine der dringlichsten Fragen, die uns in späteren Kapiteln noch eingehend beschäftigen wird. Diese Unterschiede sind für uns allerdings ein Glück. Die Umwandlung von Protonen in Neutronen erfolgt über die schwache Wechselwirkung, und wäre diese nur etwas stärker, würde die Sonne sehr viel schneller verbrennen. Ihre Brennstoffe wären aufgebraucht, lange bevor die komplexen Moleküle des Lebens sich hätten bilden können. Es mag seltsam klingen, doch heute, fünf Milliarden Jahre nachdem die erste Fusion in der Sonne stattfand, gibt es uns und andere Lebensformen auf der Erde nur, weil das W so massiv und das Photon masselos ist. Wieder einmal müssen wir erkennen, dass unsere Existenz ganz wesentlich von einer gebrochenen Symmetrie abhängt. Beim Abkühlen des Universums wurde die Symmetrie durch die unterschiedlichen Massen der Kraftübermittler zerstört.

Die Asymmetrie zwischen der elektromagnetischen und der schwachen Kraft bei niedrigen Temperaturen – im Gegensatz zu ihrer Symmetrie bei hohen Temperaturen – scheint sich auch auf die starke Wechselwirkung zu übertragen. Wie genaue Experimente belegen, ändert auch die starke Wechselwirkung ihre Eigenschaften in Abhängigkeit von der Temperatur. Bei hohen Temperaturen wird sie schwächer im Vergleich zu ihrer Wirkungsweise beispielsweise im Atomkern bei Zimmertemperatur. Vergleicht man die Reaktion der fundamentalen Quarks auf die starke, die elektromagnetische und die schwache Kraft, so deutet vieles darauf hin, dass die starke Kraft sich bei sehr hohen Energien mit der elektroschwachen Kraft vereinigt. Bis hin zu den Energien, die bei LEP erreichbar sind, kann man das Verhalten der starken Kraft experimentell beobachten. Eine Extrapolation dieses Verhaltens nach oben lässt die theoretischen Physiker zu dem Schluss kommen, dass sich die starke und die elektroschwache Kraft bei einer Energie vereinen, die ungefähr 40 Trilliarden Mal höher als die Energie der Zimmertemperatur ist.

Im frühen Universum herrschten intensive Energien bzw. Temperaturen, die im Verlauf der Zeit abnahmen bzw. sich abkühlten. Die Vereinigung der starken Kraft mit der elektroschwachen Kraft bei solch hohen Energien konnte noch nicht bewiesen werden, da diese Energien selbst die optimistischsten Ideen für Teilchenbeschleuniger weit übertreffen. Doch die meisten Theoretiker halten diese Vereinigung für wahrscheinlich.

Auch wenn noch nicht schlüssig bewiesen ist, dass diese Kräfte bei den extremen Temperaturen der Schöpfung alle vereint waren, die Hinweise darauf sind vorhanden. Als das Universum begann, sich nach dem heißen Big Bang abzukühlen, trennten sich die vereinheitlichten Kräfte voneinander und wurden zu den unterschiedlichen Formen, die der Wissenschaft heute bekannt sind. Wie genau das vonstatten ging, ist eine der Schlüsselfragen unserer Zeit.

Supersymmetrie

Wir haben von der Idee gesprochen, dass die Kräfte der Natur ursprünglich vereint waren, doch wir haben bisher nur wenig über die Teilchen gesagt, auf die diese Kräfte wirken. Auch hier zeigt sich eine zunehmende Symmetrie, je weiter wir in die kosmische »Zwiebel« eindringen und die Schichten freilegen, die unseren makroskopischen Sinnen die wahren Bausteine der Natur versperren. Unsere unmittelbare Erfahrung beruht auf der äußeren Schale der Zwiebel, wo wir Materie in Form massiver Körper wahrnehmen, auf einer Skala also, die im Vergleich zu einzelnen Atomen riesig ist. Das Ergebnis sind vielfältige Unterschiede. Diamanten und Ruß sind so verschieden, wie man es sich nur vorstellen kann, und doch handelt es sich auf atomarem Niveau in beiden Fällen um nichts anderes als Kohlenstoff.

Innerhalb eines Atoms herrscht Symmetrie hinsichtlich des exakten Gleichgewichts zwischen den elektrischen Ladungen der Elektronen in der äußeren Atomhülle und dem zentralen Kern. In Bezug auf die Massen ist ein Atom höchst asymmetrisch: Elektronen sind rund 2000-mal leichter als der leichteste Atomkern. Die Natur dieses Kerns mit seinen massiven Neutronen und Protonen und seiner messbaren Ausdehnung unterscheidet sich völlig von der Natur der Elektronen, die uns als Punkte erscheinen, weil wir ihre Größe – sofern sie eine haben sollten – (heute) noch nicht auflösen können.

Dringen wir jedoch in das Innere der Neutronen und Protonen vor, so betreten wir das Reich der Quarks. Was wir Neutronen und Protonen nennen, ist offensichtlich nichts anderes als eine Anhäufung von Quarks, die von den Gluonen in enger Gemeinschaft zusammengehalten werden. In mehrfacher Hinsicht ähneln die Quarks den Elektronen: Sie sind ebenfalls Leichtgewichte, und sie haben denselben Spin, d. h. dieselbe Eigenrotation. Die große Masse der Atomkerne beruht auf der großen Energie, mit der die Gluonenfelder die Quarks gefangen halten.

Auf dieser Stufe ist die Symmetrie sogar noch größer. Bei radioaktiven Prozessen entsteht ein Elektron zusammen mit einem geisterhaften Partner, dem Neutrino. Das Neutrino gleicht dem Elektron, besitzt aber keine elektrische Ladung. Das Verhalten dieser beiden Teilchen gegenüber der elektroschwachen Kraft zeigt jedoch, dass sie sich auf eine sehr fundamentale Art ähnlich sind – Teil einer Symmetrie. Eine ähnliche Paarung finden wir auch bei den Quarks: Es gibt zwei Arten von Quarks, die man als »up« und »down« bezeichnet, und Proton und Neutron sind verschieden, weil sie eine unterschiedliche Anzahl dieser beiden Teilchen enthalten.

Beide Quarks verhalten sich gegenüber der schwachen Wechselwirkung der Radioaktivität ähnlich wie das Elektron und das Neutrino. Hier, im Innersten der kosmischen Zwiebel, finden wir bei den fundamentalen Bausteinen der Materie überraschende Anzeichen einer Ordnung, Symmetrie und Gleichartigkeit: Sie sind alle Leichtgewichte, und sie haben alle denselben Spin.

Bei den Übermittlern der Kräfte – dem Photon, den Gluonen, den Ws und dem Z^0 – finden wir eine ähnliche Übereinstimmung: Auch sie haben alle denselben Spin. Gegenwärtig versuchen die Theoretiker, mathematische Modelle zu entwickeln, die diesen Anzeichen für eine tiefer liegende Einheit gerecht werden. Die resultierenden Konstrukte bezeichnet man naheliegenderweise als »Große Vereinheitlichte Theorien«. Aus mathematischer Sicht erscheint noch eine weiter gehende Struktur nahe liegend, bei der die Materieteilchen, wie Quarks, Elektron und Neutrino, und die Träger der Kräfte noch untereinander verwandt sind, was sich bei noch höheren Temperaturen zeigen sollte. Von dieser ultimativen »Supersymmetrie«, wie man sie nennt, hofft man, dass sie sich in den Experimenten mit dem neuen Beschleuniger am CERN, dem LHC, offenbaren wird. (LHC steht für »Large Hadron Collider«, wobei Hadron der generische Name für die Protonen und Atomkerne ist, die bei dieser neuen Maschine als Strahl dienen). Das LHC wird gegenwärtig gebaut, und die Experimente sollen im Jahr 2006 beginnen. In gewisser Hinsicht wird es das ultimative Teleskop sein, mit dem wir in den Bereich von 10^{-12} Sekunden nach der Schöpfung schauen können. Hier sollten sich die ersten Anzeichen der Supersymmetrie zeigen, und hier sollten wir entdecken, wie die Supersymmetrie und alle anderen Symmetrien bei der Abkühlung des Universums gebrochen wurden und verloren gingen. (Im letzten Kapitel werden wir noch eingehender darauf zu sprechen kommen.)

In den vergangenen hundert Jahren, seit der Entdeckung der Röntgenstrahlen, der Radioaktivität und des Elektrons, haben wir riesige Fortschritte gemacht. Selbst innerhalb der vergangenen 50 Jahre hat sich unsere Vorstellung vom Universum grundlegend verändert und vertieft. Für meine Eltern lag die Grenze des Wissens noch bei einem höchst unsymmetrischen Universum, dessen Bausteine das Elektron, das Proton und das Neutron waren, zusammen mit einigen hundert weiteren Teilchen in der kosmischen Strahlung, ohne eine einfache Ordnung und ohne einen erkennbaren Grund für ihre Existenz. Dieses verwirrende Durcheinander hielt ungefähr 20 Jahre an. Erste Anzeichen für eine zu Grunde liegende Ordnung kamen mit den theoretischen Ideen von Gell-Mann und Zweig, doch eine wirkliche Klärung folgte erst in den siebziger Jahren. Als in den sechziger Jahren die Forschungskosten in die Höhe schnellten und die Teilchenphysiker nur einen unübersichtlichen Zoo seltsam benannter Teilchen hervorbrachten, befürchteten viele, die Erklärungen lägen jenseits unserer technischen und ökonomischen Möglichkeiten, und wir wären für ewig zur Unkenntnis verdammt. Die Suche nach einer fundamentalen Beschreibung des Universums schien verloren und das Ende der praktischen Wissenschaften nahe. Meine Generation hatte das Glück, in der Dunkelheit wieder Licht zu sehen und erste Anzeichen einer grundlegenden Symmetrie im frühen Universum. Hier stehen wir heute. Die Jüngsten unter uns werden bald nach den Antworten suchen können, wie die Natur den Übergang von der anfänglichen Perfektion zu dem heutigen hoch strukturierten asymmetrischen Vermächtnis vollzogen hat.

Kapitel 9

VERLORENE SYMMETRIEN

1962 hätte die Kubakrise beinahe zu einem neuen Weltkrieg und der Zerstörung des möglicherweise einzigen komplexen Systems geführt, das die Fähigkeit zur Erlangung des Wissens um das »Weshalb« des Universums besitzt. Hätte Leopold Lojka die Symmetrie beibehalten und wäre geradeaus gefahren oder hätte er sie gebrochen, indem er nach links abgedreht hätte, wäre nichts von alledem passiert. Doch er drehte nach rechts, und mit dieser zufälligen Asymmetrie setzte er eine Folge von Ereignissen in Gang, deren Konsequenzen wir heute noch spüren.

Nikita Chruschtschow war sowjetischer Regierungschef geworden, nachdem er die Tyrannei Stalins überlebt hatte, bei der Millionen von Menschen ums Leben gekommen waren. Stalins Regierungszeit reicht bis zum Zweiten Weltkrieg zurück: Die Atomwaffen, die unter Chruschtschow nach Kuba verschifft wurden, waren das Ergebnis des atomaren Wettrüstens, das in diesem Krieg begonnen und bereits Hiroshima und Nagasaki zerstört hatte. Ein Großteil der für die zweite Hälfte des 20. Jahrhunderts charakteristischen Technologie wurde in der Folge dieser Ereignisse entwickelt: Das Internet beruht auf der Satellitenkommunikation, die wiederum von modernen Raketen abhängig ist; die Elektronik entstammt der Entwicklung des Radars; die Geopolitik wurde unerbittlich von dem zerstörerischen Potenzial der Nuklearwaffen bestimmt. Vieles davon wäre auch ohne Krieg früher oder später entwickelt worden, doch die Anforderungen des Krieges haben den Gang der Dinge sicherlich beschleunigt. Man kann jedoch auch durchaus die Meinung vertreten, dass die umfangreiche Technologie, die eine Voraussetzung für die Entwicklung der ersten Atombomben war, ohne den Zweiten Weltkrieg nie zu Stande gekommen wäre.

Hitler hatte diesen Krieg unter anderem begonnen, weil er Deutschlands Niederlage im Ersten Weltkrieg, in dem ebenfalls Millionen von Menschen umgekommen waren, nicht akzeptieren wollte. Man geht heute davon aus, dass im Verlauf des 20. Jahrhunderts rund 100 Millionen Menschen – das entspricht der Bevölkerung von Deutschland und Australien zusammengenommen bzw. der Hälfte der Bevölkerung der USA – durch Konflikte oder Tyranneien ums Leben gekommen sind, die zumindest teilweise eine Folge des Ersten Weltkriegs waren. Vielleicht hätte die Welt in jedem Fall das Kämpfen begonnen, doch allgemein wird die Ermordung des österreichischen Thronfolgers Franz Ferdinand in Sarajevo als auslösendes Ereignis angesehen, das den Gang der Geschichte verändern sollte. Und genau hier kommt Leopold Lojka ins Spiel.

An diesem schicksalsreichen Tag hatten die Verschwörer bereits einmal versucht, den Thronfolger mit einer Bombe zu ermorden, doch ihr Versuch war gescheitert. Einer von ihnen, ein schmächtiger Bursche namens Gavrilo Princip, der sich freiwillig zur serbischen Armee gemeldet hatte, aber abgelehnt worden war, lief nach diesem Fehlschlag gerade durch eine Nebenstraße zurück nach Hause, als der offene Wagen des Thronfolgers nur wenige hundert Meter entfernt die Hauptstraße entlangfuhr.

Leopold Lojka saß am Steuer und fuhr mit Schrittgeschwindigkeit. In diesem Augenblick machte er einen fatalen Fehler: Statt nach links abzubiegen, fuhr er nach rechts. Der Thronfolger erkannte den Irrtum und befahl ihm, anzuhalten und umzudrehen. Während Lojka mit dem schweren Getriebearm kämpfte, konnte Gavrilo Princip sein Glück kaum fassen. Der Attentatsversuch war gescheitert, und plötzlich sitzen der Thronfolger Franz Ferdinand und die Thronfolgerin Sophie in einer offenen Limousine kaum zwei Meter von ihm entfernt in einer Nebenstraße fest. Princip zieht seine Pistole, lehnt sich über die Seite des Autos, zielt und erschießt sowohl

Ferdinand als auch Sophie. Innerhalb eines Monats befinden sich sämtliche großen Mächte im Krieg, und der Gang der Geschichte hatte sich für alle Zeiten verändert.

Und das alles nur, weil irgendjemand nach rechts statt nach links abgebogen war. Wenn ausreichend Zeit zur Verfügung steht, kann eine winzige Asymmetrie riesige Auswirkungen haben. Seit unsere Erde die ersten komplexen Moleküle hervorgebracht hat, sind rund vier Milliarden Jahre vergangen. Daher könnte eine kleine, belanglose Asymmetrie zu jener Zeit die weit reichenden Asymmetrien bei den Aminosäuren und den Lebensformen heute hervorgebracht haben.

Das folgende fiktive Beispiel von Flach- und Hochlandschafen verdeutlicht, wie ursprünglich ähnliche Tiere sich zu verschiedenen Spezies hätten entwickeln können – Asymmetrie als Folge der Umwelt. Symmetrie erfordert, dass die Schafe auf der rechten und linken Seite gleich lange Beine haben, und zu Beginn war das auch sicherlich der Fall. Doch nun wirken sich die Evolution und das Gesetz vom Überleben der Stärksten aus, und im Verlauf vieler Generationen entwickelt sich, unterstützt durch die Umgebung, eine Asymmetrie. Bei den Flachlandschafen bevorzugt die horizontale Stabilität solche Tiere, bei denen die linken Vorder- bzw. Hinterbeine genauso lang sind wie die entsprechenden Partner auf der rechten Seite: Es liegt eine Links-Rechts-Symmetrie vor. Für die auf steilen Berghängen lebenden Hochlandschafe wäre eine solche Symmetrie jedoch von Nachteil. Für eine stabile Haltung müssten die Schafe mit den oberen Beinen knien, während die unteren Beine gerade durchgedrückt wären. Dadurch können sie zwar das Gras bequemer fressen, doch das Laufen wird schwierig.

Wie wir in Kapitel 3 gesehen haben, gibt es bei allen Lebewesen kleine Abweichungen von der vollkommenen Symmetrie. Einige Schafe haben vielleicht Beine gehabt, die auf der rechten Seite etwas kürzer waren, bei anderen waren die linken Beine verkürzt. Die Schafe mit den kürzeren rechten Beinen können leichter im Uhrzeigersinn um den Berg laufen, während für ihre Spiegelbilder eine Bewegung entgegen dem Uhrzeigersinn einfacher ist. In Wirklichkeit

Abb. 9.1: Symmetrische und asymmetrische Schafe: (a) zeigt ein Flachlandschaf; (b) und (c) zeigen, dass ein Bergschaf linkskurzbeinig oder rechtskurzbeinig sein kann.

bestimmen sehr viele Parameter die Überlebenschancen eines Schafes, so dass die Verkürzung der Beine kaum hilfreich sein dürfte (es ist unwahrscheinlich, dass die Schafe die Ebenen überhaupt verlassen und sich den Berghängen zugewandt hätten). Doch wir betrachten hier ein mathematisch »ideales Schaf«, bei dem wir alle Parameter außer einem vernachlässigen dürfen. Nehmen wir an, die Beine hätten tatsächlich das Überleben beeinflusst. Was wäre das Ergebnis? Welche Mutation in den Genen auch immer für die Ungleichheit der Beine verantwortlich war, anfänglich hätte es sowohl rechtskurzbeinige als auch linkskurzbeinige Schafe gegeben. Wie würden sie sich fortpflanzen?

Typische linkskurzbeinige Böcke würden sich auch mit linkskurzbeinigen Mutterschafen paaren, entsprechend bei den rechtskurzbeinigen Schafen. Die Asymmetrie in ihren jeweiligen Genen würde sich ausbreiten, und schließlich gäbe es zwei Arten chiraler (also spiegelasymmetrischer) Schafe. Insgesamt wäre die Spiegelsymmetrie immer noch erhalten, da es sowohl die rechts- als auch die linkskurzbeinige Art gäbe. Wir können uns jedoch verschiedene Szenarien vorstellen, wie diese Symmetrie verloren ging und schließlich nur eine Chiralität von Bergschafen übrig blieb.

Obwohl nach dieser Voraussetzung die Beine den dominanten genetischen Faktor darstellen sollen, gibt es in der Umwelt weitere Asymmetrien, die sich auf beide Arten unterschiedlich auswirken können. Beide Varianten schauen am Berg in entgegengesetzte Richtungen und bewegen sich auch in entgegengesetzte Richtungen, sie werden daher unterschiedlichen Einflüssen unterliegen. Die eine Art wird vielleicht den vorherrschenden Winden stärker ausgesetzt sein, oder sie wird die heiße Nachmittagssonne eher auf dem Rücken als im Gesicht haben. Die Vorteile bzw. Nachteile mögen winzig sein, doch über sehr lange Zeiträume hinweg können sie wichtige Konsequenzen haben. Ein vergleichsweise unbedeutender Nachteil könnte zum Aussterben einer der beiden Arten führen und schließlich bei den Hochlandschafen eine vollständige Asymmetrie unter Spiegelungen bewirken.

Grundsätzlich hätte sich auch die Links-rechts-Asymmetrie beim Menschen so ausbilden können, dass sich ein winziger evolutionärer Vorteil im Verlauf der Zeit verstärkt hat. In Anbetracht der Tatsache, dass die Chiralität beim Menschen so allgemein verbreitet ist, hält man das jedoch für unwahrscheinlich. Man vermutet eher, dass es sich um einen universellen Grund handelt, entweder im Zusammenhang mit der Entstehung des Sonnensystems (wie beispielsweise das im 4. Kapitel angesprochene polarisierte Licht im

Orion) oder eine intrinsische Chiralität der Naturkräfte (auf die wir im nächsten Kapitel eingehen werden). Ich wollte in diesem Zusammenhang nur verdeutlichen, wie winzige Asymmetrien zu immensen Konsequenzen führen können.

Trotzdem bleibt die Frage bestehen, wie es überhaupt zu einer Asymmetrie hat kommen können. Wie kann aus einem offensichtlich symmetrischen Zustand eine Asymmetrie entstehen und wachsen? Dieses Rätsel hat Philosophen seit Jahrhunderten fasziniert. Ein klassisches Beispiel ist das Paradoxon von Buridans Esel.

Der Philosoph Buridan beschäftigte sich im 14. Jahrhundert mit dem Problem des freien Willens. In der üblichen Version dieser Geschichte untersucht Buridan die vollkommen symmetrische Situation, bei der sich ein Esel genau in der Mitte zwischen zwei identisch aussehenden Karottenbündeln befindet. Der Esel hat die freie Wahl, welches der beiden Bündel er vorzieht. Seine Information über die Bündel ist ebenfalls vollkommen symmetrisch, da beide Bündel gleich weit von ihm entfernt sind. Der Esel kann sich daher nicht entscheiden, welches der Bündel er dem anderen vorziehen soll, und verhungert. (Tatsächlich ist diese bekannte Version der Geschichte falsch! Im Original handelt es sich nicht um einen Esel, sondern um einen Hund, und Buridan kommt auch nicht zu dem Schluss, dass der Hund verhungert, sondern dass er »zufällig« entscheidet. Hier finden wir erste Ideen über den Zusammenhang zwischen Zufall und Wahrscheinlichkeit.)

In Wirklichkeit passiert etwas anderes. Wir können uns das Problem veranschaulichen, indem wir uns den Esel auf der Spitze eines kleinen Hügels denken und die beiden Karottenbündel in je eines der Täler neben diesem Hügel legen. Die Form ähnelt dem Boden einer Weinflasche (der Grund für diese seltsame Anordnung wird hoffentlich später deutlich). Der Esel wird sich für eines der beiden Bündel entscheiden und dadurch die Symmetrie willkürlich brechen. Die Einflüsse, die den Esel zu der einen oder anderen Seite treiben, können beliebig unscheinbar sein – beispielsweise ein Windhauch, der den Kopf leicht zur Seite dreht –, doch die Konsequenzen sind völlig verschieden.

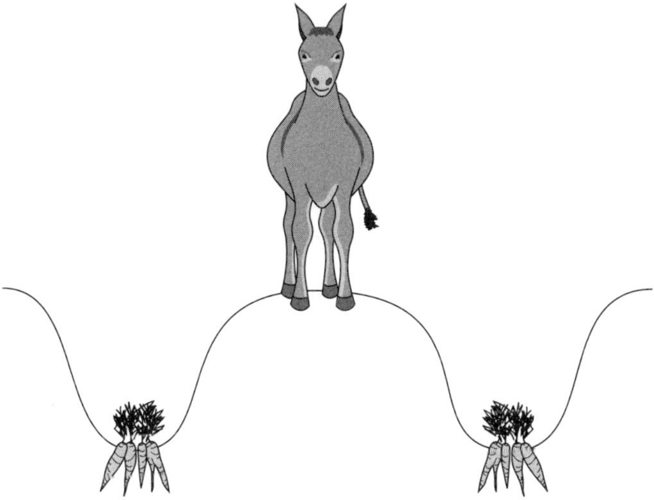

Abb. 9.2: Das Dilemma von Buridans Esel.

Angenommen, wir befinden uns am Fuße des Abhangs auf der linken Seite. Wenn sich der Esel für diese Seite des Hügels entscheidet, halten wir schließlich einen Esel in den Händen. Entscheidet er sich aber für die andere Seite, so bleibt uns nur ein Bündel Karotten. Das Ergebnis dieser Symmetriebrechung ist rein zufällig, doch am Ende liegt eine unsymmetrische Situation vor, obwohl die Ausgangslage vollkommen ausgeglichen war.

Nach dem früher Gesagten könnten wir als Lösung für das Buridansche Problem auch noch an eine andere Möglichkeit denken: Ein Esel mag oberflächlich symmetrisch erscheinen, doch in seinen Molekülen oder seinem Gehirn könnte es Asymmetrien geben, und als Folge davon hat er eine Vorliebe für die rechte oder linke Seite. Leopold Lojka ist nach rechts abgebogen, er hätte ebenso gut auch nach links abbiegen können; die Konsequenzen haben den Gang der Geschichte verändert. Der Esel wird sich für eines der beiden Karottenbündel entscheiden, dabei ist es gleichgültig, welche Seite er wählt, aber erst die Brechung der Symmetrie verhindert, dass er verhungert.

In einem Restaurant oder bei einem Bankett, wenn mehrere Leute gemeinsam an einem Tisch zusammensitzen, erleben wir oft eine Situation, in der es zu einer Symmetriebrechung kommen muss, damit die Mahlzeit überhaupt beginnen kann. Der Verlauf eines Banketts ist immer auch eine Glückssache, insbesondere wenn die Leute an langen Tischen sitzen, denn für die Dauer des Essens kann man sich praktisch nur mit seinen Nachbarn zur Linken und zur Rechten unterhalten, und sollten diese Nachbarn langweilig sein, kann der Abend ein Reinfall sein. Besonders ärgerlich ist es, wenn eine ungerade Anzahl von Leuten an einem Tisch sitzt, da die paarweise Konversation mindestens eine Person ohne Gesprächspartner lässt. Die Profis vermeiden die Enden solcher Tische, und sollte sich das einmal nicht umgehen lassen, beginnen sie sofort ein Gespräch mit ihrem Nachbarn, wodurch die paarweise Ordnung entlang des Tisches festgelegt wird. Auf diese Weise kann es zu mehreren Bereichen von sich paarweise unterhaltenden Gästen kommen, die von isolierten Einzelpersonen ohne Gesprächspartner unterbrochen werden. (Ein ähnliches Phänomen, das in Magneten und vielleicht sogar auf sehr großen Skalen in unserem Universum auftritt, werden wir später noch kennen lernen.) Sehr viel angenehmer sind solche Anlässe, bei denen die Gäste an runden Tischen sitzen. Das lässt viele Möglichkeiten der Konversation zu, bei denen sogar der ganze Tisch teilnehmen kann. Hinzu kommt, dass die Gäste in dieser Situation oftmals zunächst das folgende Problem lösen müssen, wodurch das Eis leicht gebrochen wird.

Stellen Sie sich vor, Sie sitzen zu insgesamt acht Leuten um einen runden Tisch. Es handelt sich um einen sehr wichtigen Anlass, und der Tisch wurde mit besonderer Sorgfalt gedeckt. Von oben betrachtet, sehen Sie acht Köpfe an acht Plätzen, die vollkommen symmetrisch mit Messern, Gabeln und eventuell Platzdeckchen vor jeder Person ausgelegt sind. Der Abstand zwischen unmittelbaren Nachbarn ist überall derselbe. Genau zwischen den Plätzen am Tisch befinden sich insgesamt acht Servietten. Die Kellner bringen die Suppe,

Abb. 9.3: Das Dilemma mit den Servietten: Soll man die Serviette zur Rechten oder zur Linken nehmen?

und jeder wartet höflich, bis alle ihren Teller erhalten haben. Nun kommt der Moment der Entscheidung, denn nun muss sich jeder eine Serviette zum Schutz des teuren Abendkleides oder Anzugs nehmen. Befindet sich Ihre Serviette zu Ihrer Rechten oder zu Ihrer Linken?

Irgendwo am Tisch nimmt jemand zufällig eine Serviette auf, sagen wir, die zu seiner Linken. In diesem Augenblick steht auch fest, welche Serviette Ihnen gehört und welche Ihrem Nachbarn. Sobald jemand den Anfang macht und eine Seite wählt, ist die Symmetrie gebrochen, und alle anderen müssen sich daran halten. Die ursprünglich symmetrische Anordnung der Plätze und Servietten wird plötzlich asymmetrisch, und jeder greift zu seiner linken (oder rechten) Seite.

An diesem Beispiel zeigt sich auch das Phänomen der »Bereiche« nochmals deutlich. Es entsteht nämlich ein Problem, wenn zwei Gäste in einem größeren Abstand voneinander ihre Servietten von verschiedenen Seiten aufnehmen, der eine von rechts, der andere von links. Die jeweiligen Nachbarn werden ihrem Vorbild folgen und ebenfalls die rechte bzw. linke Serviette aufgreifen. Wie eine Welle breiten sich diese beiden Formen des »Serviettenaufgreifens« am Tisch entlang aus und treffen schließlich aufeinander. An einem dieser beiden Punkte wird ein Gast überhaupt keine Serviette zur Verfügung haben, während ihm ungefähr gegenüber eine Serviette übrig sein wird. Zwei »Bereiche« von Gästen haben jeweils ihre Servietten angelegt und sind zum Essen bereit, und zwischen ihnen gibt es zwei Grenzpunkte mit so genannten Defekten.

Dieser Effekt lässt sich in einer realistischen physikalischen Situation mit Hilfe kleiner Kompassnadeln leicht vorführen. Diese Kompassnadeln sollten sich gut austariert um eine Achse drehen können und insgesamt in Form einer Matrix angeordnet sein. Zunächst sollten sich die Nadeln wild und zufällig umherdrehen, was man mit einem stärkeren Magneten erreichen kann, den man rasch über die Matrix hinwegbewegt. Mehrmals in der Sekunde dreht sich nun jede Kompassnadel um ihre Achse und zeigt dabei in alle Richtungen. In diesem Zustand sind alle Orientierungen gleichermaßen vorhanden: Sie sind symmetrisch auf einem Kreis verteilt. Allmählich rotieren die Kompassnadeln langsamer, irgendeine stoppt zuerst und zeigt in eine beliebige Richtung. Ihr Magnetfeld beeinflusst die Nadeln ihrer Nachbarn, in dieselbe Richtung zu zeigen. An einer anderen Stelle kommt eine Magnetnadel ebenfalls zur Ruhe und zeigt vielleicht in eine andere Richtung. Ihre Nachbarn werden ebenfalls dahingehend beeinflusst, sich in diese andere Richtung auszurichten. Wie bei den Gästen am Tisch werden sich Bereiche bilden, in denen die Nadeln in dieselbe Richtung zeigen. Das Muster der Nadeln hat nun eine Struktur und nicht mehr die anfängliche gleichförmige Kreissymmetrie.

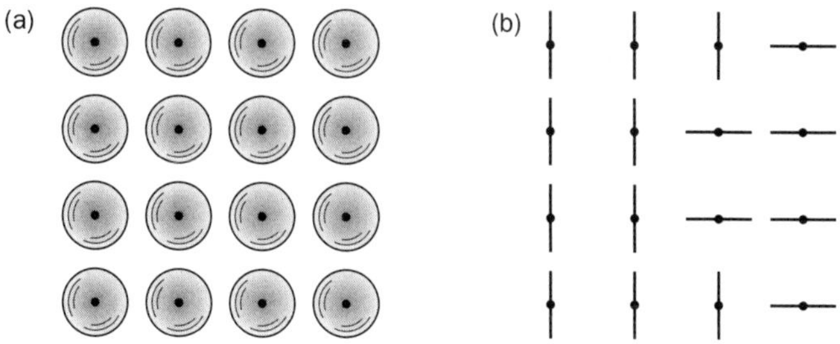

Abb. 9.4: Die Anordnung der Kompassnadeln: In Bild (a) rotieren die Nadeln sehr schnell um ihre Achse und zeigen mit gleicher Häufigkeit in alle Richtungen; in Bild (b) sind die Nadeln zur Ruhe gekommen, und durch die Wechselwirkung ihrer Magnetfelder entstehen Bereiche gleicher Orientierung.

Bei diesem Beispiel ändert sich die Symmetrie mit sinkender Energie: Solange die Magnetnadeln rotieren, haben sie eine hohe Bewegungsenergie oder kinetische Energie, die sie verlieren, wenn sie zur Ruhe kommen. (Diese Energie wurde teilweise in Wärme umgewandelt und teilweise von den Magnetfeldern aufgenommen.) Der ursprüngliche, hoch energetische Zustand zeigte daher eine gleichförmige und symmetrische Orientierung, wohingegen der niedrig energetische Endzustand mehr Struktur aufweist. Weitere Beispiele für diese Regel werden wir später noch kennen lernen. Zunächst wollen wir uns jedoch der Frage zuwenden, warum manche Systeme symmetrisch bleiben, während sich bei anderen die Symmetrie verändern kann.

Spontane Symmetriebrechung

Sterne sind kugelsymmetrisch, weil die Gravitationskraft nur vom Abstand zwischen zwei sich gegenseitig anziehenden Massen abhängt, nicht aber von ihrer relativen Orientierung. Die Gravitation ist die Ursache der Sternenentstehung, und sie ist kugelsymmetrisch, dementsprechend ist auch der resultierende Stern kugelsymmetrisch. Pierre Curie, der Ehemann von Marie Curie, erkannte die Bedeutung von Symmetrien schon vor über hundert Jahren und fasste die obige Bemerkung in folgendem formalem Prinzip zusammen: Wenn eine Ursache eine bestimmte Wirkung hervorruft, dann werden die Symmetrien dieser Ursache sich in der Wirkung wiederfinden.

Das Curiesche Prinzip ist richtig, doch man erliegt leicht der Versuchung, einen Schritt weiterzugehen, und gerät dabei schnell in Schwierigkeiten. Betrachten wir als Beispiel ein einfaches System mit einer perfekten Kreissymmetrie, bei dem plötzlich alles »schief« zu gehen scheint.

Füllen Sie eine kreisförmige Schale bis zum Rand mit Wasser und lassen Sie dann einen Gegenstand hineinfallen. Es wird einen Platsch geben, und ein Teil der Flüssigkeit wird verspritzt sein. Wo genau die Flüssigkeit hinspritzen wird, hängt von vielen Faktoren ab: der Form des Gegenstands, dem Ort, an dem er in der Schale gelandet ist, der Fallrichtung und so weiter. Es dürfte im Allgemeinen ans Unmögliche grenzen, die genaue Richtung und Menge des Wasserspritzers vorherzusagen, doch wenn eine perfekte Symmetrie vorliegt, sollte dies eine einfache Aufgabe sein.

Stellen wir uns folgende Situation vor: Der Gegenstand hat eine vollkommene Kreissymmetrie, er trifft die Wasseroberfläche präzise in der Mitte der Schale und fällt exakt senkrecht herunter, ohne eine Horizontalbewegung. Machen Sie eine Videoaufnahme von diesem Vorgang, und halten Sie das Bild genau in dem Moment an, in dem der Gegenstand die Wasseroberfläche berührt und die Flüssigkeit zur Seite zu drängen beginnt. Wir haben hier eine Situation mit einer perfekten Symmetrie vor uns. Aus jeder horizontalen Richtung betrachtet, sieht das System gleich aus. Das erste Stadium zum Verspritzen des Wassers wurde eingeleitet: Die Ursache für den Wasserspritzer hat eine Kreissymmetrie, und daher sollte die Wirkung – der Spritzer selber – nach dem »gesunden Menschenverstand« bzw. dem Curieschen Gesetz ebenfalls eine Kreissymmetrie aufweisen.

Würden Sie die Videoaufnahme als langsame Folge von Einzelbildern betrachten, sähen Sie tatsächlich zunächst einen kreisförmigen Spritzer nach oben aufsteigen. Doch bevor Sie sich stolz auf die Schulter klopfen können, weil Sie den Ausgang des Experiments aus reinen Symmetrieüberlegungen korrekt vorhergesagt haben, entdecken Sie Veränderungen am Rand des kreisförmigen Spritzers. Die obere Kante der aufsteigenden Flüssigkeit hat sich in viele einzelne Spitzen aufgeteilt, von denen sich wiederum kleine Tröpfchen ablösen. Das ganze Gebilde sieht aus wie die runde, perlenbesetzte Krone einer Prinzessin. Treffen die Tropfen auf ein trockenes, um die Schale herum ausgelegtes Blatt Papier, so wird dieses Papier nur an einzelnen Punkten nass, während es dazwischen trocken bleibt.

Wir sind von einer perfekten Kreissymmetrie aller an diesem Experiment beteiligten Komponenten – Flüssigkeit, Schale und fallender Gegenstand – ausgegangen. Doch das Ergebnis, der Spritzer auf dem Blatt Papier, besitzt keine Kreissymmetrie. Wir finden zwar eine andere, diskrete Symmetrie, denn die Tropfen sind mit großer Wahrscheinlichkeit gleichmäßig auf einem Kreis verteilt, doch eine Kreissymmetrie liegt nicht vor. Nehmen wir beispielsweise an, dass sich zwölf Tropfen auf einem Kreis wie die Stundenpunkte einer Uhr verteilen. Bei 5, 10, 15 oder 20 Minuten nach der vollen Stunde ist das Papier nass; doch bei 2, 7, 12 oder 17 Minuten zeigt der Zeiger auf trockene Stellen. Statt einer kreisförmig symmetrischen Verteilung der Nässe liegt somit eine andere Symmetrie vor, die aus einzelnen nassen und trockenen Bereichen besteht.

Irgendetwas scheint mit dem Curieschen Prinzip nicht zu stimmen. Irgendwie hat sich die Symmetrie von einer Form zu einer anderen verändert. In moderner wissenschaftlicher Fachsprache würde man sagen, die Symmetrie »wurde spontan gebrochen« bzw. die ursprüngliche Symmetrie »ist verborgen«.

Das Phänomen verborgener Symmetrien ist sehr verbreitet; umso überraschender ist es, dass es erst seit wenigen Jahren in einigen Bereichen der Wissenschaft zu einem Schwerpunktthema geworden ist. Begegnet man ihm zum ersten Mal, wie bei den Wassertropfen, so denkt man vielleicht an Zauberei. Wie und warum ändert sich die Symmetrie? Wann ist das Curiesche Prinzip richtig, und wann muss man vorsichtig sein?

Vertraute Beispiele für Symmetrieänderungen

Sie haben Ihren Einkaufswagen im Supermarkt oder Ihren Gepäckwagen am Flughafen beladen und wollen ihn nun vorwärts schieben. Doch der Wagen scheint seinen eigenen Willen zu haben. Die Räder drehen sich von einer Seite zur anderen, doch nie, oder zumindest nur selten, in die Vorwärtsrichtung, die Sie ihnen aufzwingen wollen. Dies ist ein Beispiel für spontane Symmetriebrechung.

Zunächst, was ist die Symmetrie? Wir nehmen an, der Wagen sei perfekt konstruiert und beladen, so dass seine linke und rechte Seite (aus Ihrer Sicht hinter dem Wagen) wie Spiegelbilder erscheinen. Ihre linke und rechte Hand umfassen den Wagengriff und haben jeweils den gleichen Abstand von der Spiegelachse. Die Räder befinden sich in Vorwärtsstellung. Wir haben also eine Spiegelsymmetrie entlang der Mitte des Wagens von vorne nach hinten.

Nun beginnen Sie, den Wagen gleichermaßen mit der rechten und linken Hand zu drücken. Die symmetrische Ausgangslage würde vermuten lassen, dass der Wagen sich in die Richtung der Symmetrieachse bewegt. Das mag für einen kurzen Moment auch der Fall sein, doch dann beginnen sich die Vorderräder wild zu drehen und zeigen überallhin, nur nicht nach vorne. Und auch der Wagen dreht sich nach links oder rechts. Sämtliche relevanten Gegenstände – Sie, der Wagen, der Boden – sind perfekt symmetrisch, doch das Ergebnis ist es nicht. Wir sagen in einem solchen Fall auch: Das »System« (die Gegenstände) ist symmetrisch, doch die »Lösung« (das Ergebnis) ist es nicht.

Ein symmetrisches System hat nur dann auch symmetrische Lösungen, *wenn diese gegen Störungen stabil sind*. Handelt es sich jedoch um instabile Lösungen, wird das System etwas anderes machen. Das Vorwärtsschieben eines Einkaufswagens mit kleinen Rädern ist eine instabile Situation. Es kostet keine große Kraft, ein Rad aus seiner Vorwärtsrichtung wegzubewegen, besonders auf dem glatten Boden eines Supermarkts. Würden Sie den Wagen über Kiesel schieben, wäre die Kraft größer, um die Räder seitwärts zu drehen. Es kostete Sie zwar auch eine größere Anstrengung, Ihre

Sachen vorwärts zu bewegen, doch die Räder blieben geradeaus gerichtet.

Das folgende Beispiel ist etwas banaler, doch man erkennt leichter, wo der »Zauber« passiert. Hängen Sie einen Billardqueue an einem Faden senkrecht über der Mitte einer Roulettescheibe auf. Wenn Sie den Faden durchtrennen, wird der Stock herunterfallen und zufällig in die Richtung eines roten oder schwarzen Feldes kippen. Solange der Stock über der Roulettescheibe hängt, sind alle Richtungen gleich wahrscheinlich und vollkommen symmetrisch. Das ist das eigentliche Prinzip beim Roulette. Man glaubt, wenn man nur die Geschwindigkeit des Balles und des Rouletterads kennt und die Newtonschen Gleichungen löst, dann könnte man das Casino austricksen. (In Las Vegas haben das einige Studenten versucht und ihre Geschichte in *The Newtonian Casino* aufgeschrieben.) Das Beispiel des Billardstocks ist jedoch etwas subtiler: Schon wenn man den Faden durchtrennt, hat man die Symmetrie gebrochen – wo haben Sie gestanden, als Sie den Faden durchschnitten? Außerdem hat kein Billardstock einen vollkommen runden Querschnitt, und auf molekularem Niveau gibt es Dellen und Beulen, welche die Symmetrie brechen.

Einen ganz ähnlichen Fall erhalten wir, wenn wir in Abb. 9.2 Buridans Esel durch einen Ball ersetzen, der exakt auf der Spitze eines symmetrischen Hügels liegt. Der »Punkt«, auf dem der Ball ruht, ist »flach«, zumindest über den mikroskopischen Abstand, auf dem der Ball den Boden berührt. In dieser Situation liegt der Ball stabil und könnte dort für alle Ewigkeiten liegen bleiben. Doch die kleinste Störung bringt den Ball aus dieser perfekten Lage heraus. Seine glorreiche Zeit auf dem Podest ist vorbei, und von nun an geht es im wahrsten Sinne des Wortes bergab, bis der Ball im Tal zur Ruhe kommt. Für den Ball gilt das Gleiche wie für den Billardstock: Kleinste Unebenheiten auf der Oberfläche brechen die ideale Symmetrie und verhindern, dass er auf der Spitze des Hügels in einem »metastabilen« Zustand verbleibt. Die Hügelspitze ist keine gegen Störungen stabile Lage, das Tal ist jedoch in diesem Sinne stabil.

Auch bei dem folgenden Beispiel zeigt eine kleine Asymmetrie

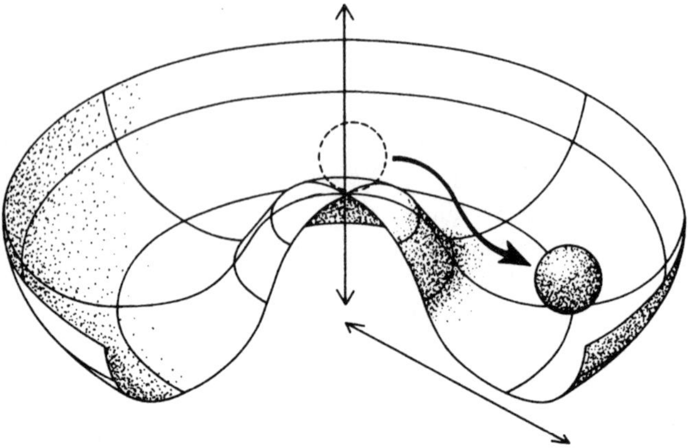

Abb. 9.5: Der mexikanische Hut. Anfänglich befindet sich der Ball an dem metastabilen Punkt auf der Spitze des Berges; dort besitzt er eine hohe potenzielle Energie. Die potenzielle Energie ist in der Rinne um diese Spitze am kleinsten. Der Ball fällt in diese Rinne und bricht so die Kreissymmetrie.

eine große Wirkung. Wenn Sie einige leere Getränkedosen zur Hand haben, können Sie es sogar selber ausprobieren. Solche Dosen sind sehr dünnwandig und lassen sich leicht mit der Hand zerdrücken. Trotzdem kann eine leere Getränkedose das Gewicht eines Erwachsenen tragen, vorausgesetzt, man kann, ohne zu wackeln, seinen Schwerpunkt genau über der Mitte der Dose halten. Auf Grund der Symmetrie wird das Gewicht gleichmäßig auf alle Teile der Dose verteilt, und kein Punkt gibt früher nach als irgendein anderer. Doch die kleinste Unvollkommenheit in dieser Symmetrie wird die Dose zusammenbrechen lassen. (Aus diesem Grund ist das Experiment auch nicht ungefährlich und sollte deshalb mit unbelebten schweren Gewichten ausgeführt werden.) Hat man das Gewicht einmal auf die leere Dose legen können, kann ein leichter Druck auf eine Seite der Dose zum plötzlichen Zusammenbruch führen, und das Gewicht fällt zu Boden. In diesem Beispiel fällt das System aus einem Zustand mit hoher potenzieller Energie (das Gewicht auf der

Dose) in einen Zustand mit niedriger potenzieller Energie (das Gewicht auf dem Boden). Bei diesen Beispielen streben Systeme nach einem Zustand niedrigerer Energie und ändern dabei ihre Symmetrie. Außerdem wird deutlich, wie selbst eine winzige Asymmetrie zu einer plötzlichen und weit reichenden Veränderung führen kann.

Bei der Getränkedose haben wir zur Auslösung des Zusammenbruchs eine Asymmetrie herbeigeführt (den Druck auf die Seitenwand der Dose). Beim Billardstock oder dem Einkaufswagen waren wir besonders vorsichtig, die Symmetrie nicht zu stören, und trotzdem verschwand die Symmetrie. Das Gleiche geschah bei dem vorher besprochenen Wasserspritzer aus der runden Schale. In Wirklichkeit sind Systeme niemals perfekt symmetrisch. Oberflächlich betrachtet, mag das zwar zunächst so erscheinen, doch unter dem Mikroskop werden immer Abweichungen sichtbar. Die in Massenproduktion hergestellten Räder werden immer kleine Fehler aufweisen; sie stoßen gegen andere Einkaufswagen, Wände oder Türen und verbiegen sich dabei leicht; die Waren sind nicht vollkommen gleichmäßig verteilt und so weiter. Doch was würde passieren, wenn Sie all diese Dinge sorgfältig vermeiden könnten? Stellen Sie sich einen idealen Einkaufswagen in einer idealen Umgebung vor, der zusätzlich sogar noch von einer Maschine geschoben wird, damit Sie nicht unwillkürlich mit einer Hand stärker schieben als mit der anderen. Was dann? Selbst in einem so sorgfältig präparierten Experiment wird es zur spontanen Symmetriebrechung kommen, denn auf molekularem Niveau gibt es immer Unvollkommenheiten. Die Räder bestehen aus meist recht komplexen Molekülen, die ihre eigenen Asymmetrien aufweisen.

Doch vielleicht könnten wir sogar diese Probleme beheben, zumindest im Prinzip. Angenommen, wir würden eine besondere Radoberfläche aus irgendwelchen ideal kugelsymmetrischen Molekülen herstellen, mit der wir über einen absolut glatten und flachen Boden rollen könnten; oder wir würden den Ball aus Abb. 9.5 als perfekte Kugel anfertigen und ihn präzise auf der Bergspitze platzieren. Was könnte nun schief gehen? Die Antwort lautet, dass nun die Wärme uns einen Strich durch die Rechnung macht. Die thermische Bewegung der Moleküle, die vibrieren, rotieren, gegeneinander stoßen oder sich gegenseitig anziehen, bringt den Zufall ins Spiel und führt zur Instabilität. Eine winzige zufällige Störung, z. B. ein Molekül, das sich nach links statt nach rechts dreht, nimmt zu und wird stärker, bis schließlich das gesamte System eine stabile Lage gefunden hat.

Vielleicht können wir uns noch vorstellen, das Experiment bei verschwindender Temperatur auszuführen, beim absoluten Nullpunkt, wenn alle Moleküle zur Ruhe gekommen sind. Können wir nun die Asymmetrie vermeiden? Selbst hier hat sich die Natur etwas ausgedacht. Es gibt Quanteneffekte, die verhindern, dass Sie einen Gegenstand mit absoluter Präzision an eine bestimmte Stelle legen und ihn gleichzeitig in absoluter Ruhe halten können. Befindet sich umgekehrt ein Atom in einem Zustand vollkommener Ruhe, so kann man ihm keine exakte Position zuschreiben. Ich kann an dieser Stelle nicht erklären, warum das so ist – aber es ist ein Teil der Struktur von Raum und Zeit unseres materiellen Universums. Ein ruhendes Atom kann sich daher nicht exakt auf der Spitze des Berges befinden und rollt den Hang herunter. Die Metastabilität auf der Bergspitze ist verloren, und alle Dinge fallen schließlich in die kreisförmige Rinne.

Gefrieren: Ein Schritt von Symmetrie zu Struktur

So viel zu Einkaufswagen, Billardstöcken, Bällen auf Bergspitzen und Getränkedosen. Doch was hat das alles mit der Wirklichkeit zu tun? Das erste Beispiel, das ich betrachten möchte, ist die drastische Veränderung in einer Flüssigkeit, wenn die Temperatur unter den Gefrierpunkt sinkt. Die wunderbare und komplizierte Struktur einer Schneeflocke entwickelt sich aus der faden Gleichförmigkeit von Wasser und Dampf wie ein Schmetterling aus seiner Puppe. Man vermutet heute, dass sich die Struktur unseres gegenwärtigen Universums aus einer ursprünglichen Symmetrie entwickelt hat, als das Universum »gefror«.

Unser Ausgangspunkt in Kapitel 2 war die Feststellung, dass die Kugel die natürliche Form eines Gegenstands ist, dessen Bestandteile durch eine anziehende Kraft zusammengehalten werden, deren Stärke nur vom Abstand, nicht aber von einer Richtung abhängt, und wir haben die Gravitation als Beispiel für eine solche Kraft angeführt. Wichtig in diesem Zusammenhang ist jedoch, dass die Gravitation auf alle Dinge anziehend wirkt, sie hat keine abstoßende Komponente. Das ist für die resultierende Kugelsymmetrie wesentlich. Wenn jedoch sowohl Anziehung als auch Abstoßung eine Rolle spielen, dann besteht häufig eine Tendenz zur Asymmetrie. In solchen Fällen können Instabilitäten auftreten, und die Symmetrie des Systems kann sich ändern. Der Ball auf der Bergspitze in Abb. 9.5 wird von der Anziehungskraft der Erde nach unten gezogen, doch die Festigkeit des Berges hindert ihn daran, direkt nach unten zu fallen

Auch auf molekularem oder atomarem Niveau kann die Konkurrenz zwischen Anziehung und Abstoßung zu Asymmetrien führen. In diesem Fall sind die elektromagnetischen Kräfte dafür verantwortlich. Zwischen den Atomen wirken sie bei mittleren Abständen anziehend, kommen sich die Elektronen der Nachbaratome jedoch zu nahe, stoßen sich die Atome ab. Viele bekannte Phänomene beruhen auf Symmetrieänderungen auf Grund abstoßender Effekte. Bevor ich mich in die atomare Welt begebe, möchte ich zunächst einige dieser vertrauteren Beispiele erläutern.

Denken Sie an eine Autobahn, auf der viele Fahrzeuge mit derselben Geschwindigkeit in dieselbe Richtung fahren. Sind nicht zu viele Fahrzeuge unterwegs, dann halten sie untereinander konstanten Abstand, und entlang der Straße gibt es eine Symmetrie: Alle zehn (oder so) Sekunden fährt ein Fahrzeug vorbei. Doch nun stellen Sie sich vor, es sei Rushhour und die Autobahn wird immer voller. Zunächst fährt alle fünf Sekunden ein Fahrzeug vorbei, dann alle vier Sekunden. Irgendwann ändert sich die Symmetrie, und statt eines freien Verkehrsflusses kommt es zu Stockungen. Autos fahren langsam, arbeiten sich zum Anfang einer Schlange vor, geben Gas, nur um bald wieder auf einen Staublock zu treffen. Statt einer gleichförmigen zeitlichen Symmetrie (ein Fahrzeug alle fünf Sekunden) finden wir alle paar Kilometer einen Staublock und dazwischen Abschnitte mit weniger dichtem Verkehr. Von einem die Autobahn entlangfliegenden Verkehrshubschrauber aus betrachtet, gibt es immer noch eine Symmetrie, allerdings eine andere als die ursprüngliche. Was ist passiert?

Es gibt einen »abstoßenden« Effekt, der den Verkehrsfluss stört und das System aus dem Gleichgewicht bringt. Es handelt sich dabei um die Zeitspanne, die ein Fahrer benötigt, um zu reagieren. Wenn Sie dem Fahrzeug vor Ihnen zu nahe kommen, bremsen Sie, um sich von ihm »abzustoßen«. Das Fahrzeug hinter Ihnen bremst etwas stärker, und bald kommt die ganze Reihe zum Stehen. Die vorderen Fahrzeuge haben eine freie Straße und können beschleunigen, die dahinter fahrenden Autos folgen. Mittlerweile werden weitere Fahrzeuge am Ende der Schlange abgebremst. Diese Veränderung des Zustands – von einem gleichmäßigen Verkehrsfluss zu einem Stop-and-go-Fahren – wurde nur dadurch ausgelöst, dass ein Autofahrer seinem Vordermann etwas zu nahe kam.

Es gibt noch eine weitere Möglichkeit, einen stetigen Verkehrsfluss aufrechtzuerhalten, nämlich wenn alle Fahrzeuge sich gleichermaßen mit einer niedrigeren Geschwindigkeit bewegen. Bei dieser Lösung können die Fahrer auch bei einem geringeren Abstand noch reagieren, und somit entfällt der »abstoßende« Effekt der Reaktionszeit. Paradoxerweise ist bei dieser niedrigeren Geschwindigkeit der Verkehrsfluss größer als bei der ursprünglichen hohen Geschwindigkeit. Diese mathematische Wahrheit hat in den letzten Jahren zu der Einsicht geführt, auf sehr frequentierten Straßen bei zu hoher Verkehrsdichte eine Geschwindigkeitsbeschränkung einzuführen. Die alternative Lösung wurde in einigen Teilen Amerikas praktiziert. Hier werden die Zufahrten zu den Freeways eingeschränkt, um denjenigen, die sich bereits dort befinden, einen gleichmäßigen Verkehrsfluss bei höheren Geschwindigkeiten zu ermöglichen.

Ein anderes Beispiel wird den Skifahrern sehr vertraut sein. Nach ausgiebigem Schneefall treibt es jeden auf den Hang. Der Schnee ist weich, und abgesehen von der Talrichtung ist die Piste symmetrisch. Das Tal bestimmt die Richtung der Abfahrt, doch auf einer ansonsten gleichförmigen Piste ist kein Punkt vor einem anderen ausgezeichnet. Die unverdorbene glatte Fläche besitzt eine Symmetrie quer zum Hang. Doch wenn die Piste steil genug ist, ist diese Symmetrie innerhalb weniger Stunden verschwunden, und es haben sich Buckel gebildet. Fällt kein weiterer Schnee, so können diese Buckel nach einigen Tagen so ausgefahren sein, dass nur noch die guten Skifahrer ihre Freude daran haben.

Der Grund ist wiederum eine Instabilität. Die »abstoßende Kraft« ist in diesem Fall die Angst der Skifahrer, unter dem Einfluss der Gravitation immer schneller zu werden. Daher bremsen sie ihre Fahrt ab, indem sie auf den Kanten der Skier hin und her wedeln. Es entstehen kleine Unebenheiten, was die nachfolgenden Skifahrer dazu veranlasst, an genau derselben Stelle zu drehen. Schließlich werden die kleinen Unebenheiten zu beachtlichen Buckeln. In diesem Stadium sind auch die besten Skifahrer gezwungen, mit ihren Kanten an den Seiten der Buckel herunterzugleiten, wodurch der Schnee von der Seite des Buckels in die Mulde geschoben wird. Die einzelnen Buckel bewegen sich dadurch langsam den Berg hinauf und werden immer ausgeprägter. Die Vorderseiten werden steiler und die Spitzen werden durch Schnee ersetzt, der von dem nächsthöher gelegenen Buckel abgetragen wird. Wir erkennen hier eine Ähnlichkeit zu dem Stop-and-go-Verkehr auf der Autobahn, wo ein Fahrer von hinten aufschließt und sich dann langsam nach vorne arbeitet. Die gesamte Struktur bleibt dabei in Bewegung.

Dieses Beispiel zeigt noch einen weiteren Aspekt von Asymmetrien: einen so genannten kritischen Wert für eine veränderliche Größe, von der abhängt, ob die Symmetrie bestehen bleibt oder ob es zur Asymmetrie kommt. Auf sehr flachen Hängen – den »blauen« Pisten – bleibt die Symmetrie des glatten Schnees erhalten, und es kommt sehr selten zur Ausbildung von Buckeln. Anfänger fahren zu langsam, um nachhaltige Eindrücke im Schnee zu hinterlassen, und bessere Skifahrer können geradeaus durchjagen, ohne den »Angstfaktor« zu überschreiten. Wird die Piste jedoch steiler, kommt ein Punkt, wo die Angst überwiegt, und die Skifahrer beginnen zu wedeln. Nun erst bilden sich die Buckel. Die Steilheit der Piste, d. h. der zunehmende Einfluss der nach unten ziehenden Gravitation im Vergleich zum Reibungswiderstand des Schnees, ist der wesentliche Faktor, der das Entstehen der Buckel und damit das Auftreten der Asymmetrie bestimmt. Der kritische Wert liegt irgendwo zwischen den roten und schwarzen Pisten. Unterhalb dieses Wertes (bei den blauen Pisten) entstehen selten ausgeprägte Buckel, während oberhalb (bei den steileren roten Pisten und nahezu allen schwarzen Pisten) die Asymmetrie der Buckel überwiegt. Ein ebenfalls bekanntes Beispiel für eine solche Variable ist die Temperatur. Die kritischen Werte sind gerade die Temperaturen, bei denen ein System von einer Phase zu einer anderen wechselt. Die Kondensation oder das Gefrieren sind vertraute Beispiele.

Nach dieser ausführlichen Vorbereitung können wir den Sprung ins Wasser wagen – oder doch zumindest mal die Zehenspitzen ins Wasser stecken.

Das eingefrorene Universum

Wenn Gase oder Flüssigkeiten abkühlen, werden sie flüssig bzw. fest. Mit dieser Tatsache sind wir alle vertraut. Vorgänge dieser Art bezeichnen wir als Phasenübergänge. Bei solchen Phänomenen bleiben die Bestandteile eines Systems dieselben, aber sie ordnen sich in neuer und charakteristischer Weise um.

Je heißer eine Substanz ist, umso schneller und ungeordneter bewegen sich ihre Moleküle. In einem Gas haben die Moleküle einen großen Abstand und bewegen sich abgesehen von den seltenen Zusammenstößen im Wesentlichen unabhängig voneinander. Ein Gas füllt alle drei Dimensionen seines Behälters aus, keine der Richtungen ist vor irgendeiner anderen ausgezeichnet, und die Kugelsymmetrie ist der Normalfall. (Ich stelle mir hierbei vor, dass wir uns in einer Raumstation befinden, weit weg vom Einfluss der Erdbeschleunigung.) Moleküle können problemlos ihre Positionen vertauschen, ohne dass sich etwas Wesentliches verändert.

Nun soll sich das Gas abkühlen. Die Temperatur ist ein Maß für die Bewegung der einzelnen Atome und molekularen Bestandteile. Wenn die Temperatur sinkt, verlangsamen die Moleküle daher ihren wilden Tanz, und ihre gegenseitige elektromagnetische Anziehung bringt sie näher zueinander, ähnlich wie bei den umherschwirrenden Kompassnadeln in Abb. 9.4. Wenn sich die Moleküle immer näher kommen, wird ihr ursprünglicher Einflussbereich kleiner. Da zunächst eine Kugelsymmetrie vorlag und keine Richtung vor einer anderen ausgezeichnet war, wäre es auch nahe liegend anzunehmen, dass die Kugelsymmetrie beim Abkühlen erhalten bleibt. Doch das ist nicht der Fall. Es passiert etwas Ähnliches wie bei der Instabilität der Einkaufswagen.

Stellen Sie sich zunächst zwei Atome vor, die sich sehr nahe kommen und versuchen, denselben Platz einzunehmen. Das geht natürlich nicht. Die Gründe dafür hängen mit sehr tief liegenden Eigenschaften der Quantenmechanik zusammen, doch dass es nicht geht, ist offensichtlich, anderenfalls könnten Sie nicht so bequem auf Ihrem Sessel sitzen, sondern würden durch Ihren Sitz und den Boden hindurchsacken. Schlagen Sie mit der Faust auf den Tisch. Sie geht nicht hindurch, obwohl die Atome in Ihrer Hand und im Tisch zum größten Teil aus leerem Raum bestehen. Die Elektronen in den äußeren Bereichen der Atome sowohl im Tisch als auch in Ihrer Hand versuchen, denselben Raum einzunehmen, stoßen sich aber gegenseitig ab. Das Resultat ist Festigkeit.

Ein ganz ähnlicher Effekt tritt auf, wenn sich Gas abkühlt und zu einer Flüssigkeit oder gar einem Festkörper wird: Die ursprünglich nahezu freien Moleküle treffen immer häufiger aufeinander und beginnen, sich gegenseitig zu beeinflussen. Wenn die Substanz kälter wird und sich zusammenzieht, versuchen ihre Bestandteile, den gleichen Raum einzunehmen. Wir sind von einer idealen Situation mit einer kugelförmigen Verteilung der Gasatome ausgegangen. Doch diese kondensieren nicht zu einer kugelförmigen Flüssigkeit oder einem kugelförmigen Festkörper, wobei schließlich alle Atome denselben Raumpunkt einnehmen. Wenn sich die Atome näher kommen, stoßen sie sich gegenseitig ab, was zu einer Instabilität in dem System führt. Die kleinste zufällige Störung, bei der sich zwei Atome nicht exakt mittig treffen, hat weit reichende Folgen. Das System findet eine stabilere Konfiguration, dessen Gesamtsymmetrie von der einer Kugel abweichen kann.

Genau das passiert mit Wasser, wenn es sich von Zimmertemperatur auf unter 0 °C abkühlt. Konzentrieren wir uns auf die einzelnen Wassermoleküle, so können wir die Art des Phasenübergangs besser verstehen. Oberhalb von 0 °C stoßen die Wassermoleküle so oft zusammen, dass keine dauerhafte Struktur bestehen bleiben kann. Die Bewegungen sind daher zufällig und füllen den dreidimensionalen Raum symmetrisch aus. Angenommen, wir bringen nun einen kleinen Eisklumpen in die Flüssigkeit. Die schnellen Moleküle der warmen Flüssigkeit treffen auf die Eisoberfläche, und die heftigen Stöße reißen die fest gebundenen Eismoleküle los: Das Eis schmilzt. Hätte das Wasser jedoch eine wesentlich kältere Temperatur, wären die Moleküle langsamer und die Stöße schwächer. Hätte das Wasser ebenfalls eine Temperatur von 0 °C, so besäßen die Moleküle nicht mehr genügend Energie, um Eismoleküle loszureißen, und das Eis bliebe gefroren. Fügt man dem Wasser keine Energie zu, so dass seine Temperatur bei 0 °C bleibt, wird schließlich alles gefrieren.

Sich selber überlassen, nehmen physikalische Systeme über kurz oder lang den Zustand mit der geringsten Energie ein. Wenn Wasser bei 0 °C gefriert, gibt es Energie in Form von Wärme ab, obwohl seine Temperatur am Gefrierpunkt bleibt. Umgekehrt, wenn Eis schmilzt, nimmt es Energie auf. Eis bei 0 °C enthält weniger Energie als flüssiges Wasser bei dieser Temperatur. Der Zustand niedrigster Energie von Wasser bei 0 °C ist somit der gefrorene Zustand – das feste Eis.

In der flüssigen Phase bewegen sich die Wassermoleküle ungeordnet umher; im Eis schwingen sie nur um feste Positionen. Wassermoleküle üben eine starke Anziehungskraft aufeinander aus. In Eiskristallen bewirkt diese Anziehung eine lockere, aber sehr geordnete hexagonale Struktur, die wir an den wunderbaren Formen von

Eiskristallen erkennen können. Schmilzt das Eis, so bricht diese Struktur zusammen, und die Moleküle rücken dichter zusammen. Kaltes, flüssiges Wasser ist daher dichter als Eis, und deshalb besteht die scheinbar feste, aber oft gefährliche Oberfläche gefrorener Teiche nur aus einer Eisschicht, die auf dem Wasser schwimmt.

Die Form und die elektrischen Verbindungen zwischen den Wasserstoff- und Sauerstoffatomen in gefrorenem Wasser bestimmen die Muster, die wir in den Eiskristallen bewundern können. Ein Bild einer Schneeflocke zeigt diese schöne sechsfache Symmetrie. Die Ausläufer einer einzelnen Flocke können in jede Richtung zeigen, wie die Tropfen bei den Wasserspritzern, wenn ein runder Gegenstand in die Mitte einer mit Wasser gefüllten runden Schale fällt (Seite 208). Eine Schneeflocke bricht daher eine kontinuierliche Symmetrie. Der Anfangspunkt könnte überall auf einem Kreis liegen, doch sobald der Gefrierungsprozess einmal an einer Stelle eingesetzt hat, liegen die Richtungen der anderen Mitglieder dieses Sextetts fest, ähnlich wie bei den Servietten am runden Tisch.

Eine Schneeflocke ist der sichtbare Beweis für die Brechung einer kontinuierlichen Symmetrie beim Übergang von der flüssigen zur festen Phase von Wasser. Es kann auch Phasenübergänge und damit Symmetrieänderungen innerhalb einer festen Phase geben, ohne dass sich der Aggregatzustand ändert. Ein Beispiel ist der Magnetismus. Die Richtungen der Nord- und Südpole eines Magneten sind durch die Drehbewegungen (den Spin) bestimmter atomarer Bestandteile festgelegt. Wie bei einem Tanz drehen sich diese Teile alle in dieselbe Richtung. Drehen sie sich beispielsweise im Uhrzeigersinn, so zeigt der Nordpol in eine bestimmte Richtung, drehen sie sich entgegen dem Uhrzeigersinn, so ist es der Südpol, der in diese Richtung zeigt. Wird ein Magnet erwärmt, werden die einzelnen Tänzer zu wilden Derwischen, und ihre Bewegungen sind so ungeordnet, dass sich ihr Einfluss gegenseitig aufhebt. Alle Erinnerungen an den Nord- und Südpol sind verschwunden. Wird der Körper wieder abgekühlt, so schnappt sich eine Tänzergruppe ihre Nachbarn und beginnt sich im Uhrzeigersinn zu drehen. Irgendwo anders auf dem Parkett hat sich eine andere Tänzergruppe in Un-

Abb. 9.6: Die sechsfache Symmetrie einer Schneeflocke.

kenntnis ihrer entfernten Kollegen die entgegengesetzte Drehrichtung ausgesucht. Es entstehen daher Bereiche, wo die Nordpole in eine bestimmte Richtung zeigen, und andere Bereiche, wo die Südpole in diese Richtung zeigen. Diese verschiedenen Magnetisierungsbereiche bezeichnet man als Bezirke oder Domänen. Sie entstehen immer dann, wenn den ungeordneten Bestandteilen eines Systems eine Ordnung aufgezwängt wird, die sich auf die nächsten Nachbarn überträgt und dadurch ausbreitet.

Solche Bezirke in der Struktur von Magneten sind das physikalische Gegenstück zu den sozialen Wechselwirkungen an einem runden Banketttisch oder der Matrix von Kompassnadeln aus Abb. 9.4. Es ist durchaus denkbar, dass einige der uns vertrauten Asymmetrien, wie die charakteristische Windungsrichtung der DNA, solche Bezirke aufweisen. Durch Zufall wäre es in einem Bereich zu einer linkshändigen Variante und in einem anderen zu einer rechtshändigen Variante gekommen. Die natürliche Auslese hätte dann im Verlauf der Zeit einen Gewinner ausgewählt.

Es wird immer deutlicher, dass verlorene Symmetrien (man spricht auch von »verborgenen Symmetrien« oder von »spontan gebrochenen Symmetrien«) hinter vielen physikalischen Phänomenen stecken. Die theoretischen Physiker glauben, dass sie auch für die Strukturen in unserem kalten Universum verantwortlich sind. Wie schon früher erwähnt, war unser Universum kurz nach dem heißen Big Bang vermutlich symmetrisch. Vielleicht besitzen wir auch nicht genügend Fantasie, doch so stellen wir uns heute die Realität vor. In jedem Fall ist es nach unseren heutigen Erkenntnissen der beste Ausgangspunkt. Ursprünglich war das Universum wesentlich heißer als heute irgendein Stern und mit der »heutigen« Umgebungstemperatur im freien Weltraum von –270 °C nicht zu vergleichen. Als sich das Universum aus dem Hexenkessel des Big Bangs abkühlte, mussten gleich mehrere Rubikons überschritten werden, da die Temperatur mehrfach bestimmte kritische Werte erreichte. Entsprechend oft durchlief die Natur einen Phasenübergang und musste sich entscheiden, in welcher Form die Symmetrie gebrochen werden soll, z. B. bei der kritischen Temperatur, als sich die elektromagnetische und die schwache Wechselwirkung von dem heißen, vereinheitlichten Kraftfeld lösten.

Der genaue Ablauf ist immer noch umstritten; einig sind sich jedoch alle darüber, dass ein Zusammenhang mit dem Übergang von heiß zu kalt besteht. Es wird immer deutlicher, dass nicht nur Wasser und heißes Metall ihre mikroskopischen Symmetrien verändern, wenn sie sich abkühlen und zu Schneeflocken werden oder Magnetismus aufweisen und ihre ursprüngliche Symmetrie verborgen wird. Auch die Kräfte der Natur und die Elementarteilchen, also die Bausteine des materiellen Universums, haben solche Veränderungen durchgemacht. Phasenübergänge und Symmetrieänderungen gehen Hand in Hand, daher denken wir, dass das Universum Phasenübergänge durchlaufen haben muss.

In Kapitel 13 werden wir dem seltsamen und allgegenwärtigen »Higgs-Feld« begegnen, das kondensierte, als sich das Universum rund 10^{-14} Sekunden nach seiner Geburt unter eine Temperatur von $10^{17\circ}$ abgekühlt hatte. Die Theoretiker vermuten, dass die ursprüngliche Schöpfung hinsichtlich seiner Symmetrien tatsächlich perfekt war. Seit jenem folgenschweren Phasenübergang im Zusammenhang mit der Struktur des Higgs-Feldes sind die wahren Symmetrien jedoch verborgen. Es könnte sich dabei um den bedeutendsten und grundlegendsten aller Phasenübergänge handeln – der Augenblick, in dem die ursprüngliche Symmetrie der Schöpfung für unsere Augen verschlossen wurde. Für die Wissenschaftler ergibt sich daraus eine weitere interessante Frage: Beruht die Existenz von Leben ebenfalls auf diesem Phänomen?

Kapitel 10

DAS KUNSTSTÜCK DER NATUR

Hätte man bei der Geburt des Universums schon Wetten abschließen können, welche Gewinnchancen hätte wohl die Entstehung von Leben gehabt? Fünfzehn Milliarden Jahre später sind wir hier – komplexe molekulare Systeme mit der Fähigkeit der Selbsterkenntnis.

Auf der Suche nach den Ursachen für die Asymmetrien, die für die Existenz und Reproduktion von Leben notwendig zu sein scheinen, finden wir in der Geschichte der Zeit drei verschiedene Phasen. Die erste dieser Phasen, die »kosmische Ära«, dauerte weniger als eine Mikrosekunde und folgte unmittelbar der Schöpfung. In diesem kurzen Augenblick entstanden die Elementarteilchen, die Elektronen und die Quarks, und die Kräfte, die diese Teilchen später zu komplexeren Strukturen verbinden sollten, begannen ihr Werk. Das Universum kühlte sich weiter ab, und innerhalb der folgenden 100000 Jahre kondensierten zunächst die Quarks in Protonen und Neutronen, den Bausteinen der Atomkerne. Schließlich verbanden sich diese mit den Elektronen zu den ersten Atomen, d.h. den chemischen Elementen. Im Anschluss daran begann die zweite Phase, die »chemische Ära«. Die einfachen Atome »verkochten« zu den Molekülen des zukünftigen Lebens.

Einige Milliarden Jahre später entstanden die Sonne und die Erde. Es ist daher denkbar, dass die molekularen Bestandteile des Lebens schon lange vor unserem Planeten existiert haben. Nach einer Theorie haben Kometen und andere kosmische Überreste, die in die Atmosphäre eingeschlagen sind, die einfachen organischen Moleküle unserer Vorfahren mitgebracht. Nach einer anderen Theorie entstanden diese Moleküle erst auf der »frisch gebackenen« Erde.

Nachdem die Erde einmal geboren und mit diesen organischen Bausteinen ausgerüstet war, begann die dritte Phase, die »biologische Ära«, in der wir uns heute befinden. Seit ungefähr vier Milliarden Jahren reproduzieren sich Nukleinsäurepolymere und werden Proteine synthetisiert, und die uns bekannte Form von Leben entwickelte sich. Diese komplexen Moleküle verbinden sich miteinander zu Aminosäuren, den Bausteinen der DNA und des Lebens. Ihre Formen passen in natürlicher Weise zusammen wie die beiden Drehrichtungen einer Wendeltreppe (vgl. Kapitel 4). Für die Reproduktion ist es günstiger, wenn die Chiralität – die Händigkeit – asymmetrisch ist, wobei eine Drehrichtung überwiegen sollte. Nachdem der Prozess des Lebens eine der beiden Händigkeiten ausgewählt hatte, konnten die Proteinsynthese und die auf eine Chiralität beschränkte Wirksamkeit der Enzyme sicherstellen, dass diese Händigkeit durch die Generationen hinweg weitergetragen wurde.

Wie wir schon früher erwähnt hatten, könnte es zu den Asymmetrien der für das Leben notwendigen Moleküle ausschließlich während der biologischen Ära gekommen sein. Die Entdeckung linkshändiger »Standard«-Aminosäuren auf dem Murchison-Meteorit (Seite 99) lässt jedoch auch die Vermutung zu, dass die Chiralität dieser Moleküle schon während der chemischen Ära etabliert war, lange bevor es auf der Erde Leben gab. Entstand die Händigkeit während der chemischen Ära? Was käme in diesem Fall als mögliche Ursache dieser Asymmetrie in Frage? Oder galt die Asymmetrie bereits für die Bausteine der Materie, wie sie sich unmittelbar nach der Schöpfung in der kosmischen Ära herauskristallisierten? Diesen Fragen wollen wir in diesem Kapitel nachgehen.

Auf der Spur der kosmischen Asymmetrie und den Ursprüngen des Lebens

Wir bestehen aus Sternenstaub. Vor rund fünf Milliarden Jahren wurden Kohlenstoff, Stickstoff, Sauerstoff und andere Elemente in den Sternen »gekocht«, durch explodierende Supernova in den Weltraum geschleudert und von der Gravitation der neugeborenen Erde eingefangen. Hier entstand dann die Ursuppe, aus der sich das Leben irgendwann entwickeln sollte. Damals war die Atmosphäre heiß und stickig, übersättigt mit geschmolzenem Allerlei, von dem ein Großteil später zu Felsen abkühlte. In dieser »Suppe« gab es noch wilde Turbulenzen, doch im Verlauf der Zeit sanken die dichteren Substanzen nach unten, während die weniger dichten nach oben strömten. Die Gravitation brach somit die Symmetrie, indem sie das gleichförmige Gemisch in verschiedene Komponenten zerlegte. Die Frage ist, ob solch eine Asymmetrie einen Einfluss auf die präbiotische Suppe haben konnte und zur Chiralität der Moleküle geführt hat.

Grundsätzlich versteht man unter einem Strom alles, was fließt. So wie ein Wasserstrom unter dem Einfluss der Gravitation der Erde von einem höher gelegenen Gebiet in ein tiefer gelegenes fließt, so fließt ein elektrischer Strom von Bereichen mit einem höheren elektrischen Potenzial zu Bereichen mit einem tieferen Potenzial. Kommen unterschiedliche Substanzen in Kontakt, kann ein elektrischer Strom fließen. Nach diesem Prinzip arbeitet eine Batterie.

In der Uratmosphäre bewegten sich die unterschiedlichsten chemischen Gemische nach oben und unten und kamen dabei in Kontakt, so dass es viele elektrische Ströme gegeben haben muss. Durch den Fluss solcher Ströme schleicht sich eine Asymmetrie herein. Die positiven und negativen elektrischen Bestandteile der Atome sind hinsichtlich ihrer Ladung ausgeglichen, doch asymmetrisch in der Art, wie sie sich bewegen und wo sie sich befinden. Die positiven Ladungen sitzen fest im zentralen Kern, während es sich bei den negativen Partnern um die leichten und beweglichen Elektronen handelt, die sich in der Peripherie des Atoms aufhalten. Diese negativen Ladungen fließen und erzeugen den elektrischen Strom; die positiven Ladungen bleiben an ihren Plätzen.

Auch im Inneren der Erde gibt es Ströme. Während sich unser Planet ein Mal in 24 Stunden um seine Achse dreht und seine Oberfläche nach Osten dem Sonnenaufgang zustrebt, bewirkt die daraus resultierende Rotationsbewegung der elektrischen Ladungen in seinem geschmolzenen Kern den Aufbau eines Magnetfeldes. Die Erde wird zu einem natürlichen Magneten. Diese Eigenschaft wurde seit der Erfindung des Magnetkompasses zur Navigation genutzt.

Die chaotischen elektrischen Ströme in der präbiotischen Suppe wurden durch das Magnetfeld der Erde angezogen und abgestoßen. Die gestörten Bewegungen dieser Ströme erzeugten ihrerseits wieder magnetische Felder, die andere Ladungen aus der Umgebung beeinflussten. Diese Magnetfelder halfen bei der Verschmelzung von Molekülen wie den Aminosäuren, und so entstanden über Äonen hinweg die komplexeren Systeme des Lebens.

Selbst die größten Computer können nicht im Detail den exakten Verlauf der Ereignisse berechnen, die zur Bildung komplexerer Moleküle geführt haben, doch eines wissen wir mit Sicherheit: Würden wir diesen Ablauf in einem Spiegel anschauen, sähen wir nicht die Folge der Ereignisse, wie sie tatsächlich auf der Erde stattfand. Die erwähnten Magnetfelder können eine bestimmte Händigkeit oder Chiralität auszeichnen, die sich letztendlich auf den »Zufall« zurückführen lässt, dass die negativ geladenen Elektronen leicht und die positiv geladenen Protonen schwer sind. Hätten die ursprünglichen elektrischen Ströme in der Ursuppe unserer Atmosphäre eine positive statt einer negativen Ladung getragen oder hätte sich die Erde in entgegengesetzter Richtung gedreht, dann wären die resultierenden Bewegungen das Spiegelbild der tatsächlichen Bewegungen gewesen. Obwohl die elektrischen und magnetischen Kräfte spiegelsymmetrisch sind, können die Endprodukte wegen der natürlichen Asymmetrien in der Natur – der Materie-Antimaterie-Asymmetrie in unserem Universum (leichte negativ geladene Elektronen und schwere positiv geladene Protonen) – asymmetrisch unter Spiegelungen sein. Die Gravitation unterscheidet zwischen ansonsten gleichförmigen Atomgemischen, und die rotierende Erde erzeugt einen riesigen Magneten.

Im Prinzip könnten hier die Ursachen für die chiralen Asymmetrien mancher Moleküle liegen, die sich dann später über die Reproduktion und die natürliche Auslese verstärkt und verbreitet haben. Sollten wir jedoch dem Murchison-Meteorit (Seite 99) trauen können, dann scheinen diese Mechanismen als Quelle für die Asymmetrie des Lebens eher unwahrscheinlich. Allgemein wird vermutet, dass einige – vielleicht sogar alle – der organischen Moleküle und Bausteine des Lebens außerirdischen Ursprungs sind und vor ungefähr 4 bis 4,5 Milliarden Jahren, als unser junger Planet noch unter heftigem Beschuss von kohlenstoffhaltigen Asteroiden und Kometen stand, zur Erde gefallen sind. Nach jüngeren Schätzungen sind über einen Zeitraum von 100 Millionen Jahren pro Jahr rund 1000 Tonnen (eine Million Kilogramm) dieser Materialien auf die Erde getroffen. Ein Großteil der gesamten Biomasse auf der Erde könnte daher stammen. Außerdem gilt als wahrscheinlich, dass die Aminosäuren den Aufprall auf die Erde ausgehalten haben und stabil und intakt geblieben sind. Wenn diese Moleküle bereits asymmetrisch unter Spiegelungen waren und ihre Chiralität durch den Aufprall nicht verloren ging, dann könnte zu diesem Zeitpunkt das Leben begonnen haben, und die Chiralität hätte sich weiter manifestiert.

Aus der Frage: »Was ist der Ursprung der Asymmetrien in Lebensformen?« wird nun die Frage: »Welche extraterrestrische Umgebung ist für die molekulare Asymmetrie verantwortlich?« Eine mögliche Ursache ist erst vor kurzem entdeckt worden (Seite 100), als in einem Teil des Orion-Nebels, wo derzeit neue Sterne und auch organische Moleküle entstehen, große Mengen an polarisierter elektromagnetischer Strahlung gefunden wurden. Dieses Licht enthält ausreichend Energie, um organische Moleküle spalten zu können, und da es sich um polarisiertes Licht handelt, werden links- und rechtshändige Versionen der Moleküle unterschiedlich beeinflusst. Das polarisierte Licht könnte daher eine der chiralen Formen zerstören, während die andere unversehrt bliebe. Die Moleküle im Orion-Nebel würden in diesem Fall mit großer Wahrscheinlichkeit spiegelasymmetrisch. Falls sich diese Vorgänge in ähnlicher Form vor fünf Milliarden Jahren bei der Entstehung unseres Sonnensystems abgespielt haben sollten, dann wäre unsere DNA heute ein fossiler Überrest eines intensiven polarisierten Lichts, das vor sehr langer Zeit wieder erloschen ist.

Doch woher könnte dieses polarisierte Licht kommen? Eine mögliche Antwort finden wir in den Beispielen zu verborgenen Symmetrien aus Kapitel 9. Bei der Sternentstehung werden die Wasserstoffatome auf Grund ihrer gegenseitigen Schwerkraft zusammengezogen und behalten dabei insgesamt die Kugelsymmetrie. Wenn jedoch Milliarden von Sternen gleichzeitig entstehen, dann treten kleine Instabilitäten auf, und die Sterne beginnen, umeinander zu rotieren. (Wir beobachten das bei der Rotation der Galaxien und bei den Planeten unserer Sonne.) Die umherfliegenden und rotierenden elektrischen Ladungen im Plasma der Sterne erzeugen Magnetfelder, die wiederum die elektromagnetischen Felder der Lichtwellen beeinflussen. Das Licht wird polarisiert. Für die Natur ist es unwichtig, ob diese Polarisierung im Uhrzeigersinn erfolgt oder entgegengesetzt, doch einmal vorhanden, pflanzt sich diese Asymmetrie fort, ähnlich wie die Symmetriebrechung für das Aufnehmen der Servietten beim Bankett (siehe Seite 205 f.). In diesem Beispiel konnte die Wahl in verschiedenen Bereichen unterschiedlich ausfallen. Der gleiche Effekt kann auch im Universum auftreten. In verschiedenen Gebieten des Weltraums (ein solches »Gebiet« kann sich dabei leicht über Distanzen erstrecken, die weit größer als ein ganzes Sonnensystem sind) können unterschiedliche Polarisierungen vorherrschen und so eine bevorzugte Händigkeit der organischen Moleküle erzeugen. Sollte dies die Ursache für die Chiralität in unseren Lebensformen sein, dann müssten alle Aminosäuren in unserem Sonnensystem, sei es auf dem Mars, den Asteroiden oder den Kometen, dieselbe Händigkeit haben. Sollten wir jedoch eines Tages solche Moleküle in weit entfernten Bereichen des interstellaren Raumes finden, dann könnte sich deren Händigkeit von unseren Molekülen unterscheiden.

So viel zu der biologischen und chemischen Ära als mögliche Kandidaten für die Quelle der Asymmetrie in unseren Lebensformen. Doch wie steht es mit der kosmischen Ära? Könnte schon hier der Ursprung gelegen haben? Im Jahr 1956 entdeckten Wissenschaftler, dass die Natur bei bestimmten atomaren Prozessen absolut zwischen links und rechts unterscheiden kann. Daher können gewisse Prozesse nur im Spiegel stattfinden, nicht jedoch in unserer Realität. Seit kurzem fragen sich einige Theoretiker, ob diese intrinsische Chiralität der Naturgesetze nicht zu den Asymmetrien des Lebens geführt haben könnte.

Die linke Hand der Schöpfung

Als Henri Becquerel die Radioaktivität entdeckte, fand er dabei nicht nur die Mittel zur Erforschung der inneren Atomstruktur, sondern er stolperte auch, ohne es zu wissen, über einen Prozess, bei dem sich die Linkshändigkeit der Natur offenbart. Mit Hilfe einer wesentlich ausgereifteren Technologie entdeckten die Physiker sechzig Jahre später, dass Becquerels Radioaktivität absolut zwischen der wirklich existierenden Welt und einer gespiegelten Welt unterscheidet. Der Eindruck war für viele Physiker so, als ob man seine rechte Hand hebt und das Bild im Spiegel mit der falschen Hand antwortet.

Die Frage nach der absoluten Unterscheidbarkeit zwischen links und rechts ist ein sehr grundlegendes Problem. Um das »Warum« verstehen und die Konsequenzen nachvollziehen zu können, kehren wir nochmals zu der Spiegelwelt aus Kapitel 3 zurück. Die Illusion der Spiegelsymmetrie haben wir dadurch verdeutlicht, dass wir uns eine verrückte Kostümparty vorstellten, auf der sämtliche Gäste als Harlekins gekleidet sind. Um überhaupt zur Party eingelassen zu werden, muss das Kostüm auf der linken Seite lila und auf der rechten Seite rot sein. Im Spiegel sieht man dann eine Person, die es auf der Party nicht gibt – einen Harlekin, der auf der linken Seite rot und auf der rechten Seite lila ist. Wären wir in Wirklichkeit alle

Harlekins, dann könnten wir auf einer Fotografie erkennen, ob sie die wirkliche Welt oder ihr Spiegelbild wiedergibt. Die eigentliche Frage lautet nun: »Gibt es in der Natur irgendetwas, das den Harlekins gleicht und das die Realität von ihrem Spiegelbild unterscheiden kann?«

Nach den vielen Beispielen, die wir in den früheren Kapiteln zur Links-rechts-Asymmetrie kennen gelernt haben, sollte man meinen, dass man sehr leicht zwischen einem wirklichen Ereignis und seinem Spiegelbild unterscheiden kann. Doch in der Praxis ist das nicht so einfach.

Stellen Sie sich einen Raum mit einem Spiegel vor, der sich vom Boden bis zur Decke und vom einen Ende des Raumes zum anderen Ende erstreckt. Der Raum erscheint dadurch doppelt so groß, und was auch immer man in seiner »realen Hälfte« tut, das Spiegelbild in der gespiegelten Hälfte wird gewissenhaft das Gleiche tun. Kann das Spiegelbild irgendeine Handlung vornehmen, die in der wirklichen Hälfte nicht möglich ist?

Solche Räume gibt es. Balletttänzer nutzen sie gerne als Übungsräume, da sie ihre Bewegungen genau beobachten und dadurch vervollkommnen wollen. In solchen Räumen scheint es einen zweiten Raum hinter dem wirklichen Raum zu geben, und die Tänzer dort führen die gespiegelten Bewegungen der wirklichen Tänzer aus: Wenn die wirklichen Tänzer eine Pirouette im Uhrzeigersinn drehen, dann sieht man im gespiegelten Raum eine Gruppe entsprechender Tänzer, die sich in entgegengesetzter Richtung drehen. Doch jeder Derwisch kann sich ebenso rechts- wie linksherum drehen, und wir haben keine Möglichkeit, auf einem Foto, das in solch einem Tanzstudio aufgenommen wurde, die Realität von ihrem Spiegelbild zu unterscheiden.

Doch man sollte meinen, dass es noch andere Möglichkeiten gibt. Würde der Raum für ein schriftliches Examen genutzt, könnte man an der Mehrheit der Rechtshänder im Vergleich zu den Linkshändern zwischen der Realität und ihrem Spiegelbild unterscheiden. Doch können wir dessen sicher sein? Vielleicht will man Sie täuschen und hat von einer Theateragentur eine Gruppe Schauspieler engagiert, die sich als Linkshänder spezialisiert haben. Und würden Sie nur eine einzelne Person sehen, dann könnten Sie nicht zwischen der Realität und dem Spiegelbild unterscheiden, denn wie wir in Kapitel 3 gesehen haben, ist jede zehnte Person ein Linkshänder.

Könnten wir in die Personen hineinschauen, wäre unsere Vermutung schon fundierter, denn die inneren Organe sind asymmetrisch verteilt, doch selbst in diesem Fall gibt es gelegentlich Individuen, bei denen die Lage der Organe gespiegelt ist. Falls wir jedoch die Drehrichtung ihrer Aminosäuren untersuchen könnten, dann hätten wir schon einen gesicherteren Anhaltspunkt, ob es sich um die wirklichen Dinge oder ihre Spiegelbilder handelt. Die DNA aller Menschen hat dieselbe Drehrichtung und erlaubt somit eine absolute Unterscheidung zwischen der Realität und ihrem Spiegelbild.

Obwohl sich die Aminosäuren aller uns bekannten Lebewesen nur in eine Richtung drehen, kennen wir keinen Grund, der die Existenz ihrer Spiegelbilder verbieten würde. Würden wir nur das Bild einer isolierten Aminosäure sehen, könnten wir nicht entscheiden, ob sie einem menschlichen Gewebe entnommen wurde oder das Spiegelbild einer im Labor künstlich hergestellten »falsch gedrehten« Aminosäure ist.

Bis 1956 hatte man generell angenommen, dass die fundamentalen Naturgesetze nicht zwischen den wirklichen Ereignissen und denen in einem Spiegel unterscheiden. Spiegelsymmetrie wurde als allgemein gültige Wahrheit angesehen, als eine Vollkommenheit der physikalischen Gesetze. Was auch immer in einem rechtshändigen Sinne abläuft, könnte ebenso gut auch in einem linkshändigen Sinne ablaufen. Die Welt im Spiegel wäre in diesem Fall genauso real wie die Welt, in der wir uns befinden. Das alles änderte sich mit der Entdeckung, dass tief im Atomkern die für die Radioaktivität verantwortliche Kraft eine Chiralität aufweist und das Spiegelbild eines Becquerelschen Prozesses eine Folge von Ereignissen zeigt, die so in der Wirklichkeit nicht vorkommt.

Bei der von Becquerel entdeckten Radioaktivität werden Elementarteilchen umgewandelt. Innerhalb der Atomkerne transformiert eine Kraft langsam Protonen in Neutronen oder umgekehrt. Diese Kraft ist unter normalen Bedingungen so schwach, dass man sie als »schwache Kraft« bezeichnet. Ihre Wirkung können wir jeden Tag in Form des Sonnenlichts beobachten (Seite 177). Die Wärme, in der wir, unsere Vorfahren, die Dinosaurier, die Meerestiere und die ersten Amöben sich aalen bzw. aalten, ist ein Geschenk der schwachen Wechselwirkung. Die Sonne hat mittlerweile rund die Hälfte ihrer ursprünglichen Protonen verbraucht; sie hat die Hälfte ihres Lebens hinter sich. In dieser schwachen, heimtückischen Kraft hat die Natur ihr linkisches Geheimnis versteckt. Die Sonne im Spiegel ist nicht dieselbe, die wir durch unser Fenster sehen.

Das historisch erste Experiment, mit dem die Asymmetrie unter Spiegelungen nachgewiesen wurde, benutzte nicht die Sonne, sondern den Betazerfall des Elements Kobalt. Die Kerne der Kobaltatome haben einen Spin, d. h., sie drehen sich wie Kreisel. Wenn man sie auf eine Temperatur nahe dem absoluten Nullpunkt abkühlt, so dass sie nicht mehr so viel wackeln, und in ein Magnetfeld bringt, dann kann man erreichen, dass alle Kerne dieselbe Drehrichtung haben (sagen wir »entgegen dem Uhrzeigersinn«). Denken wir uns den Spin wie eine Schraube, dann gibt es um den Kobaltkern herum eine Halbkugel, in die sich die Schraube hineindreht, und eine gegenüberliegende Halbkugel, aus der sich die Schraube herausdreht. Beim radioaktiven Zerfall der Kobaltkerne werden die Betateilchen (Elektronen) hauptsächlich in die erstere Halbkugel emittiert, in welche die Schrauben hineingedreht würden (sagen wir »nach oben«). Warum das so ist, braucht uns hier nicht zu interessieren. Doch wie sähe dieser Prozess in einem Spiegel aus? Wie man in Abb. 10.1 erkennen kann, würden die Elektronen im Spiegel immer noch nach oben emittiert, doch der Kern würde sich in die entgegengesetzte Richtung drehen, also im Uhrzeigersinn. Die Frage lautet nun, ob dieser gespiegelte Prozess auch in Wirklichkeit auftreten kann. Falls nicht, dann haben wir eine Möglichkeit gefunden, die Wirklichkeit von ihrem Spiegelbild zu unterscheiden.

Zunächst müssen wir uns überlegen, wie wir das Spiegelbild des Experiments in Wirklichkeit aufbauen müssen. Wenn wir alle elek-

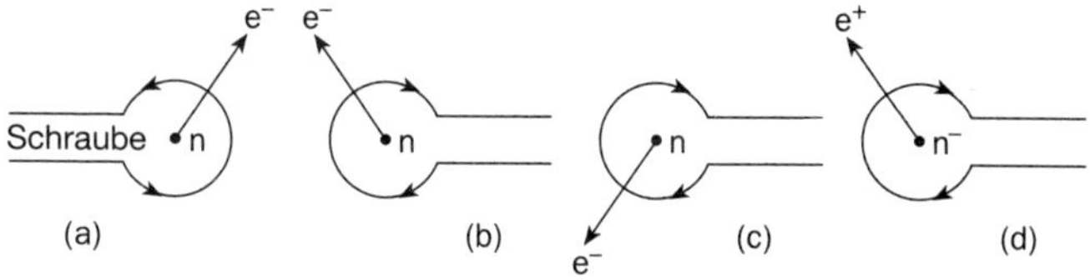

Abb. 10.1: Der zerbrochene Spiegel: (a) Elektronen werden nach oben emittiert; (b) das zugehörige Spiegelbild; (c) im tatsächlichen Experiment würden bei umgekehrter Spinrichtung auch die Elektronen in die entgegengesetzte Richtung emittiert; (d) das in der Natur realisierte ladungskonjugierte Bild (Vertauschung von Materie und Antimaterie) von (a) (vgl. Kapitel 11).

trischen Ströme und das ganze Drum und Dran zur Erzeugung des Magnetfeldes umkehren, so dass das Magnetfeld selber ebenfalls in die entgegengesetzte Richtung zeigt, dann drehen sich auch die Kobaltkerne alle in die entgegengesetzte Richtung, so wie es das Spiegelbild des ersten Experiments erfordert. Die bisherigen Veränderungen entsprechen also dem Spiegelbild der ursprünglichen Anordnung. Nun müssen wir untersuchen, was bei einem radioaktiven Zerfall geschieht: Werden die Elektronen nach oben oder nach unten emittiert? Wäre die Spiegelsymmetrie tatsächlich realisiert, müssten die Elektronen nach oben emittiert werden. Die überraschende Entdeckung war jedoch, dass die Elektronen in Wirklichkeit bevorzugt nach *unten* emittiert werden. Zum ersten Mal haben wir eine Möglichkeit, absolut zwischen der Realität und ihrem Spiegelbild zu unterscheiden.

Wir wissen heute, dass beim Betazerfall nicht nur ein Elektron emittiert wird, sondern zusätzlich noch ein geisterhaftes kleines Teilchen, das man Neutrino nennt (Italienisch für »kleines Neutrales«). Neutrinos (Seite 182) sind so leicht, dass ihre Masse – sofern sie eine haben sollten – bisher noch nicht gemessen werden konnte. Möglicherweise besitzen sie überhaupt keine Masse. Der Betazerfall hat wesentlichen Anteil an der Energieproduktion in der Sonne, und unzählige Neutrinos strömen von der Sonne bei Tag von oben durch unsere Köpfe und bei Nacht von unten durch unsere Betten

Die Erde ist nahezu transparent für Neutrinos, so dass sie ungehindert hindurchfliegen können. Neutrinos tragen keine elektrische Ladung, die ihre Gegenwart anzeigen würde, und sie treten kaum mit anderer Materie in Wechselwirkung. Ein masseloses Neutrino, das mit Lichtgeschwindigkeit durch den Raum fliegt – viel fehlt da nicht mehr bis zum Nichts. Es besitzt jedoch eine bizarre Eigenschaft, die für das Geheimnis um das gespiegelte Universum grundlegend ist: Es besitzt einen Spin, ähnlich wie die Kobaltkerne, allerdings mit einem wichtigen Unterschied. Wenn sich das geisterhafte Neutrino durch den Raum dreht, dann verhält es sich ausschließlich wie eine linkshändige Schraube; soweit wir wissen, gibt es keine rechtshändigen Neutrinos in unserem Universum. Linkshändige Neutrinos sind Objekte aus dieser Welt, rechtshändige Neutrinos existieren jedoch nur in jenem geheimnisvollen Universum hinter dem Spiegel. Auf dem Niveau der Elementarteilchen und der fundamentalen Kräfte ist das linkshändige Neutrino das reinste Beispiel für die Linkshändigkeit der Schöpfung.

Seit 1956 wurden noch weitere Phänomene mit dieser intrinsischen Spiegelasymmetrie entdeckt. Manchmal sind Neutrinos beteiligt, manchmal auch nicht, doch in allen Fällen spielt die schwache Wechselwirkung eine Rolle. Es scheint sich hier nicht nur um eine intrinsische Eigenschaft der Natur zu handeln, sondern diese Eigenschaft scheint auch seit den frühesten Augenblicken des Universums vorhanden gewesen zu sein.

Obwohl die schwache Wechselwirkung unter den normalen Bedingungen hier auf der Erde tatsächlich »schwach« ist, nimmt sie mit steigender Temperatur an Stärke zu (Seite 188 f.). In Kapitel 8 sind wir dem Z^0 begegnet, dem »schweren Licht« (siehe Seite 191). Mit Hilfe des LEP (Large Electron Positron)-Beschleunigers am CERN lassen sich Bedingungen nachstellen, wie sie 10^{-10} Sekunden nach der Geburt des Universums geherrscht haben. Zu diesem Zeitpunkt betrug die Temperatur 10^{15} Grad, und das Z^0 war einer der Hauptakteure. Aus diesen Experimenten wissen wir, dass die intrinsische Links-rechts-Asymmetrie auch damals schon vorhanden und durchaus von Bedeutung war. Schwächer wurde sie erst, als sich das

Universum auf seinen gegenwärtigen Zustand abkühlte. Das Z^0 erzeugt eine schwache Kraft zwischen den Elektronen und Protonen, ohne dass Neutrinos daran beteiligt sind. Da dies selbst bei Zimmertemperatur möglich ist, beeinflusst diese Kraft die Bausteine der Atome und Moleküle zusätzlich zu der dominanten elektromagnetischen Kraft, die diese Bestandteile zusammenhält. Durch das Z^0 wird die Bewegung der Elektronen in einem Atom gestört, zwar nur sehr wenig, aber doch so, dass die Spiegelsymmetrie gebrochen ist. Innerhalb der Atome werden die linkshändig rotierenden Elektronen etwas stärker beeinflusst als die rechtshändig rotierenden.

In den vergangenen Jahren haben die Physiker sehr sorgfältige Experimente mit Atomen bei Zimmertemperatur durchgeführt und waren dabei in der Lage, die winzigen Effekte des Z^0 zu messen, obwohl diese durch die weitaus stärkeren elektromagnetischen Kräfte fast vollständig überdeckt werden. Bei allen Prozessen, an denen Elektronen und Protonen beteiligt sind, wie beispielsweise in Atomen, scheint es nach diesen Ergebnissen tatsächlich einen Unterschied zwischen Links- und Rechtshändigkeit zu geben.

Elektronen sind überall – in den Atomen unserer Körper und in der gesamten Materie. Das wirft die Frage auf, ob auch die Materie im Großen eine spürbare Erinnerung an die Linkshändigkeit hat. Von einigen Wissenschaftlern wurde vermutet, dass diese äußerst schwache Asymmetrie im Verlauf der riesigen Zeitspanne der Evolution zu der Links-rechts-Asymmetrie in Lebewesen geführt haben könnte. Demnach wäre es tatsächlich denkbar, dass die Chiralität mancher organischer Moleküle ihren Ursprung in der kosmischen Ära hat, innerhalb der ersten 10^{-10} Sekunden der Schöpfung.

Biologen, Chemiker und Atomphysiker sind traditionsgemäß immer davon ausgegangen, dass die elektromagnetische Kraft die einzige fundamentale Kraft ist, die eine Auswirkung auf die Chemie der Materie hat. Sollte das der Fall sein, dann gäbe es keine Vorliebe für links oder rechts, und die beobachteten Chiralitäten bei Aminosäuren in Lebewesen müssten durch andere Mechanismen entstanden sein, wie wir sie bereits früher diskutiert haben. Obwohl wir heute wissen, dass das Z^0 kleine Unterschiede im Aufbau bestimmter Moleküle und ihrer Spiegelbilder bewirken kann, wurden die Effekte bisher als so klein angenommen, dass man sie vernachlässigen kann.

Auf den ersten Blick scheint das auch richtig. Ein chirales Molekül und sein Spiegelbild (die wir, wie in Kapitel 4 erläutert wurde, durch die Rotation von polarisiertem Licht unterscheiden können) sind hinsichtlich ihrer Stabilität nahezu gleichwertig. Die stabilsten Zustände sind die mit der geringsten Energie. Der Einfluss des Z^0 innerhalb eines Atoms bewirkt, dass die Energie einer der beiden chiralen Formen um rund 10^{-19} eV kleiner ist als die seines Spiegelbilds. (Ein eV ist eine Einheit für Energie: Sie entspricht der aufgenommenen Energiemenge eines Elektrons, das durch eine Spannung von einem Volt beschleunigt wird.) Das klingt zunächst gut. Doch sobald man sich die Winzigkeit dieser »Stabilität« vor Augen hält, erkennt man die Probleme. Bei Zimmertemperatur bewegen sich Moleküle mit einer kinetischen Energie von rund 1/100 eV. Der Unterschied von 10^{-19} eV zwischen den beiden Molekülformen ist daher 10^{17}-mal kleiner als ihre thermische Bewegungsenergie von 1/100 eV. Solch kleine Effekte sind selbst in sehr präzisen Experimenten mit einzelnen Atomen bei tiefen Temperaturen kaum messbar. Die Wahrscheinlichkeit, dass sie durch die thermische Bewegung überdeckt werden, ist astronomisch.

Einige überraschende Ergebnisse deuten jedoch darauf hin, dass vielleicht doch nicht alles verloren ist. Berechnungen für vier Aminosäuren haben ergeben, dass die linkshändigen Versionen geringere Energien haben und daher als die stabileren angesehen werden. Das scheint in der Natur auch der Fall zu sein, und daher ist die Frage nicht unbegründet, ob sich dieser kleine Vorteil im Verlauf der Zeit durchgesetzt haben könnte und beispielsweise die 20 Aminosäuren, aus denen die Proteine bestehen, nahezu vollständig in ihre linkshändigen Formen konvertiert sind.

Die Antwort hängt davon ab, was man als wichtig und was als vernachlässigbar ansieht, wenn man für das Verhalten der Moleküle in den Ozeanen und der Ursuppe der frühen Erde ein Modell aufzustellen versucht. Einige Wissenschaftler glauben, dass über sehr lange Zeiträume (einige zehntausend Jahre) und für Reaktionen in sehr großen Volumina (wie beispielsweise Ozeane) der Effekt der Spiegelasymmetrie von Bedeutung sein könnte. Andere haben jedoch die Annahmen bei diesen Berechnungen in Frage gestellt und argumentiert, die Modelle seien zu vereinfachend. Abdus Salam (der den Zusammenhang zwischen der schwachen und der elektromagnetischen Kraft formulierte und in diesem Zusammenhang erfolgreich die Existenz des Z^0-Teilchens vorhergesagt hat, wofür er 1979 zusammen mit Weinberg und Glashow den Nobelpreis erhielt) hat jedoch darauf hingewiesen, dass der Effekt durch Phasenübergänge verstärkt werden könnte.

Phasenübergänge sind uns aus dem Alltag vertraut, und in Kapitel 9 haben wir das Beispiel von gefrierendem Wasser näher betrachtet. Bei 0 °C hat Wasser weniger Energie, wenn seine Moleküle in Form von Eiskristallen gebunden sind, als wenn sie im flüssigen Zustand frei umherstreunen können. Da die Natur immer nach dem Zustand niedrigster Energie strebt, wird Eis bevorzugt, und die überschüssige Energie wird als Wärme abgegeben. Beide Phasen – Flüssigkeit und Eis – können bei der »kritischen« Temperatur von 0 °C nebeneinander existieren.

Bei einem Phasenübergang können die Abstände, über die sich der Einfluss einer Störung in der Substanz bemerkbar macht, sehr groß werden. Diesen Abstand bezeichnet man als »Korrelationslänge«. Betrachten wir als Beispiel ein Stück Eisen etwas oberhalb seiner kritischen Temperatur, so dass noch keine Magnetisierung vorhanden ist. Wenn der intrinsische »Nordpol« eines Elektrons in dem Magneten in eine bestimmte Richtung zeigt, dann wird ein großer Prozentsatz der anderen Spins innerhalb der Korrelationslänge die gleiche Orientierung haben. Auch bei Gas-Flüssigkeits-Systemen findet man in der Nähe ihres Siedepunkts eine zugehörige Korrelationslänge. Sie entspricht der Größe von Flüssigkeitstropfen, die sich spontan in der gasförmigen Phase bilden können, bzw. umgekehrt von Gasblasen, die in der flüssigen Phase entstehen.

Durch die »Zaubereien« der Quantenmechanik kann es in einigen Systemen Phasenübergänge bei sehr tiefen Temperaturen geben, die dann zu Phänomenen wie der Supraleitfähigkeit oder der Superfluidität führen. In beiden Fällen bewegen sich die normalerweise wild umherfliegenden Atome plötzlich »im Takt«, wie eine gut gedrillte Soldatentruppe bei einer Parade. Tatsächlich wird dieser Vergleich in diesem Zusammenhang oft herangezogen. Stellen Sie sich vor, Sie schauen aus einer sehr großen Höhe auf eine riesige Menschenmenge herab. Die Leute laufen scheinbar ziellos umher, und da jeder etwas anderes macht, gibt es keine Ordnung. Wenn es sich bei dieser Menschenmenge jedoch um eine Parade handelt, bei der alle dasselbe tun, dann kann man auch aus einer sehr großen Distanz noch erkennen, was vor sich geht. Ganz entsprechend kann sich auch eine große Zahl von Atomen verhalten, die bei der kritischen Temperatur sehr plötzlich von einer allgemeinen Unordnung in eine geordnete Struktur übergehen.

Auf dieser Analogie basiert das Modell von Abdus Salam. Obwohl der Energieunterschied zwischen den links- und rechtshändigen Zuständen der organischen Moleküle im Vergleich zu der thermischen Bewegungsenergie der Moleküle nur winzig ist, könnte die Zusammenarbeit einer großen Anzahl dieser Moleküle bei der kritischen Temperatur zu einer »Kondensation« in den niedrigeren Energiezustand geführt haben. Die Idee ist, dass die Aminosäuremoleküle wie eine Soldatentruppe alle das Gleiche machen und plötzlich in die linkshändige Konfiguration mit der niedrigeren Energie gefallen sind. Ob es sich wirklich so zugetragen hat, ist immer noch umstritten, doch die interessante Schlussfolgerung von Salams Modell ist, dass ein solcher Mechanismus im Prinzip möglich gewesen wäre. Nach dieser Theorie wäre die Drehrichtung unserer DNA ein fossiles Überbleibsel einer Asymmetrie, die bereits 10^{-10} Sekunden nach der Geburt unseres Universums vorhanden war.

Wir sind asymmetrisch. Für die Chemiker und die Biologen ist Asymmetrie etwas Selbstverständliches, da unsere Aminosäuren und die DNA asymmetrisch sind. Die Physiker waren jedoch mehr als erstaunt, als sich auch in der Welt der Elementarteilchen Asymmetrien zeigten. Allerdings fanden sie sehr schnell einen Weg, die Symmetrie wiederherzustellen. Die gewöhnliche Materie, aus der wir alle bestehen, reichte dafür jedoch nicht aus: Sie benötigten noch die so genannte Antimaterie.

Wir werden uns im nächsten Kapitel mit dieser bei Sciencefictionautoren so beliebten seltsamen Substanz noch näher beschäftigen. Für den Augenblick müssen wir nur wissen, dass sich ein Teilchen und sein Antiteilchen in allem außer in einer Eigenschaft gleichen. Sie haben dieselbe Masse, dieselbe Größe, denselben Betrag an elektrischer Ladung etc. Doch wenn das Teilchen negativ geladen ist (wie das Elektron), dann ist sein Antiteilchen positiv geladen (daher »Positron«). Eine Metapher für die enge Beziehung zwischen Elektron und Positron bzw. allgemeiner zwischen Materie und Antimaterie zeigt Abb. 10.1: Wenn wir das Teilchen durch eine bestimmte Form darstellen, dann entspricht dem Antiteilchen das Negativ dieses Bildes. Ein Elektron hat einen Spin, und wenn das Bild einem Elektron entspricht, das sich wie eine linkshändige (bzw. rechtshändige) Schraube vorwärts bewegt, dann wäre das Positron unter den entsprechenden Umständen rechtshändig (bzw. linkshändig). Bei einem Neutrino, das sich immer wie eine linkshändige Schraube dreht (Seite 233 f.), verhält sich sein Gegenpart, das Antineutrino, wie eine rechtshändige Schraube. Während also die fundamentalen radioaktiven Prozesse, insbesondere jene, an denen Neutrinos beteiligt sind, ein klares »linkshändiges« Verhalten zeigen, sind die entsprechenden Prozesse in der Antiwelt »rechtshändig«. Hier wird eine gewisse Symmetrie deutlich: Die wirkliche Welt ist linkshändig und die Antiwelt rechtshändig. Wir können die Metapher der Negativbilder zur Verdeutlichung dieses Sachverhalts verwenden.

Die Ersetzung eines Teilchens durch sein Antiteilchen bezeichnet man als Ladungskonjugation (oder einfach C-Konjugation, nach dem englischen Wort »charge« für Ladung), während die herkömmliche Spiegelung auch Paritätstransformation (P-Transformation) heißt. Die Durchführung beider Operationen nennt man CP-Transformation. Würden sich linkshändige Teilchen immer genauso verhalten wie ihre rechtshändigen Antiteilchen, dann wäre die Natur CP-symmetrisch. Wo die schwache Wechselwirkung einige Teilchen zu ausschließlicher Linkshändigkeit verdammt hat, gibt sie den zuge-

(a)

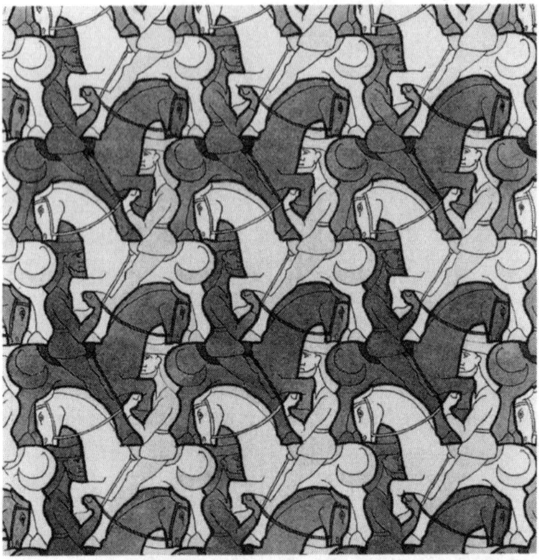

(b)

Abb. 10.2: M.C. Eschers Druck von schwarzen und weißen Rittern auf Pferden (a), zusammen mit seinem Negativbild (b). Betrachten Sie das Negativbild (b) in einem Spiegel, und vergleichen Sie es mit dem Original (a).

hörigen Antiteilchen eine entsprechende Rechtshändigkeit. Die Kombination aus Ladungs- und Paritätstransformation ist auf seltsame Weise ausgeglichen. Die folgenden Überlegungen sollen das verdeutlichen.

Seit langem bewundere ich die Werke des holländischen Künstlers Maurits Cornelis Escher, dessen Zeichnungen durch realistische Details zum Teil bizarre konzeptuelle Wirkungen hervorrufen. Bei einer seiner Arbeiten ist die gesamte Bildfläche mit Rittern auf Pferden ausgefüllt: Weiße Ritter reiten nach links, und der Zwischenraum stellt schwarze Ritter dar, die nach rechts reiten (Abb. 10.2 a); ihrer Form nach sind sie das exakte Spiegelbild der hellen Ritter. Das Bild hat eine gewisse Symmetrie, und doch ist es nicht spiegelsymmetrisch. In einem Spiegel würde man die weißen Ritter nach rechts reiten sehen und die schwarzen Ritter nach links.

Stellen Sie sich nun vor, die schwarzen und weißen Ritter stehen symbolhaft für Materie bzw. Antimaterie, dann ist das Bild ein verblüffendes Porträt der Beziehung zwischen diesen beiden. Konvertieren Sie das Bild zu seinem Negativ, d. h., ersetzen Sie Weiß durch Schwarz und umgekehrt, dann erhalten Sie Abb. 10.2 b. Betrachten Sie nun dieses Bild in einem Spiegel und vergleichen Sie es mit dem Original aus Abb. 10.2 a. Sie sind wieder dort, wo Sie angefangen haben. Das Bild ist nicht spiegelsymmetrisch (»Parität« schlägt fehl), und es ist auch nicht »C«-symmetrisch (Austausch von Schwarz und Weiß schlägt ebenfalls fehl), doch beides zusammengenommen lässt das Bild unverändert. Wir sagen, das Bild ist »CP«-symmetrisch.

Obwohl Materie für sich genommen zur Linkshändigkeit neigt, hat die Antimaterie die Symmetrie wiederhergestellt. Wir bestehen aus der asymmetrischen Hälfte eines vollkommenen Ganzen – das zumindest glaubten die Wissenschaftler für eine kurze Zeit. Bis 1964 ein Experiment am Brookhaven National Laboratory in New York dieses Paradigma ebenfalls über den Haufen warf. Der fällige Nobelpreis ging an James Cronin und Val Fitch, und eine schwedische Zeitung beschrieb ihre Entdeckung mit der Schlagzeile »Die Naturgesetze sind falsch!«. Wir werden in Kapitel 12 darauf zurückkommen, nachdem wir uns mit der Antimaterie auseinander gesetzt haben.

Kapitel 11

DIE BEDEUTUNG DER ANTIMATERIE

Antimaterie ist von einer Aura des Geheimnisvollen umgeben. Ihre Welt scheint das natürliche Gegenstück zu unserer Wirklichkeit; Links wird zu Rechts, Norden zu Süden, und die Zeit läuft rückwärts. Wohlbekannt ist ihre pyrotechnische Fähigkeit, Materie in einem Lichtblitz zu zerstören und in reine Energie umzuwandeln. In Sciencefictionromanen werden ahnungslose Sternenreisende von Antiplaneten in ihr Verderben gelockt, und Antiwasserstoff ist der Treibstoff von Raumschiffen.

Antiteilchen werden allgemein als etwas Exotisches angesehen, das nur in Hochenergiebeschleunigern hergestellt werden kann und in gewisser Hinsicht »nicht von dieser Welt ist«. Und trotzdem ist Antimaterie ein Teil unserer Wirklichkeit. Sie verhält sich in unvergleichlicher Vollkommenheit zu unserer Materie wie der rechte Handschuh zum linken. Tatsächlich stammte der erste Hinweis auf die Existenz dieser Antiwelt nicht von einem Experiment, einer Zufallsentdeckung, sondern der englische Mathematiker Paul Dirac fand sie in den wunderbaren Strukturen seiner Gleichungen. So wie die Viertel-, Achtel- und Sechzehntelnoten auf den Linien eines Notenblatts nur Symbole sind, bis sie durch einen Maestro zu einer herrlichen Melodie geweckt werden, so können auch trockene mathematische Gleichungen dem Kenner eine tiefe Harmonie der Natur offenbaren.

Als Dirac auf den Plan trat, gab es zwei große Theorien des Universums, die miteinander in keiner Beziehung zu stehen schienen: die Quantentheorie und die Relativitätstheorie. Dirac gelang es, diese beiden Theorien zusammenzubringen, und dabei stolperte er gleichsam über die Antiwelt.

Die Quantentheorie beschreibt die Welt innerhalb eines Atoms, die Welt der fundamentalen Teilchen, beispielsweise der Elektronen. Atome stellt man sich oft als Miniatursonnensysteme vor, bei denen die planetenartigen Elektronen um eine nukleare Sonne kreisen: kleine Kugeln, die um etwas Großes in der Mitte herumwirbeln. In unserem tatsächlichen Sonnensystem werden die Planeten von der Sonne durch die Gravitation auf ihrer Bahn gehalten, während der Atomkern die Elektronen mit Hilfe elektrischer Kräfte anzieht. Doch schon immer hatten die Physiker Probleme mit dieser Vorstellung. Die Elektronen hätten auf einer Spiralbahn in den Atomkern fallen müssen, und zwar so schnell, dass wir nie hätten entstehen können.

Erst die Quantentheorie brachte eine Lösung dieses Problems. Wenn die Abstände kleiner werden als der millionste Teil eines Millimeters, d. h. in der Welt der Atome, gelten viele der Erfahrungen nicht mehr, die uns aus der Welt der großen Dinge vertraut sind.

Max Planck hatte die Quantentheorie im Jahr 1900 ins Leben gerufen. Doch erst ein Vierteljahrhundert später fand man die Quantenregeln für das Verhalten von Elektronen in Atomen. Der österreichische Physiker Erwin Schrödinger und sein deutscher Kollege Werner Heisenberg formulierten die Gleichungen, nach denen die Elektronen ihren Tanz choreographieren, und sie konnten so die Eigenschaften von Atomen und Molekülen erfolgreich beschreiben. Die Lösung dieser Gleichungen war (und ist teilweise immer noch) in vielen Fällen ein großes mathematisches Problem, und daher war es auch nicht leicht, sämtliche Konsequenzen und Implikationen aus diesen Gleichungen herzuleiten. Grundsätzlich hatte es jedoch den Anschein, als ob es nicht mehr viel zu verstehen gäbe.

Während die Quantentheorie die Welt der kleinsten Teilchen beschreibt, wird die spezielle Relativitätstheorie relevant, wenn sich Dinge nahezu mit Lichtgeschwindigkeit bewegen. In der Quantenwelt versagt unser gesunder Menschenverstand, und Teilchen erscheinen manchmal weniger als substanzielle Gegenstände, sondern eher wie Wellen. Sie haben dann die schwer vorstellbare Fähigkeit, an mehr als einem Ort gleichzeitig zu sein. In der von Einstein mit seiner speziellen Relativitätstheorie beschriebenen Welt werden Gegenstände unendlich schwer, wenn sich ihre Geschwindigkeit der Lichtgeschwindigkeit nähert. Auch in diesem Fall wird unser gesunder Menschenverstand ziemlich strapaziert.

Unsere Alltagserfahrung scheint diesen Phänomenen zu widersprechen, und doch wurde in Experimenten immer wieder bestätigt, dass sich unser Universum tatsächlich so verhält. (Eine lebhafte Beschreibung dieser wundersamen Dinge im Alltag findet man in den beiden Büchern *The Quantum Universe* und *Einstein's Mirror* von Tony Hey und Patrick Walters.) Wie alle Theorien müssen auch die Relativitätstheorie und die Quantenmechanik immer wieder überprüft und erweitert werden. Als Physiker beobachten wir das Universum und versuchen, Regelmäßigkeiten zu finden, die in Gesetzen zusammengefasst werden können. Die Richtigkeit dieser Gesetze überprüfen wir mit Experimenten. Manchmal hoffen wir, dass diese Experimente nicht die vorhergesagten Ergebnisse liefern, denn

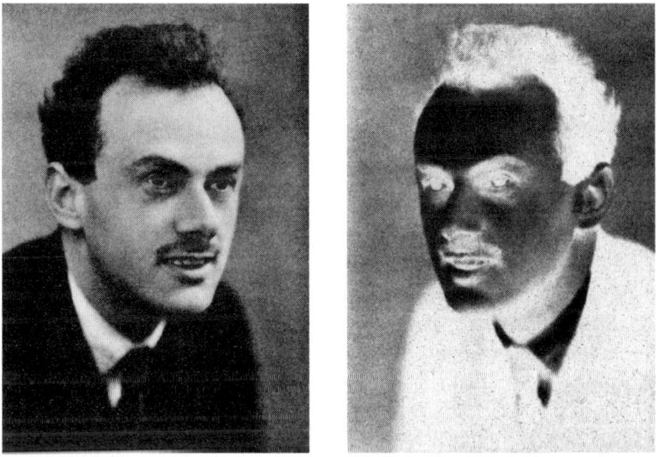

Abb. 11.1: Paul Dirac und das Negativ seines Bildes – sein Antimaterie-Spiegelbild.

gerade dann, wenn sich unsere Vorstellungen als falsch erweisen, erweitern wir unsere Erfahrungen. Die Kunst der Forschung besteht darin, die richtigen Fragen zu stellen und herauszufinden, wo unser Verständnis endet. Genau das tat Dirac 1928. Er versuchte, die bestehenden Theorien des Universums zu erweitern und zu überprüfen, und er wollte sehen, wohin ihn das führte. Insbesondere fragte sich Dirac, was passiert, wenn man gleichzeitig *beide* Theorien – die Quantentheorie *und* die Relativitätstheorie – auf das Einfachste aller Teilchen, das Elektron, anwendet.

Pauls Vater war Schweizer. Er zog nach Bristol und lehrte dort Sprachen. Englisch und Französisch nahmen zu Hause gleichen Rang ein, und so wuchs Paul zweisprachig auf. Allerdings war er in beiden Sprachen außergewöhnlich wortkarg, und es gibt unzählige Anekdoten über seine sprachliche Sparsamkeit. Bei den gelegentlichen Essen mit Kollegen tauchte immer wieder das heikle Thema auf, wem wohl das zweifelhafte Vergnügen zuteil würde, neben dem schweigsamen Genie sitzen zu dürfen. Bei einer dieser Gelegenheiten war der englische Erzähler E. M. Forster zu Gast, und irgendjemand hatte die Idee, Dirac und Forster nebeneinander zu setzen. Auch Forster tat sich mit geschriebenen Worten leichter als mit leichter Konversation, und Dirac war ein leidenschaftlicher Leser seiner Werke. Man erzählt sich die folgende, vermutlich unwahre Geschichte, aber in Anbetracht der beiden Charaktere hätte der Abend durchaus so verlaufen können. Während der Vorspeise wurde überhaupt nicht gesprochen, doch als die Hauptspeise serviert wurde, beugte sich Dirac zu seinem Nachbarn und fragte in Anlehnung an Forsters *A Passage to India (Auf der Suche nach Indien)*: »Was geschah in der Höhle?« Das war der gesamte Beitrag Diracs zur Konversation dieses Abends. Schweigend dachte Forster über die Frage nach, aß und grübelte weiter. Schließlich kam der Nachtisch, und Forster gab seine Antwort: »Ich weiß es nicht.«

Persönliche Gespräche waren nun mal nicht Diracs Stärke, und wie Forster zog er geschriebene Symbole vor. Für Dirac waren das die Hieroglyphen der Mathematik, und alle theoretischen Physiker sind sich einig, dass die Kreativität, Ausdrucksstärke und Eleganz seiner mathematischen Gleichungen durchaus vergleichbar mit den Werken von Shakespeare oder Beethoven sind. In seinem großen Werk aus dem Jahr 1928 verschmolz er die Ideen Heisenbergs und Schrödingers zur Quantenmechanik mit dem zweiten großen Opus des Jahrhunderts, der Einsteinschen Relativitätstheorie, und er erfand in diesem Zusammenhang eine neue mathematische Sprache. So seltsam und bizarr sie auch damals erschien, heute gehört sie zur Ausbildung der Studenten und wird von allen theoretischen Physikern verwendet. Es war besonders ein Ergebnis, das alle von der Richtigkeit seiner Überlegungen überzeugte: Er konnte erklären, warum das Elektron sich um seine eigene Achse dreht, und er löste damit das letzte Rätsel um das Atom.

Selbst wenn damit die Einsichten Diracs erschöpft gewesen wären, für die Physik zur Mitte des Jahrhunderts war dies eine herausragende Erkenntnis. Immerhin hatte er die Beschreibung des Atoms vervollständigt und (vorübergehende) Spekulationen genährt, dass nun sämtliche Regeln der Physik entdeckt seien und die Physiker besser Biologen werden sollten. Doch die größte Folgerung aus der Dirac-Gleichung (wie sie wohl für alle Zeiten genannt werden wird) bestand in der Eröffnung einer vollkommen neuen Welt, die es um uns herum nicht gibt. Diracs Elektron mit seinem Spin, den uns die Natur durch feine Strukturen in den Lichtspektren von Atomen in Magnetfeldern offenbart hatte, kann nicht allein existieren. Es zeigte sich, dass die Dirac-Gleichung zwei Lösungen hat. Die eine Lösung entspricht dem vertrauten negativ geladenen Elektron, das 1897 von J. J. Thomson entdeckt worden war (Seite 112). Die zweite Lösung impliziert die Existenz eines seltsamen Spiegelbilds des Elektrons, das mit diesem in allen Eigenschaften identisch ist, außer in der elektrischen Ladung, die positiv statt negativ ist. Dieses »Antielektron« wird auch kürzer als »Positron« (für »positives Elektron«) bezeichnet und ist ein Beispiel für Antimaterie.

Zu jener Zeit erschien vielen Physikern die Vorhersage eines Antielektrons als Sciencefiction. Bis zu diesem Zeitpunkt kannte man nur Teilchen, die als Bestandteile der Materie um uns herum existieren, nämlich die Elektronen in der Atomhülle und die Protonen und Neutronen im Atomkern. Für das Antielektron gab es keinen Platz, und bei jedem Seminar wurde Dirac gefragt: »Wo ist das Antielektron?« Solche Fragen erzeugten Gelächter, und Dirac hatte bald die Nase voll. Es ärgerte ihn, dass nur wenige seiner Zeitgenossen seine Gleichung wirklich untersucht hatten, geschweige denn seinen Argumenten folgen konnten. Um diese lästigen Fragen abzuwehren, pflegte Dirac schon mal zu antworten, dass das Proton ein geeigneter Kandidat für das Antielektron sei, da es ebenfalls eine positive Ladung trage.

Es wurde gelegentlich vermutet, dass Dirac das Proton ernsthaft für das positiv geladene Teilchen hielt, das aus seinen Gleichungen aufgetaucht war wie ein Hase aus dem Hut eines Zauberers. Für den heutigen Physiker erscheint das absurd, denn die Masse des Protons ist rund 2000-mal größer als die des Elektrons, und die Massen von Teilchen und Antiteilchen müssen dieselben sein. Die Symmetrien zwischen Materie und Antimaterie sind heute weitaus besser verstanden als 1928, und man kann sich darüber streiten, ob der Massenunterschied damals schon als so offenkundiger Unsinn angesehen wurde wie heute. Peter Kapitsa, ein berühmter russischer Physiker und Zeitgenosse Diracs, ist jedenfalls der Meinung, dass Dirac trotz seiner verschlossenen Art nur gescherzt habe, um die lästigen Frager abzuwimmeln. Das Problem der Massen habe er als »Detail« abgetan, das sich noch klären würde.

Was auch immer die Wahrheit sein mag, die Fragen endeten 1932, als das Antielektron in der kosmischen Strahlung gefunden wurde – mit positiver Ladung und identischer Masse zu seinem Zwillingspartner. Das schwere Proton aus dem Atomkern ist ein völlig anderes Objekt und besitzt nach der Dirac-Gleichung ebenfalls einen »Anti«-Partner, ein negativ geladenes Antiproton. Es dauerte noch eine ganze Weile, bis man auch das Antiproton fand. Schließlich wurde es 1955 bei sehr energiereichen Kollisionen von Protonen mit anderen nuklearen Partnern am Hochenergiebeschleuniger in Berkeley, Kalifornien, nachgewiesen. Diracs Vorhersage, dass es zu jeder Teilchenart einen Antiteilchen-Partner geben müsse, wird heute als eine grundsätzliche Wahrheit angesehen, als Zeichen einer fundamentalen Symmetrie im Aufbau des Universums.

Positronen bei der Arbeit

Nachdem Dirac einmal den Weg gewiesen hatte, tauchten an allen Ecken und Kanten Positronen auf. Der Energieblitz bei der Annihilation eines Positrons mit einem Elektron kann von PET-Scannern (Positron-Emissions-Tomographie-Scannern) nachgewiesen werden. Auf diese Weise lässt sich der Weg von chemischen Substanzen durch das Gehirn verfolgen. In der Industrie nutzen Techniker einen ähnlichen Prozess, um in Turbinen frühe Anzeichen von Metallermüdungen zu erkennen.

1932 berichtete Carl Anderson vom Caltech zum ersten Mal von Positronen in der kosmischen Strahlung, die er in seiner Nebelkammer gesehen hatte. Daraufhin durchsuchten andere Physiker ihre alten Nebelkammeraufnahmen und fanden dort ebenfalls Anzeichen für das Positron, die sie vorher jedoch übersehen hatten. Unter ihnen waren auch Irene und Frédéric Joliot-Curie. Nachdem sie den Nobelpreis für die Entdeckung des Neutrons verpasst hatten, mussten sie nun erkennen, dass ihnen mit dem Positron nochmals das Gleiche widerfahren war. Anderson erhielt 1936 den Nobelpreis für seine Entdeckung des Positrons.

Zu dieser Zeit war die Betastrahlung – die Emission von Elektronen aus dem Atomkern, auf die Becquerel im Jahr 1896 gestoßen war – gut ausgemessen. Daher lag die Annahme nahe, dass in einigen radioaktiven Zerfällen auch Positronen erzeugt würden. In diesem Fall war das Ehepaar Joliot-Curie erfolgreich. Im Jahr 1934 wiesen sie nach, dass bestimmte Atomkerne tatsächlich spontan Positronen emittieren können.

Der Hauptunterschied zwischen radioaktiven Zerfällen, bei denen Positronen emittiert werden, und solchen Zerfällen, bei denen Elektronen emittiert werden, besteht in den Prozessen, die sich an einen solchen Zerfall anschließen können. Ein emittiertes Elektron kann als elektrischer Strom umherfliegen oder sich den planetenartigen Elektronen eines Nachbaratoms anschließen. Dadurch können später chemische Reaktionen ausgelöst werden und unzählige andere Abenteuer die Zukunft des Universums beeinflussen. Dem-

Abb. 11.2: Die von einem Elektron und einem Positron hinterlassenen Spuren in einem Teilchendetektor. Sie drehen sich spiralförmig in die entgegengesetzte Richtung, ihre feine Symmetrie andeutend. (Weitere Abbildungen von Positronen in *The Particle Explosion* von Close, Marten und Sutton, Oxford University Press.)

gegenüber ist ein Positron in unserer Welt ein Fremdkörper und wird nicht lange überleben. Eine Horde negativ geladener Elektronen wird das Positron umschwirren. Eines dieser Elektronen wird sich als Partner zu dem Positron gesellen, und sie werden einen schicksalhaften kosmischen Tanz beginnen, bei dem sie immer enger umeinander kreisen und sich schließlich innerhalb einer Mikrosekunde in einem Lichtblitz gegenseitig annihilieren. In diesem Prozess liegen auch die praktischen Anwendungen des Positrons.

Die Emission von Positronen ist durchaus nichts Ungewöhnliches, sondern im Gegenteil etwas Natürliches. Nukleare Isotope mit dieser Fähigkeit sind für die Medizin und die Technik sehr nützlich. Einige Beispiele sind Kohlenstoff-11, Stickstoff-13 und Sauerstoff-15. Hierbei handelt es sich um die radioaktiven Formen von Elementen, die in unserem Körper weit verbreitet sind. Die Positronenemission dieser Substanzen kann zur Überprüfung verschiedener Körperfunktionen, beispielsweise des Gehirns, genutzt werden. Das Grundprinzip ist sehr einfach: Wenn der Kern ein Positron emittiert, das kurz darauf mit einem Elektron annihiliert, entstehen dabei zwei Gammastrahlen, die nahezu in entgegengesetzte Richtungen entweichen. Mit Schaltkreisen, wie sie in der Teilchenphysik entwickelt wurden, lassen sich diese Strahlen nachweisen, wodurch der Ort des emittierenden Kerns sehr genau bestimmt werden kann. Doch wie sehen die Anwendungen im Einzelnen aus?

Wenn wir denken, sind verschiedene Bereiche unseres Gehirns in unterschiedlichem Maße aktiv. Bei dieser Aktivität wird Energie verbraucht, die dem Gehirn in Form von Zucker über den Blutkreislauf zugeführt wird. Wenn wir die Zuckerkonzentration in den einzelnen Gehirnzonen messen, erlaubt uns das Rückschlüsse auf das jeweilige Maß an Aktivität. Chemiker können radioaktive Atome in Zuckermoleküle einbauen. Der Zucker kann dann vom Körper aufgenommen werden, und dieser verteilt ihn in den aktiven Bereichen, dem Herzen, den Lungen, den Muskeln und dem Gehirn. Durch den Einsatz von Positronen emittierendem Zucker wurden viele Bereiche der medizinischen Diagnose revolutioniert. Die Positronen werden sofort durch Elektronen aus der Umgebung annihiliert, und es bleiben zwei Gammastrahlen – hoch energetische Lichtblitze – übrig. Wenn wir registrieren, wo die Gammastrahlen den Körper verlassen, können wir den Ort der Annihilation genau bestimmen und damit auch den Ort, an dem sich der Zucker befand.

Indem um den Kopf eines Patienten kreisförmig Kameras angeordnet werden, kann man das Gehirn in verschiedenen Ebenen abbilden – diese Technik ist als Positron-Emissions-Tomographie oder PET bekannt. Die besonders relevanten Isotope haben eine vergleichsweise kurze Lebensdauer (Sauerstoff-15 beispielsweise, das zur Untersuchung des Sauerstoff-Stoffwechsels eingesetzt wurde, hat eine Lebensdauer von nur zwei Minuten) und müssen daher in der Nähe des Patienten präpariert werden. Dazu bombardiert man geeignete Elemente mit Protonenstrahlen aus einem Beschleuniger. Kleine, ursprünglich in der Kernforschung verwendete Beschleuniger werden heute in der medizinischen Forschung eingesetzt, und manche Krankenhäuser besitzen eigens für diesen Zweck spezielle Beschleuniger.

Positron-Annihilation wird auch zur Materialuntersuchung eingesetzt. Metallermüdungen lassen sich auf diese Weise erkennen, lange bevor andere Verfahren ansprechen. Diese Methode wurde zur Überprüfung von Flugzeugturbinenblättern eingesetzt. Der Sicherheitsspielraum kann dadurch wesentlich enger gewählt werden, was wiederum zu Kostenersparnissen führt.

Antiteilchen, insbesondere Positronen, sind also sehr verbreitet und werden täglich zu unser aller Nutzen eingesetzt. Wenn sie uns trotzdem weniger vertraut sind als Elektronen, so nur deshalb, weil sie von der Überzahl der Elektronen so schnell vernichtet werden. Positronen entstehen auch während der ersten Stadien der nuklearen Verbrennung im Zentrum der Sonne. Die Sonne besteht in erster Linie aus Wasserstoffplasma, also Protonen und Elektronen, die unabhängig voneinander umherfliegen und ein elektrisch geladenes Gas bilden. Wenn zwei Protonen ineinander stoßen, kann durch die hohe Energie eines der Protonen in ein Neutron und ein Positron verwandelt werden. Das Neutron und das andere Proton gehen dann eine feste Verbindung ein, die als Deuteron bekannt ist. Dabei handelt es sich um den Kern des »schweren Wasserstoffs« oder auch »Deuteriums«. Bei der Kollision zweier Deuteronen entsteht ein Heliumkern, das primäre Endprodukt bzw. die Asche des solaren Fusionsprozesses. Das Positron wird praktisch sofort im Elektronplasma annihiliert, wobei Gammastrahlen erzeugt werden. Im Durchschnitt benötigen diese Gammastrahlen einige hunderttausend Jahre, bis sie ihren Weg durch das Plasma an die Sonnenoberfläche gefunden haben. Dabei verlieren sie sehr viel Energie und werden von der Sonne schließlich als das sichtbare Licht abgestrahlt, das wir als Ball am Himmel sehen. Tageslicht ist somit ein Endprodukt der Positronen.

Positronen lassen sich auch relativ leicht herstellen. Wenn Elektronen durch das elektrische Feld eines schweren Atomkerns treten, wird dieses Feld gestört und kann zu einem Elektron-Positron-Paar materialisieren. Dieser Prozess lässt sich im Experiment leicht realisieren und bildet den ersten Schritt in einem Mammutprojekt am CERN in Genf, bei dem Wissenschaftler und Techniker Bedingungen erzeugen, wie sie zum Zeitpunkt der Schöpfung geherrscht haben. Wenn die »frisch gebackenen« Elektronen und Positronen durch ein Magnetfeld hindurchtreten, werden die negativ geladenen Elektronen und die positiv geladenen Positronen in verschiedene Richtungen abgelenkt. Man erhält so zwei Strahlen, einen Elektronstrahl und einen Positronstrahl. Damit die Positronen in der für sie feindlichen Umgebung überleben können, müssen sie in Vakuumröhren gehalten werden, in denen die Luft dünner als auf dem Mond ist. (Dies ist nur eines in einer Reihe von technischen Wundern, die gelöst werden mussten, um an den Anfang der Zeit reisen zu können.) Die beiden Strahlen werden durch elektrische Felder beschleunigt und durch starke Magneten in einem kreisförmigen Tunnel, dem LEP (Large Electron Positron-Beschleuniger), gehalten. Mit nahezu Lichtgeschwindigkeit treffen sie schließlich aufeinander. Die frontale Kollision dieser beiden Teilchen aus Materie und Antimaterie führt zu sofortiger Annihilation. In dem winzigen Volumen, in dem diese Kollision stattfindet, ist für kurze Zeit eine Energiemenge konzentriert, die der Energiedichte in unserem Universum in den ersten Augenblicken nach seiner Geburt entspricht.

Auf diese Weise lassen sich die Bedingungen zu Beginn unseres Universums künstlich nachstellen, und man kann die Vorgänge während einer Epoche untersuchen, in der zum ersten Mal Materie entstanden ist. Sämtliche Ergebnisse dieser Experimente deuten darauf hin, dass Teilchen und Antiteilchen in gleichen Mengen erzeugt wurden. Hier, wo sich die Relativitätstheorie und die Quantentheorie treffen, offenbart sich ihr Vermächtnis: die vollkommen symmetrische Schöpfung der ersten Teilchen in Form von Materie und Antimaterie.

Die Symmetrie der Schöpfung

LEP ist das größte wissenschaftliche Instrument der Welt. Es befindet sich in 50 Meter Tiefe in einem 27 Kilometer langen Tunnel. Riesige Magneten leiten die Elektronen und Positronen zu ihrem Ziel. Ich besuchte das LEP gleichzeitig mit einer Gruppe junger Studenten aus England. Mit einem speziellen Aufzug fuhren wir einen Schacht hinunter, dessen Länge mit einem Wolkenkratzer vergleichbar ist, sich allerdings rund 20 Stockwerke in die Tiefe erstreckt. Wir erreichten den mit Magneten bestückten Ring, der in weiter Ferne in einer sanften Kurve verschwand.

Mit der nötigen Zeit kann man natürlich den gesamten Kreis umwandern. Doch meist verwenden die Techniker Fahrräder, um zu entfernteren Punkten zu gelangen, und mit Hilfe einer Versorgungsseilbahn an der Decke eines Zugangstunnels werden größere Materialmengen mit rund 30 Stundenkilometern transportiert. Trotz dieser Hilfsmittel sollte man sich für diese Reise jedoch mindestens eine Stunde Zeit nehmen. Die Teilchen im LEP reisen mit 99,9999 Prozent der Lichtgeschwindigkeit und durchlaufen den Kreis pro Sekunde 11 000-mal. Sie werden unter Schweizer Weinbergen beschleunigt, kreuzen die Grenze nach Frankreich, hasten unter der Voltaire-Statue eines französischen Vororts von Genf herum, rasen unter Feldern, Wäldern und Dörfern am Rande des Jura entlang, bis sie schließlich frontal auf ihre Antiteilchen-Partner treffen. Es gibt

Abb. 11.3: Der LEP-Ring, eingezeichnet in die Landschaft um Genf.

vier Stellen entlang des Kreises, wo diese Kollisionen stattfinden, und spezielle Instrumente nehmen die Daten auf. An jeder dieser Stellen öffnet sich der Tunnel plötzlich zu einer unterirdischen Höhle, die sogar eine Kathedrale wie Notre-Dame aufnehmen könnte.

Dieser Anblick bot sich uns, als wir den Magneten durch den

Abb. 11.4: Innerhalb des LEP-Tunnels.

Tunnel folgten. Vor uns befand sich eine Betonwand, und der Magnetring endete. Eine dünne Röhre, in der die Teilchenstrahlen verlaufen, trat aus den Magneten heraus und verschwand in einem kleinen Loch in der Mitte der Betonwand. Zur Rechten befand sich eine Tür, und als der erste Student hindurchgetreten war, hörte ich ein beeindrucktes »Wow!«. Wir befanden uns in der riesigen Halle mit dem Detektor.

Insgesamt acht Hallen dieser Art sind um den LEP-Ring verteilt. In vier Hallen, jeweils an den Kollisionspunkten, befinden sich Detektoren. Jeder dieser Detektoren ist mit einem riesigen und sehr komplizierten Stück Juwel vergleichbar – sie sind voller Kristalle. Ihre poetischen Namen vermitteln einen Eindruck von dem Ruhm ihrer Taten: Delphi, Opal, Aleph. Etwas prosaischer klingt da der Name des vierten Detektors: L3. Sie wurden als die hässlichsten, haarigsten und kompliziertesten Maschinen bezeichnet, die jemals gebaut wurden. (In Anbetracht der titanischen Ausmaße von Delphi mit seinen fabrikartigen Metalltreppen, die sich über vier Stockwerke erstrecken, beschrieb ein Besucher seinen Eindruck als vergleichbar mit dem, was ein ausgewachsener Getreidekäfer empfinden müsse, der sich zum ersten Mal einem Brotlaib gegenübersieht.) Jeder dieser Detektoren könnte ins *Guinness-Buch der Rekorde* aufgenommen werden. Delphi beispielsweise hat den größten supraleitenden Magneten der Welt, und in L3 befindet sich ein Elektromagnet, der mehr Eisen enthält als der Eiffelturm.

Im Wesentlichen besteht jeder Detektor aus einem zehn Meter langen, mit modernster Elektronik ausgestatteten Zylinder. Während man über rund 200 Metallstufen die Detektoren hinaufsteigt, warnen unzählige blinkende Lichter vor Hochspannung oder intensiven Magnetfeldern. Tausende von Kabeln laufen am Boden entlang, und überall treten aus den Seiten des Detektors Bündel von Drähten heraus. Auf einer Montagebrücke kann man über den Detektor laufen, und in der Mitte befindet man sich rund fünf Meter über dem Punkt, an dem die Positronen ihr Schicksal ereilt.

Näher sind Menschen dem Big Bang noch nie gewesen. Doch dafür müssen sich die beiden Strahlen genau zum richtigen Zeitpunkt am richtigen Ort befinden. Die Elektronen und Positronen treten entlang der Mittelachse des Zylinders in den Detektor ein, die Positronen von einer Seite und die Elektronen von der anderen. Wenn sich die beiden Strahlen treffen, vernichten sie sich gegenseitig in einem Blitz aus Energie. Das ist der entscheidende Augenblick. Für den Bruchteil einer Sekunde simulieren wir den Big Bang zu Beginn unseres Universums. Aus diesem Energieblitz entladen sich Teilchen aus Materie und Antimaterie, ebenso wie es zu Beginn der Zeit geschehen ist. Die ersten Augenblicke, wenn die Urteilchen der Materie heraustreten, werden vom Detektor eingefangen und registriert. So wird der lang zurückliegende Akt der Schöpfung immer von neuem wiederholt.

Wenn die Teilchen durch den Detektor treten, lösen sie Elektrosignale aus, die über Kabel sofort in den nahe gelegenen Computerraum übertragen werden. Die Magneten in den Detektoren sind so stark, dass sie noch in einigen Dutzend Metern Entfernung die Bilder auf den Computermonitoren verzerren. Als die Anlage in Betrieb genommen wurde, hatte man daran nicht gedacht, und die Wissenschaftler waren mehr als erstaunt, als die Bilder auf den Terminals in der Nähe des Detektors durch die intensiven Magnetfelder auf den Kopf gestellt oder umhergewirbelt wurden.

Die Bildschirme lassen sich mit der Linse am Ende eines Teleskops vergleichen. Hier werden die Spuren der neugeborenen Teilchen und Antiteilchen aufgezeichnet und grafisch wiedergegeben. Die Aufgabe der Wissenschaftler ist es, auf Grund ihrer Erfahrung in dieser bizarren Welt die seltsamen Hieroglyphen zu entziffern und zu interpretieren. Man könnte die Aufgabe damit vergleichen, aus den Bremsspuren auf einer Straße den Hergang eines Autounfalls zu rekonstruieren.

Hunderte von Wissenschaftlern aus der ganzen Welt arbeiten bei diesen Experimenten zusammen. Sie benötigen die Daten möglichst rasch und müssen sich die Ergebnisse ihrer Arbeit untereinander leicht mitteilen können. Genau für diese Aufgabe wurde 1989 am CERN das World Wide Web entwickelt. Damals galt es als Revolution, heute ist es die »Presse« des 21. Jahrhunderts. Wenn die Bil-

Abb. 11.5: Ein LEP-Detektor mit vier Wissenschaftlern zum Größenvergleich.

der auf den Schirmen erscheinen, können die Wissenschaftler mit ihrer Arbeit beginnen und die Vorgänge während der Kollision rekonstruieren. Auch in diesem Bereich hat der Computer das Bild der Teilchenphysik verändert. Vor dreißig oder vierzig Jahren konnte man vielleicht 500 Aufnahmen im Jahr durchkämmen und nach den ein oder zwei wirklich kritischen Bildern suchen. Hatte man es übersehen, war der Nobelpreis verloren. Heute kann der Computer in jeder Stunde Tausende solcher Bilder analysieren; außerdem lässt er sich so programmieren, dass er nur die wirklich interessanten Bilder erkennt.

Der Entwurf und Bau der Detektoren war eine technische Glanzleistung, ebenso bemerkenswert wie die wissenschaftlichen Ergebnisse der Experimente. Kein Bauteil der Detektoren existierte bei ihrem Entwurf in den achtziger Jahren bereits auf dem Elektronikmarkt. Der gesamte Koloss wurde von Hunderten von Leuten in unterschiedlichen Gruppen auf der ganzen Welt entwickelt. Die einzelnen Komponenten, bis hinab zu den Schrauben und Muttern, wurden an verschiedenen Orten und sogar auf verschiedenen Kontinenten gebaut.

LEP und seine Spezialkameras sind so exakt, dass sie sogar auf die Mondbewegung reagieren. Vor einigen Jahren wunderten sich die Wissenschaftler, warum die Elektronen und Positronen manchmal etwas zu früh und zu anderen Zeiten wiederum etwas zu spät zu ihrem selbstzerstörerischen Rendezvous erschienen. Der Unterschied betrug weniger als eine Nanosekunde, das ist eine Milliardstel Sekunde, doch LEP war präzise genug, ihn wahrzunehmen. Die zeitlichen Abweichungen traten zu unterschiedlichen Tageszeiten auf, mal morgens und mal abends, mit einer Periode von 28 Tagen. Dann wurde den Wissenschaftlern klar, was vor sich ging. Wir alle wissen, dass die Gezeitenwirkung des Mondes die Oberfläche der Ozeane um mehrere Meter anheben kann, doch auch die Felsen in der Erdoberfläche werden durch den Mondzyklus beeinflusst, wenn auch nur um minimale Beträge. Die 27 Kilometer Umfang von LEP wurden alle vier Wochen um einige Millimeter gedehnt und dann wieder gestaucht, daher mussten die Strahlen zu manchen Zeiten

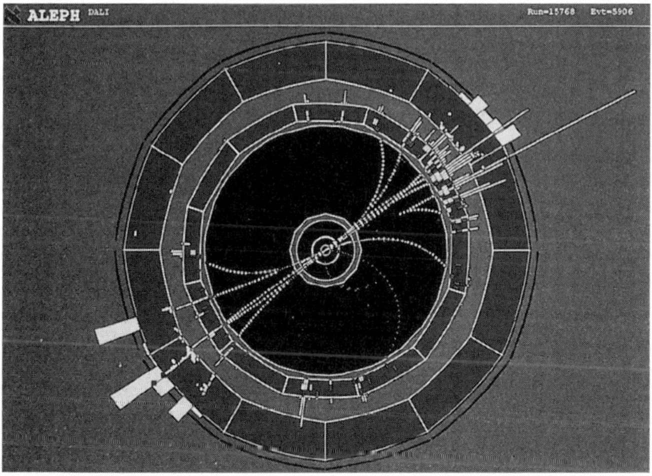

Abb. 11.6: Spuren von Teilchen und Antiteilchen, wie sie auf dem Computerbildschirm erscheinen. Man vergleiche das Computerbild mit der Detektoraufsicht aus Abb. 11.5.

eine größere Strecke zurücklegen und zwei Wochen später eine kürzere.

Die Software der Computer wurde an die monatliche Gezeitenwirkung angepasst, und die Wissenschaftler erhofften sich nun ein gleichförmiges Verhalten. Doch dann zeigte sich eine zweite Abweichung, die ursprünglich durch den Einfluss des Mondes überdeckt worden war. Die für die Kontrolle des LEP verantwortlichen Techniker bemerkten leichte Schwankungen im Lauf der Maschine, und zwar jeden Morgen und nochmals am Abend für einige Minuten. Zunächst fand man keine Erklärung, doch dann gab es in Frankreich einen Generalstreik, und die Schwankungen verschwanden. Als der Streik beendet war, traten die Abweichungen wieder auf. Irgendwann bemerkte jemand, dass die Zeiten mit der Ankunft des französischen Hochgeschwindigkeitszuges TGV in Genf übereinstimmten. Die empfindliche Elektronik am LEP reagierte auf die Stromentnahme dieses Zuges aus der Oberleitung. Nachdem der Einfluss des Mondes und des TGV korrigiert war, läuft die Maschine nun absolut schwankungsfrei viele Monate jedes Jahr. Einschränkungen gibt es nur, wenn die Maschine zu Wartungszwecken abgeschaltet wird, oder bei einem gelegentlichen Alarm, wie beispielsweise vor einigen Jahren, als ein verärgerter Arbeiter während einer Überprüfung der Magnete zwei Bierflaschen in die Beschleunigerröhre stopfte.

Im Verlauf der zehn Jahre, die LEP in Betrieb war, wurden über 10 Millionen Aufnahmen gemacht. Sie zeigen die Schöpfung der Materie unter Bedingungen, wie sie ungefähr eine Milliardstel Sekunde nach dem Big Bang vorherrschten. Langsam beginnen wir, die Geschichte zu entziffern, die uns diese Bilder erzählen.

Was also sehen wir, nachdem sich die Elektronen und Positronen bei den immensen Energien des LEP gegenseitig vernichtet haben? Manchmal sehen wir zwei Gammastrahlen, wie beim PET-Scanner. Doch unter der Wucht des Big Bang haben sich noch viele andere Prozesse abgespielt, die von LEP teilweise aufgedeckt wurden. Bei den »Mini-Bangs« entstehen Teilchen und Antiteilchen (wie Elektronen und Positronen) oder Quarks (die Bausteine der Atomkerne) und ihre Antiteilchen (die »Antiquarks«).

Die meisten dieser Teilchen waren schon bekannt, lange bevor LEP gebaut wurde, doch mit Hilfe von LEP konnten wir die Beziehungen zwischen diesen Teilchen besser verstehen. Zunächst gibt es die fundamentalen Teilchen, aus denen sich die Materie hier auf Erden zusammensetzt: die Elektronen unserer Atome und die »Up«- und »Down«-Formen der Quarks (Seite 187), die Bausteine der Kerne. Die Art und Weise, wie diese Teilchen in den Detektoren am LEP auftauchen und sich untereinander verhalten, deutet auf große Ähnlichkeiten in ihren fundamentalen Eigenschaften hin. Gerade diese Experimente verdeutlichen, dass die Natur des frühen Universums weitaus regulärer und symmetrischer war, als sie es heute ist. In Kapitel 8 bin ich schon darauf eingegangen, doch ich möchte an dieser Stelle die wesentlichen Aussagen nochmals wiederholen und bekräftigen: Die Natur hat ihre fundamentalen Symmetrien gut versteckt. Zunächst hat sie die Quarks tief in den Protonen und Neutronen vergraben und diese dann in die Kerne im Zentrum der Atome verbannt; die Atome verbinden sich zu Molekülen, aus denen dann schließlich unsere Materie besteht.

Die Experimente der vergangenen zehn Jahre am LEP haben die Ähnlichkeit zwischen den Elektronen, den Neutrinos und den Up- und Down-Quarks immer wieder bestätigt. Doch sie haben noch mehr offenbart. Die Natur scheint sich mit dem Elektron allein nicht zufrieden zu geben. Es gibt noch zwei schwerere Varianten, die als Muon (ungefähr 200-mal schwerer) und als Tau (ungefähr 4000-mal schwerer) bekannt sind. Die elektrische Ladung, der Spin und alle anderen Eigenschaften sind bei diesen drei Varianten gleich, sie unterscheiden sich nur hinsichtlich ihrer Massen. Es gibt auch drei Formen von Neutrinos, die jeweils als Partner des Elektrons, Muons und Taus auftreten. Obwohl die Massen der Neutrinos so klein sind, dass wir ihren Wert nicht kennen, scheint es auch hier wie bei ihren elektrisch geladenen Verwandten so zu sein, dass sie sich nur auf Grund ihrer verschiedenen Massen unterscheiden.

Diese »Verdreifachung« finden wir auch bei den Quarks. Das Down-Quark hat zwei schwerere Formen, die man als Strange- und Bottom-Quark bezeichnet (das Letztere wird manchmal auch poetischer »Beauty« genannt). Das Up-Quark besitzt ebenfalls seine zwei schwereren Partner, die Charm und Top heißen (nach der »Beauty«-Nomenklatur bezeichnet man das Top manchmal auch als »Truth«). Das Top (oder Truth) wiegt so viel wie ein Goldatom und ist zu schwer, um am LEP erzeugt zu werden. (Am Fermi-Laboratorium in der Nähe von Chicago gibt es einen Protonenbeschleuniger mit ausreichend Energie zur Erzeugung von Top-Quarks. Hier wurde 1994 diese ultimative Materiekonzentration auch entdeckt.) Von den anderen Teilchen wurden einige Millionen am LEP erzeugt und untersucht, und es hat den Anschein, dass sie in allen Eigenschaften außer ihren Massen identisch sind.

Warum die Natur gerade drei Familien gewählt hat, ist immer noch ein Rätsel. Und wie die Natur die große Masse des Top-Quarks in einem für uns nicht messbaren Volumen konzentrieren kann, ist ebenfalls nicht bekannt. Im Jahr 2005 wird LEP durch den nächsten Beschleuniger am CERN, den Large Hadron Collider (LHC), ersetzt, und es wird allgemein vermutet, dass wir dann die Antworten auf diese Fragen finden werden. Statt einfacher Elektronen und Positronen werden am LHC Protonen aufeinander geschossen, die dann bei noch höheren Energien auf noch dramatischere Weise zerspringen werden. So kommen wir dem Anfang der Zeit und damit der vollen Symmetrie im Plan der Natur (siehe Kapitel 13) wieder einen Schritt näher.

Was haben wir aus der Suche nach der vollkommenen Symmetrie der Schöpfung gelernt? Am LEP können wir Bedingungen nachstellen, die in unserem Universum dem Zeitpunkt entsprechen, als zum ersten Mal Materie und Antimaterie aufgetaucht sind. Elektronen und Quarks scheinen sich unter diesen Bedingungen sehr ähnlich zu verhalten, so als ob es ganz tief unten nur eine Form von Materie gibt. Das deutet auf eine tiefer liegende Symmetrie hin, eine »große Vereinheitlichung« von Materie und Kräften, die zum Zeitpunkt der Schöpfung noch vorlag und kurz nach dem Big Bang verloren ging. Es gibt jedoch immer noch ein großes Rätsel, das durch die Einsichten von LEP eher noch deutlicher zu Tage trat. Die zu Grunde liegende Symmetrie zwischen Materie und Antimaterie, wie sie sich in der Dirac-Gleichung offenbart und durch jahrzehntelange Experimente bestätigt wurde, steht in krassem Gegensatz zur Struktur unseres heutigen Universums, das nahezu ausschließlich aus Materie besteht.

Der Gegensatz zwischen der Asymmetrie des heutigen Universums und der Symmetrie, die wir mit dem Big Bang verbinden und für die Materie und Antimaterie gleichberechtigt sind, ist verblüffend. Als ob irgendeine fundamentale darwinistische Auslese dafür verantwortlich wäre, bestehen wir, der Himmel und alles, was wir sehen, aus Materie. Und wir würden auf der Stelle vernichtet, träfen wir auf unser Gegenstück aus Antimaterie. Es scheint für unsere Existenz wesentlich zu sein, dass unser Universum diese Asymmetrie besitzt, und darin liegt vielleicht das größte der noch ungelösten Geheimnisse.

Kapitel 12

ZURÜCK IN DIE ZUKUNFT

Während meiner Schulzeit, als es noch kein Video gab, besuchte ich oft einen Filmclub, wo wir »richtige« Filme anschauen konnten. Irgendjemand hatte sich einmal den Spaß erlaubt, eine der Spulen abzurollen und umgekehrt aufzuspulen. Unter allgemeiner Heiterkeit sahen wir einen toten Cowboy plötzlich wieder auferstehen, mit dem Rücken voran auf sein Pferd springen und rückwärts davonreiten. Im Allgemeinen kann man leicht erkennen, ob ein Film von hinten nach vorne abgespielt wird – tote Cowboys stehen nicht wieder auf, Leute werden nicht jünger, Falten werden nicht wieder zu glatter, junger Haut, und zerbrochene Eierschalen finden nicht von allein wieder zusammen. All diese Szenen laufen unserer Erfahrung zuwider. Die natürliche Folge von Ereignissen entspricht einem Prozess, bei dem Ordnung zu Unordnung wird, bei dem Gegenstände altern und zerfallen.

Der Grund für dieses Verhalten lässt sich leicht einsehen, wenn man bedenkt, dass Dinge aus einer Unzahl von Atomen bestehen. Es gibt praktisch unendlich viele Möglichkeiten, diese Atome zufällig zusammenzulegen, doch nur eine Möglichkeit entspricht dem hochgradig geordneten Objekt in der Realität. Wenn ein Ei zerbricht, können die Bruchstücke nahezu beliebige Formen und Größen annehmen und wahllos am Boden verteilt sein, doch nur auf eine Art und Weise setzen sich all diese Teile wieder zu einem ganzen, makellosen Ei zusammen. Sich selber überlassen, tendiert Materie eher zur Unordnung, einfach weil es mehr Möglichkeiten dafür gibt. Diese Reihenfolge der Ereignisse – von Ordnung zu

Unordnung – verbinden wir mit dem natürlichen Ablauf der Zeit.

Ein illustratives Beispiel ist der Beginn eines Billardspiels. Zehn Kugeln liegen geordnet in Form eines Dreiecks zusammen. Dann trifft der Spielball auf dieses Dreieck, und die Kugeln verteilen sich über den Tisch. Schon nach diesem Eröffnungsstoß gibt es unzählige Möglichkeiten, wie die Kugeln zur Ruhe kommen können, wodurch jedes Billardspiel einzigartig wird. In einem Film könnten Sie sofort erkennen, ob der Film das wirkliche Geschehen zeigt oder ob er zeitlich rückwärts abläuft. Auf einem Billardtisch wild durcheinander rollende Kugeln versammeln sich nicht ohne äußeres Eingreifen zu einem gleichseitigen Dreieck.

Für die zehn Billardkugeln ist die natürliche Abfolge der Ereignisse offensichtlich, umso mehr gilt das für die riesige Anzahl von Atomen, aus denen sich die makroskopische Materie zusammensetzt. Aus der Bewegung der einzelnen Elementarteilchen innerhalb eines Atoms ist die Flussrichtung der Zeit schon weniger leicht ablesbar. Betrachten wir auch hierzu wieder das vertraute Beispiel eines Billardspiels. Nur die letzte schwarze Kugel und der weiße Spielball seien noch auf dem Tisch. In dieser Situation kann man die weiße frontal auf die schwarze Kugel spielen, so dass die weiße Kugel liegen bleibt und ihren gesamten Impuls auf die schwarze Kugel überträgt. Würde man einen Film von diesem Stoß rückwärts abspielen, sähe man die schwarze Kugel auf die ruhende weiße treffen. Die schwarze Kugel bliebe liegen, und die weiße würde abprallen. Nur wenn man weiß, dass bei einem wirklichen Billardspiel die weiße Kugel der Spielball ist, kann man aus der Reihenfolge der Ereignisse erkennen, ob sie der Wirklichkeit entspricht oder zeitlich »umgedreht« wurde. Doch auch dann kann man sich nicht sicher sein, ob man nicht einen wirklichen Film eines »negativen« Billardspiels sähe, bei dem der Spielball schwarz ist und auch die anderen Kugeln ihre Komplementärfarben besitzen.

Ist eine große Anzahl von Teilchen beteiligt, so entspricht der »Zeitpfeil« einer Abfolge von Ereignissen, bei denen Ordnung zu Unordnung wird, ohne dass sich die elementaren Objekte verändern. Die einzelnen Billardkugeln erschienen unverändert, erst ihr Verhalten als Ganzes zeigte die Umkehrung des Films. Der Fluss der Zeit – angefangen beim Big Bang, über das Leben zum Tod, bis hin zum endgültigen Schicksal des Universums – könnte sich in gewisser Hinsicht als eine Illusion herausstellen, als das Produkt von Zufall und Wahrscheinlichkeit in den tänzerischen Bewegungen unzähliger Atome.

Betrachtet man einzelne Komponenten, beispielsweise einen individuellen Stoß zwischen zwei Billardkugeln, dann kann man nicht erkennen, in welche Richtung der Film abgespielt wird. Dies galt lange Zeit als herrschende Meinung: Könnte man bei der Wechselwirkung zwischen zwei Elementarteilchen die Richtung der Zeit umkehren, dann wäre das Ergebnis wieder ein physikalisch realisierbarer Prozess. Der Zeitpfeil wäre in diesem Fall eine Illusion der makroskopischen Welt. Auf fundamentalem Niveau scheint es für die Zeitrichtung eine Symmetrie zu geben. Die physikalischen Gesetze beispielsweise für die Wechselwirkung zwischen den Elementarteilchen erlauben es der Zeit, entweder vorwärts oder rückwärts zu laufen. Die einzelnen schwarzen und weißen Billardkugeln können weiß auf schwarz oder schwarz auf weiß kollidieren, beides ist erlaubt. Die Vorgänge in dem zeitlich rückwärts laufenden Film können in der Wirklichkeit realisiert werden.

Seit 1964 gab es jedoch Vermutungen, dass die Zeit nicht perfekt symmetrisch sein könnte, und im Jahr 1998 konnten die Physiker am CERN diese Vermutung auch beweisen. Die Teilchen in den Atomen kümmern sich zwar nicht um den Zeitpfeil, aber in der kosmischen Strahlung gibt es seltsame Teilchen, die in einem absoluten Sinne zwischen links und rechts sowie Zukunft und Vergangenheit unterscheiden können.

Diese verblüffende Entdeckung könnte erstaunliche Auswirkungen haben, und zwar nicht nur in Bezug auf die Existenz von Leben, sondern in Bezug auf die Existenz des gesamten materiellen Universums. Die Fragen, mit denen wir uns bisher beschäftigt haben, z. B. warum Lebensformen zwischen rechts und links unterscheiden, sind unbedeutend im Vergleich zum größten aller Geheimnisse: Warum gibt es überhaupt etwas? Das Problem ist das Folgende: Sowohl die Theorien als auch die Experimente deuten darauf hin, dass in den ersten Augenblicken unseres Universums Materie und Antimaterie in gleichen Mengen entstanden sind. Das heutige Universum sieht jedoch ganz anders aus, da alles, was wir in unserem Kosmos kennen, aus Materie besteht. Wie es zu dieser Asymmetrie kam, ist eines der großen Rätsel sowohl der Teilchenphysik als auch der Kosmologie. Es könnte sein, dass sich in der geheimnisvollen Natur der Zeit eine Erklärung findet, warum nach dem Big Bang überhaupt etwas übrig geblieben ist, warum es in unserem Universum überhaupt Materie gibt statt nur Licht und Energie.

Wo ist bloß die Antimaterie?

Wir sind davon überzeugt, dass unser Universum vor rund 15 Milliarden Jahren in einem heißen Big Bang entstand. Aus diesem energiereichen Feuerball entstanden Materie und Antimaterie. Heute mag Antimaterie der Stoff sein, aus dem Sciencefiction gemacht wird, doch für die Physiker ergibt sich daraus ein ernstes Problem: Warum gibt es nicht mehr Antimaterie? Die perfekte Komplementarität zwischen Teilchen und ihren Antiteilchen ist nicht nur der Grund dafür, dass sie in gleichen Mengen aus dem Feuerball entstanden sind, sondern sie besagt auch, dass sie sich gegenseitig vernichten, wenn sie aufeinander treffen. In der dicken Suppe des frühen Universums müssen solche Kollisionen sehr häufig gewesen sein, und das bringt uns zu einem scheinbaren Widerspruch: Wir gehen davon aus, dass Materie und Antimaterie im ersten Augenblick in gleichen Mengen aus dem Big Bang entstanden sind, doch im nächsten Augenblick hätten sie sich gegenseitig annihilieren müssen. Es ist seltsam, dass überhaupt etwas übrig geblieben ist.

Es gibt sie, die elementaren Bausteine eines Anti-Universums: Das Positron wurde 1932 entdeckt, das Antiproton 1955 und der erste Antikern (das Antideuteron, ein gebundener Zustand aus einem Antiproton und einem Antineutron) im Jahr 1965. Sie entstehen für kurze Zeiten bei der Konvertierung von Energie in Teilchen und Antiteilchen, beispielsweise wenn die kosmische Strahlung auf die Atmosphäre trifft oder bei der Kollision von Protonen und Neutronen in Laboratorien wie dem CERN.

Teilchen und Antiteilchen scheinen exakte Spiegelbilder voneinander zu sein, mit identischen Massen, aber entgegengesetzten Ladungen. Die Art, wie Protonen und Antiprotonen auf elektrische und magnetische Felder reagieren, zeigt die Genauigkeit, mit der diese Symmetrie realisiert ist. Direkt lässt sich ihr Gewicht kaum messen, denn die Gravitationskraft auf ein einzelnes Teilchen ist so schwach, dass man hier an die Grenzen der Messbarkeit überhaupt stößt. Vergleichen lassen sich die Massen von zwei bewegten, elektrisch geladenen Teilchen jedoch relativ leicht durch die Beobachtung ihrer Spiralbahnen in einem Magnetfeld. Die magnetischen Kräfte versuchen, die Teilchen auf eine Kreisbahn zu ziehen; ihre Trägheit hingegen möchte sie auf einer geradlinigen Bahn halten. Wir kennen das aus der Erfahrung: Je mehr ein Fahrzeug wiegt, umso schwerer lässt sich das Fahrzeug bei hoher Geschwindigkeit um eine Kurve lenken. Wenn wir die Zeiten vergleichen, die ein Proton oder ein Antiproton in einem Magnetfeld für den Durchlauf einer vollen Kreisbahn benötigt, dann erhalten wir ein exaktes Maß ihrer Symmetrie. In den vergangenen 40 Jahren, seit der Entdeckung des Antiprotons, wurden solche Experimente mit zunehmender Präzision durchgeführt. Daher wissen wir heute, dass die Massen von Proton und Antiproton mit einer Genauigkeit von eins zu einer Milliarde übereinstimmen.

Die Messungen werden weiter verfeinert, und eines Tages werden wir vielleicht Strukturen finden, die wir uns heute im Traum nicht vorstellen können. Gegenwärtig jedoch ist die Situation so, dass das Proton und das Antiproton mit der höchsten Genauigkeit, die wir derzeit erreichen können, exakte Spiegelbilder voneinander sind. Das Gleiche gilt für das Elektron und das Positron. Genauso hat Dirac es vorhergesagt: Teilchen und Antiteilchen sind exakte Ebenbilder.

Aus dieser Einsicht lassen sich erstaunliche Folgerungen über die Natur der Atome und der Materie im Allgemeinen ableiten. Das

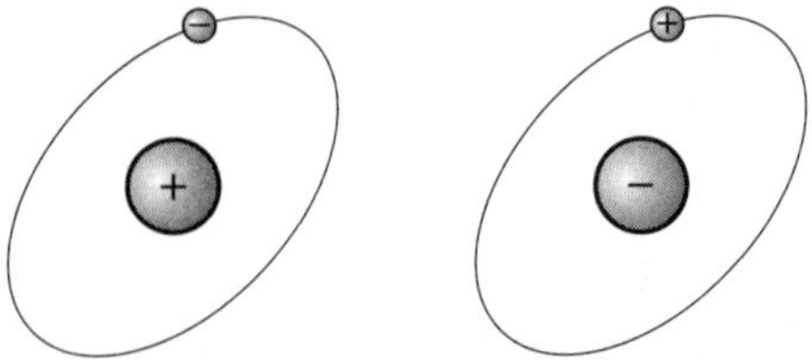

Abb. 12.1: Wasserstoff- und Antiwasserstoffatome.

einfachste Atom ist der Wasserstoff. Er besteht aus einem einzelnen, negativ geladenen Elektron, das ein einzelnes, zentrales, positiv geladenes Proton umkreist. Die elektrischen Ladungen dieser beiden Teilchen gleichen sich so exakt aus, dass die Materie insgesamt elektrisch neutral ist. (Nicht die elektrische Anziehung, sondern die Gravitation bestimmt die Bewegungen der Himmelskörper.) Man stelle sich nun vor, alle Elektronen würden durch ihre Antiteilchen, die Positronen, ersetzt und entsprechend alle Protonen durch Antiprotonen. Die elektrische Ladung insgesamt wäre immer noch null, und die Anziehung entgegengesetzt geladener Teilchen würde ein stabiles Atom ergeben, bei dem ein Positron ein zentrales Antiproton umkreist. Dieser »Antiwasserstoff« hat dieselben Eigenschaften wie normaler Wasserstoff; nur sein innerer Aufbau ist »ladungsgespiegelt«.

Antiwasserstoffatome sind die größten »Cluster« aus Antimaterie, die wir bisher gesehen haben, doch nach der Theorie und den experimentellen Befunden sollten sämtliche Atome auch als »Anti«-Atome existieren können. Auch Antikaulquappen und Antiplaneten und alles, was es in Form von normaler Materie in unserem Universum gibt, sollten in ihrer »Anti«-Form realisierbar sein. Wie sicher sind wir, dass es in den Weiten unseres Universums keine Antigalaxien und Antisterne gibt, die von Antiplaneten aus Antimaterie umkreist werden und die unseren ahnungslosen Astronauten zur Falle werden könnten?

Auf unserer Erde gibt es sicherlich keine größeren Antimaterievorkommen, abgesehen von den Vakuumröhren des LEP am CERN oder dem Antiprotonenbeschleuniger am Fermilab in der Nähe von Chicago. Diese Maschinen arbeiten seit rund 20 Jahren und haben in dieser Zeit weniger als ein Milligramm Antimaterie erzeugt, verwertet und wieder zerstört. Abgesehen von dem Problem, wie wir größere Mengen von Antimaterie lagern können, benötigten wir einige hunderttausend Jahre, um solche Mengen herzustellen, dass wir damit ein Raumschiff antreiben oder irgendwelche teuflischen Waffen bauen könnten. Die Idee eines Antimaterieantriebs wird noch eine Weile Sciencefiction bleiben.

Das Fehlen von Antimaterie auf der Erde festzustellen ist eine Sache, die Extrapolation der entsprechenden Behauptung auf das gesamte materielle Universum ist eine andere. Woher kennen wir die Zusammensetzung eines weit entfernten Sterns, den wir nur als schwachen Lichtpunkt im Weltraum wahrnehmen? Das Licht stammt aus nuklearen Reaktionen in seinem Inneren. In unserer Sonne verschmelzen bei diesen Reaktionen Protonen zu Heliumkernen, wobei Licht emittiert wird. In einem entfernten Antistern würden Antiprotonen zu Antihelium verschmelzen, doch nach der Theorie sind die Spektren von Elementen und Antielementen nicht voneinander zu unterscheiden. Durch die Betrachtung des Nachthimmels können wird daher Sterne nicht von Antisternen unterscheiden. Falls in der fernen Zukunft tatsächlich Astronauten zu entfernten Sternensystemen reisen sollten, wie sicher können sie sein, nicht auf einem Antiplaneten zu landen und die sofortige Annihilation zu riskieren? Was wissen wir über die Verbreitung von Antimaterie in unserem Universum?

Der Mond besteht offensichtlich aus demselben Material wie Astronauten. Deren glückliche Rückkehr zur Erde bewies, dass es dort oben keine Antimaterie gibt. Der Sonnenwind, eine stetige Brise aus Elementarteilchen von der Sonne, trifft unablässig auf den Mond. Bestünde die Sonne aus Antimaterie, würden wir förmlich in Gammastrahlen baden, denn wenn die Antiteilchen von der Sonne auf die Mondoberfläche träfen, würden sie annihiliert, und dabei entstünde diese intensive Strahlung. Da wir keine solche Gammastrahlung beobachten, bestehen der Sonnenwind und damit auch die Sonne aus derselben Materie wie wir. Nachdem wir dies sichergestellt haben, können wir die anderen Planeten in unserem Sonnensystem untersuchen. Auch diese werden ständig vom Sonnenwind getroffen, und da wir von dort ebenfalls keine Gammastrahlung beobachten, können wir daraus schließen, dass auch diese Planeten aus reiner Materie bestehen.

Wir sind vielleicht (noch) nicht in der Lage, andere Sterne zu erreichen, doch wir werden von außerirdischer Materie beschossen, und daraus können wir auf das Material dieser Sterne schließen. Mit der kosmischen Strahlung erreichen uns Nachrichten aus Materie und Antimaterie. Tritt diese Strahlung durch übersättigten Dampf, beispielsweise die Luft an einem feuchten, kalten Augustmorgen, dann bildet sich eine Tropfenspur. In einer solchen Nebelkammer, die von magnetischen Feldern umgeben ist, kann man aus der Spur der geladenen Teilchen das Vorzeichen ihrer Ladung ablesen. So hatte Carl Anderson 1932 die Spur eines »Elektrons« gesehen, das in die falsche Richtung abgebogen war, und dabei das Positron entdeckt, das positiv geladene Gegenstück des Elektrons und das erste Beispiel eines Antiteilchens.

Auch Antiprotonen und Antineutronen hat man in der kosmischen Strahlung beobachtet. Allerdings handelt es sich hierbei nicht um die Überreste eines Antisterns, die uns zufälligerweise getroffen haben, sondern diese Antiteilchen entstehen, wenn ein hoch energetischer kosmischer Primärstrahl aus dem Weltraum auf die äußeren Schichten unserer Atmosphäre trifft. Noch niemals wurden Antikerne wie Antihelium oder Antikohlenstoff gesehen.

Gerade dieser letzte Punkt ist von großer Bedeutung. Wir wissen, dass Sterne Helium produzieren. Antisterne würden daher Antihelium erzeugen. Wäre vor langer Zeit ein Antistern explodiert und hätte den Kosmos mit Antielementen durchsetzt, dann könnte es auch Antiplaneten mit Antialiens geben, die Antisauerstoff atmen. In diesem Fall würden uns mit der kosmischen Strahlung auch Antielemente erreichen, was nicht beobachtet wird. Das Fehlen so einfacher Objekte wie Antihelium, insbesondere im Vergleich mit der großen Anzahl von elementaren Antiteilchen in der kosmischen Strahlung, legt nahe, dass diese Teilchen durch die Kollision der kosmischen Strahlung mit der Atmosphäre entstanden sind und dass es sich hierbei nicht um die Überreste extraterrestrischer Materie handelt.

Es gibt keinerlei Anzeichen für große Ansammlungen von Antimaterie im Universum. Mit riesigen Teleskopen können wir über den ganzen Himmel verteilt Millionen von Galaxien sehen. Manche Galaxien fliegen sehr dicht aneinander vorbei und werden sogar durch den gegenseitigen Einfluss der Gravitation verformt. Bestünden einige dieser kollidierenden Galaxien aus Antisternen, müsste es zu sehr intensiven und charakteristischen Gammastrahlausbrüchen an den Rändern kommen, doch diese wurden noch nie beobachtet.

Es hat den Anschein, als ob wir ein Volumen aus Materie bewohnen, das einen Durchmesser von mindestens 1200 Millionen Lichtjahren hat. Man ist leicht versucht, von diesem riesigen Volumen auf das gesamte Universum zu schließen. Doch das Universum ist ungefähr 15 Milliarden Jahre alt. Im Vergleich dazu sind 1200 Millionen Lichtjahre weniger als ein Zehntel des Radius oder weniger als ein Tausendstel des Volumens. Es gibt also immer noch genügend Platz in den entfernten Gebieten des Kosmos für Antimaterie, und daher ist es auch nicht ausgeschlossen, dass ein Antimaterie-Universum außerhalb unserer derzeitigen Beobachtbarkeit liegt. Das Rätsel um die fehlende Antimaterie hat somit zwei Aspekte: Entweder müssen wir eine Antwort auf die Frage finden, warum unser Universum asymmetrisch ist und nur aus Materie besteht, oder wir müssen verstehen, wie es in unserem Universum zu sehr großen und weit voneinander entfernten Bereichen aus Materie und Antimaterie kam.

Die Vorstellung, dass unser Universum in verschiedene Bereiche unterteilt ist (und wir in einem dieser Bereiche aus Materie leben), erinnert an das Phänomen, das uns von den Magneten her vertraut ist, bei denen ein einzelnes Stück magnetisierten Metalls aus getrennten Domänen besteht, in denen sich die Richtungen von Nor-

(a)

(b)

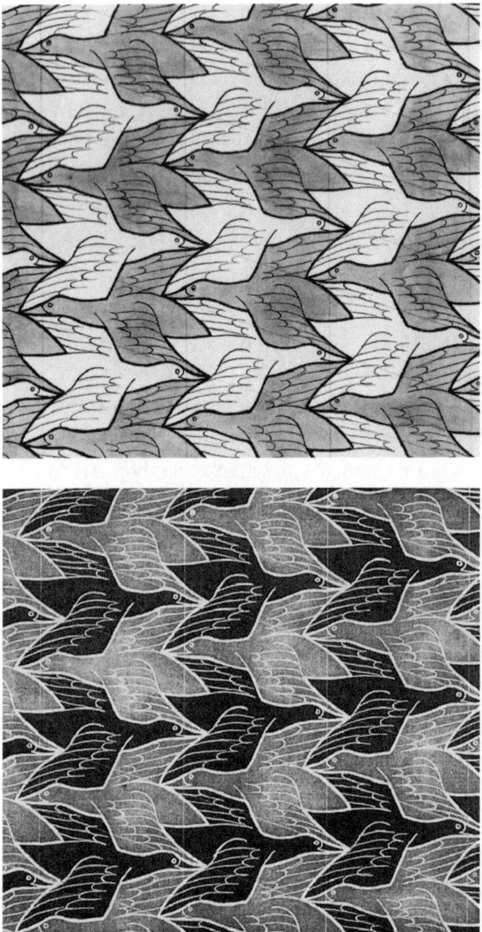

Abb. 12.2: Schwarze und weiße Gänse von M. C. Escher (man vergleiche dieses Bild mit Abb. 10.2). Das Negativbild (b) im Spiegel (c) unterscheidet sich vom Original (a).

(c)

den und Süden unterscheiden. Das gleiche Phänomen hatten wir auch bei Gästen am runden Tisch beobachten können, die ihre Servietten ungleichmäßig aufgenommen hatten (siehe Seite 205 f.). Sollte unser Universum in Bereiche aus Materie und Antimaterie unterteilt sein, dann kann der Magnetismus uns vielleicht sagen, wie es dazu gekommen ist. Das frühe Universum war ein heißes Gemisch aus Materie und Antimaterie und kühlte sich dann plötzlich ab. Konnten dabei solche Bereiche entstehen, ähnlich wie bei Eisen, das unter seine kritische Temperatur abgekühlt wird?

Wenn Materie und Antimaterie aufeinander treffen, zerstören sie sich gegenseitig. Zufallsbedingt wird es dabei Gebiete geben, in denen ein leichter Überschuss an Materie vorliegt, und andere Gebiete, in denen Antimaterie überwiegt. Nachdem die Annihilation abgeschlossen ist, werden diese Gebiete zu getrennten Bereichen von Materie und Antimaterie. Ob diese Bereiche groß genug sind und ausreichend getrennt, so dass diese Struktur an seinen Grenzen für Milliarden von Jahren stabil ist, bleibt eine offene Frage. Es spricht jedoch vieles dagegen, dass sich in den Tiefen unseres Universums riesige Bereiche aus Antimaterie befinden. Nach der herrschenden Meinung wurde die Antimaterie überall zu einem sehr frühen Stadium durch einen kosmischen Darwinismus zerstört. Das »Wie« und »Warum« bleiben die offenen Fragen.

Im Jahr 1966 erkannte Andrej Sacharow, dass für eine solche Ungleichheit zwischen Materie und Antimaterie drei Bedingungen erfüllt sein müssen. Erstens müssen Protonen zerfallen, allerdings so langsam, dass die Gesamtmenge an Zerfällen im Verlauf der Erdgeschichte nur einen kleinen Teil ausmacht. Zweitens muss sich das Universum nach dem Big Bang auf eine ganz bestimmte Weise abkühlen, und drittens muss es zwischen Materie und Antimaterie einen messbaren Unterschied geben.

Worin aber liegt dieser Unterschied? In Kapitel 10 haben wir die CP-Symmetrie in Analogie zu den schwarzen und weißen Rittern von Escher verdeutlicht. Sacharow hatte seine Idee im Anschluss an eine Entdeckung von Physikern in den USA, die in einem ausgefeilten Experiment nachgewiesen hatten, dass CP keine exakte Symmetrie der Natur ist. Um die Analogie wiederum anhand eines Escher-Bildes zu verdeutlichen, betrachten wir statt der Ritter die Vögel in Abb. 12.2. Ein gespiegeltes Negativbild ist nicht gleich dem Original, da die Schwänze der Vögel einmal nach oben, das andere Mal nach unten zeigen. Die Symmetrie zwischen schwarzen und weißen Gänsen ist ebenso wie die Symmetrie zwischen Materie und Antimaterie nicht hundertprozentig exakt.

Lassen Sie mich für diesen Teil der Geschichte zunächst den Hauptdarsteller vorstellen, ein kurzlebiges seltsames Teilchen, das als »Kaon« bekannt ist. Während Proton und Neutron aus Quarks bestehen und damit Teile der Materie sind, gibt es auch Objekte, die sich aus einem einzelnen Quark und einem Antiquark zusammensetzen und deren Beziehung zur Materie bzw. Antimaterie etwas komplizierter ist. Solche Verbindungen sind sehr kurzlebig, da das Quark und das Antiquark rasch in Kontakt kommen und sich gegenseitig zerstören. Eines dieser Objekte ist das Kaon, das ungefähr halb so schwer ist wie das Proton. Wenn das Kaon zerfällt, bleiben leichtere Teilchen übrig, die man als Pionen bezeichnet und die schließlich ebenfalls aussterben und stabile Teilchen, wie Elektronen und Photonen, übrig lassen.

Obwohl diese Kaonen nach weniger als einer Millionstel Sekunde zerfallen, kann die moderne Elektronik ihr kurzes Leben aufzeichnen. In diesem Zusammenhang wurde 1964 die Verletzung der CP-Symmetrie das erste Mal beobachtet. Da Kaonen aus einem Quark und einem Antiquark bestehen, gehören sie nicht einfach zur Materie oder Antimaterie, aber ihre innere Struktur ist diesbezüglich nicht völlig ausgeglichen, und genau das macht sie besonders interessant.

Ein Kaon besteht aus einem der üblichen Quarks unserer Materie, dem Down-Quark, in Verbindung mit einem nicht von dieser Welt stammenden Antiquark (einem »Strange«-Antiquark). Wie wir noch sehen werden, könnte man diese Kombination als »materiedominant« bezeichnen. Das Antikaon ist das exakte Gegenstück: ein gewöhnliches Antimaterieteilchen (das »Down«-Antiquark) zusammen mit einem »Strange«-Quark (Abb. 12.3).

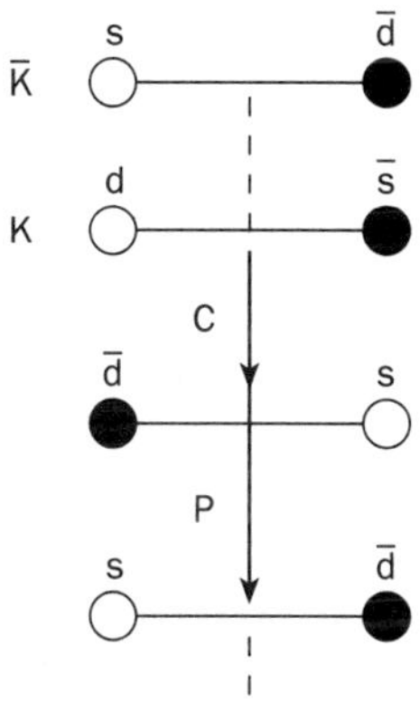

Abb. 12.3: Ein Kaon und ein Antikaon bestehen jeweils aus einem d-(Down-) und einem s-(Strange-)Quark und Antiquark (das Antiquark wird durch einen Strich über dem entsprechenden Symbol gekennzeichnet). Der Effekt einer C-Transformation (Quarks werden zu ihrem »Negativbild«, d. h. Antiquarks) und einer P-Transformation (Spiegelung) sind dargestellt. Als Ergebnis beider Transformationen wird ein Kaon zu einem Antikaon. Das entspricht dem Bild von den Rittern aus Kapitel 10.

Werden sowohl eine C- als auch eine P-Transformation ausgeführt, geht das Kaon in das Antikaon über und umgekehrt. Hat man also einen Zustand, der sich zur Hälfte aus einem Kaon und zur Hälfte aus einem Antikaon zusammensetzt (das mag seltsam klingen, doch in der Quantenwelt sind solche gespaltenen Persönlichkeiten ziemlich normal), dann bliebe unter einer CP-Transformation diese Kombination unverändert, falls CP eine Symmetrie der Natur wäre. Diese Bedingung liefert gewisse Einschränkungen an das Verhalten des obigen Zustands, insbesondere wie lange er lebt und was von ihm übrig bleibt, wenn sein kurzes Leben endet. Eine der Konsequenzen ist, dass dieser Zustand zwei unterschiedliche Schicksale erleiden kann. Entweder stirbt er sofort (in ungefähr einer Zehnmilliardstel Sekunde), oder er hat ein verlängertes Leben von rund der Hälfte einer Zehnmillionstel Sekunde. Diese beiden Möglichkeiten bezeichnet man als die »kurzlebige« bzw. die »langlebige« Mode des Zustands.

Wäre CP eine exakte Symmetrie der Realität, dann könnte nach dem kurzen Leben dieser Moden entweder eine gerade oder eine ungerade Anzahl von Pionen übrig bleiben. Insbesondere würde das kurzlebige Kaon in zwei Pionen und das langlebige Kaon in drei Pionen zerfallen. Doch die Wirklichkeit sieht etwas anders aus. Um die Probleme der beiden verschiedenen Lebensformen besser erläutern zu können, möchte ich einen kurzen Abstecher machen. Wenn Sie nur an dem Ergebnis interessiert sind, können Sie die folgenden zwei Absätze einfach überspringen.

Wir hatten die CP-Symmetrie anhand von Eschers Bild der reitenden Ritter verdeutlicht (Abb. 10.2). Dort genügte es, die C- und die P-Transformation jeweils ein Mal auszuführen, um das ursprüngliche Bild zu reproduzieren. Für einen Zustand, der zur Hälfte aus einem Kaon und zur Hälfte aus einem Antikaon besteht, gilt das Gleiche. Für ein einzelnes Kaon jedoch muss man diese beiden Transformationen jeweils zwei Mal durchführen, um das Ausgangsbild zu reproduzieren, denn beim ersten Mal wird aus dem Kaon ein Antikaon, und erst beim zweiten Mal wird aus dem Antikaon wieder ein Kaon. Ein Mathematiker würde diese Folge von Transformationen mit CP^2 bezeichnen, und eine Transformation, bei der man mit einem Kaon beginnt und mit einem Kaon endet, ist äquivalent zur Multiplikation des ursprünglichen Kaons mit 1 (denn 1 multipliziert mit »irgendwas« lässt dieses »irgendwas« unverändert). Doch genau hier liegt das Problem: Wenn $CP^2 = 1$, dann kann der Effekt von einer einzelnen CP-Transformation entweder durch +1 oder durch –1 dargestellt werden (da beide Zahlen mit sich selber multipliziert wieder +1 ergeben).

Diese einfache Form der Arithmetik steckt hinter dem Problem: Der Zustand aus einem Kaon und einem Antikaon kann, bildlich gesprochen, entweder durch eine +1 oder eine –1 markiert sein. Wenn die Kaonen zerfallen, bleibt diese Größe erhalten. Es zeigt sich, dass der Zustand aus einem einzelnen Pion bzw. jeder ungeraden Anzahl von Pionen die Markierung –1 trägt, während ein Zustand mit einer geraden Anzahl von Pionen durch +1 gekennzeichnet ist. Wäre CP tatsächlich eine exakte Symmetrie der Natur, würde ein Kaon mit der Markierung +1 in eine gerade Anzahl von Pionen zerfallen und ein Kaon mit der Markierung –1 in eine ungerade Anzahl. Ein Kaon kann nicht in ein einzelnes Pion zerfallen, da in diesem Fall die Energie nicht erhalten wäre, daher sind drei Pionen das Minimum für den Zerfall des CP = –1-Modes. Drei Pionen zu erzeugen ist schwerer, als zwei Pionen zu erzeugen, daher lebt der Zustand mit CP = –1 länger als der Zustand mit CP = +1. So weit die Geschichte der kurz- und langlebigen Kaonen, nun zurück zur Haupthandlung.

Im Jahr 1964 entdeckten James Christenson, James Cronin, Val Fitch und Rene Turlay, damals am Brookhaven National Laboratory auf Long Island, zu ihrem Erstaunen, dass in ungefähr einem von 500 Fällen die Zerfallsprodukte des langlebigen Modes nur aus zwei statt drei Pionen bestehen. Nach der Theorie wäre dieser Zerfall verboten, wenn die CP-Symmetrie gälte. Die Schlussfolgerung war eindeutig: CP ist *keine* exakte Symmetrie der Natur. Anders ausgedrückt, es gibt in jedem Kaon einen Überschuss von Materie gegenüber Antimaterie im Verhältnis von 1:300. Das mag sehr wenig sein, doch der Effekt ist vorhanden und von großer Bedeutung. Dies war der erste und bis zum Ende des Jahrhunderts auch einzige direkte

Nachweis eines Ungleichgewichts zwischen Materie und Antimaterie. Indirekt zeugt natürlich unsere eigene materielle Existenz von diesem Ungleichgewicht, 15 Milliarden Jahre nach einem anfänglich symmetrischen, ausgeglichenen Universum aus Materie und Antimaterie. In gewisser Hinsicht gleicht unser Universum eher den Gänsen von Escher als seinen Rittern.

Perfekte Symmetrie: Zurück in die Zukunft

Wie sieht die Bilanz der Natur nun aus? Die Physiker suchen nach der Symmetrie des Universums und werden nicht eher zufrieden sein, als bis alle Posten berücksichtigt und alle Summen ausgeglichen sind. Sie glaubten einmal an die Unverletzbarkeit der Spiegelsymmetrie. Als sich das als falsch erwies, dachten sie, diese Asymmetrie würde durch die Kombination aus Ladungskonjugation und Spiegelung – die CP-Transformation – kompensiert (wie bei den Rittern von Escher). Doch auch hier fanden sie eine Diskrepanz. Auch wenn wir heute noch nicht wissen, wie diese leichte Asymmetrie entstanden ist, so gab sie uns doch den Hinweis auf die wirkliche Symmetrie des universellen Bauplans. Und die sieht folgendermaßen aus:

Man nehme ein Teilchen, ersetze es durch sein Antiteilchen und schaue in den Spiegel (das entspricht der CP-Transformation, die noch keinen vollen Ausgleich schafft), und schließlich *kehre man noch die Richtung der Zeit um*. Würde man diese drei Transformationen für irgendeine Wechselwirkung von Teilchen ausführen, dann sollte das Ergebnis ununterscheidbar vom Original sein. Das gesamte Paket von C, P und T (für »time«) sollte die Gesetze der Natur unverändert lassen. Es mag geheimnisvoll anmuten, dass die Symmetrie der Schöpfung C-, P- und T-Umkehr umfasst, und doch handelt es sich hier um eine der fundamentalsten Wahrheiten, die wir kennen. Falls auch diese Symmetrie in der Natur nicht erfüllt sein sollte, dann müssen wir nochmals ganz von vorne anfangen; dann sind sämtliche Theorien falsch, und unser ganzes Verständnis und unsere ganze Erfahrung von der Natur müssten neu überdacht werden.

Das klingt seltsam, ist aber nicht ganz so absurd, wie es von manchen gerne behauptet wird. Es bedeutet beispielsweise nicht, dass Welten aus Antimaterie sich irgendwie mit unserer Gegenwart kreuzen, unwahrnehmbar aus der Zukunft auftauchen und dass in ihnen Antialiens leben, die jeden Antitag jünger werden. Versuchen Sie sich ein Universum wie das unsrige vorzustellen, in dem aber C, P und T umgekehrt sind. Während unser Universum sich von einem anfänglichen Big Bang ausdehnt, würde die CPT-transformierte Version auf einen »Big Crunch« zusteuern. Einige Physiker meinten sogar, dass sich die Antimenschen in einem solchen CPT-transformierten Universum an das erinnern, was wir als Zukunft bezeichnen, jedoch die Vergangenheit (aus unserer Sicht) noch zu erleben haben. Sie würden die »rückwärts« fließende Zeit als ebenso natürlich ansehen wie wir die vorwärts fließende.

Ich möchte mich auf die Frage nach dem Wesen der Zeit gar nicht erst einlassen. Ich bin mehr als zufrieden mit der scherzhaften Bemerkung des Physikers John Archibald Wheeler, dass »Zeit ist, was verhindert, dass nicht alles auf einmal passiert«. Für materielle Dinge, einschließlich der Lebewesen, ist die Zeit eine Illusion, basierend auf den Regeln des Zufalls, angewandt auf eine große Anzahl von Atomen. Die absolute CPT-Symmetrie bezieht sich auf einzelne Elementarteilchen, die fundamentalen Bausteine der Natur. Das Team aus Brookhaven hatte 1964 entdeckt, dass die CP-Symmetrie verletzt ist; zum Ausgleich muss auch die Symmetrie der Zeit verletzt sein. Die Buchhalter unter den Physikern hatten zwar vermutet, dass dies so sein muss, doch es dauerte mehr als 30 Jahre, bis die Abschlussbilanz vollständig war. Schließlich entdeckte man 1998 am CERN, dass die T-Symmetrie tatsächlich gebrochen ist, und zwar derart, dass insgesamt die CPT-Symmetrie des Universums erhalten bleibt. Der experimentelle Beweis erfolgte über die Kaonen, also dieselben Teilchen, mit deren Hilfe 1964 auch die Verletzung der CP-Symmetrie nachgewiesen wurde.

1998 war man technisch in der Lage, Kaonen und Antikaonen in größeren Mengen in Experimenten am CERN zu erzeugen und anschließend ihr kurzes Leben genau zu verfolgen. Aus den Geheimnissen der Quantenmechanik folgt, dass Kaonen bei ihrer Reise in Antikaonen übergehen und umgekehrt. Die Frage war, ob Kaonen und Antikaonen mit derselben Rate ineinander transformiert werden. Wäre die Zeit perfekt symmetrisch, müssten die beiden Raten gleich sein. Das lässt sich leicht verstehen, wenn man sich einen Film vorstellt, bei dem ein Kaon in ein Antikaon verwandelt wird, und dann diesen Film rückwärts abspielen lässt. In diesem Fall sieht man die Transformation eines Antikaons in ein Kaon. Sind die Raten verschieden, dann gibt es eine absolute Möglichkeit, die wirkliche Bildfolge von dem zeitlich rückwärts laufenden Film zu unterscheiden. Genau das gelang den Physikern 1998 am CERN. Über mehrere Jahre arbeitete ein multinationales Team zusammen und konnte schließlich zeigen, dass die Antikaonen sich etwas schneller in Kaonen verwandeln als umgekehrt Kaonen in Antikaonen. Sogar auf dem Niveau der Elementarteilchen gibt es also eine intrinsische Zeitrichtung. Besonders wichtig war jedoch, dass ihre Messdaten sich mit der dreißig Jahre früher entdeckten schwachen Verletzung der CP-Symmetrie gerade so »aufaddierten«, dass CPT eine exakte Symmetrie der Natur zu sein scheint.

Die Verletzung der T-Symmetrie, bei der sich Kaonen schneller in ihre »Anti«-Version umwandeln als umgekehrt, bedeutet, dass sich aus einem anfänglich gleichen Gemisch von Kaonen und Antikaonen nach einer gewissen Zeit ein leichter Überschuss an Kaonen – Materie – einstellt. Wegen der kurzen Lebensdauer der Kaonen ist dieses Ungleichgewicht verschwindend klein und für sich genommen bei weitem nicht ausreichend, um die vollständige Dominanz von Materie in unserem heutigen Universum zu erklären. Der Effekt beweist jedoch das Vorhandensein einer solchen Asymmetrie.

Nach jahrzehntelangen theoretischen Untersuchungen wurde jedoch immer deutlicher, dass es möglicherweise noch einen anderen Platz in der Natur gibt, wo diese Materie-Antimaterie-Asymmetrie eine Rolle spielen könnte, und zwar sehr viel ausgeprägter als bei den »seltsamen« Kaonen. Im Jahr 1977 wurden die ersten Exemplare von »Bottom«-Teilchen entdeckt, und es zeigte sich bald, dass es sich hierbei um eine schwerere Version der »Strange«-Teilchen, wie den Kaonen, handelt. Nachdem bei den Kaonen die schwache Verletzung der CP- und T-Symmetrie nachgewiesen werden konnte, erwartete man, dass auch die Bottom- (oder »B«-)Teilchen diese Asymmetrie zeigen. Da die B-Teilchen jedoch wesentlich schwerer sind als ihre »seltsamen« Verwandten, sollte die Asymmetrie zwischen Materie und Antimaterie hier entsprechend deutlicher hervortreten. B-Teilchen waren in den ersten Augenblicken des Universums in großer Menge vorhanden, daher könnte hier die Erklärung für die Asymmetrie unseres heutigen Universums mit seiner Dominanz von Materie liegen.

Das Geheimnis soll mit einer einfachen Strategie gelöst werden: Es werden Milliarden dieser sehr kurzlebigen B-Teilchen und der zugehörigen B-Antiteilchen hergestellt und im Detail untersucht. Zu diesem Zweck wurde bei Stanford in Kalifornien eine wahrhafte »B-Fabrik« gebaut. Im Vergleich zu anderen Beschleunigern der modernen Teilchenphysik handelt es sich hierbei um eine recht kompakte Maschine mit einem Umfang von nur einigen hundert Metern. Allerdings benötigt diese Maschine besonders intensive Teilchenstrahlen, die mit einer noch niemals vorher erreichten Präzision gesteuert werden müssen. Die Energie dieser Strahlen ist auf die optimalen Bedingungen zur Erzeugung von B-Teilchen abgestimmt. Es dauerte Jahre, den speziellen Detektor zu bauen, der den Namen »BaBar« trägt und der die Ergebnisse aufzeichnet. Seine einzelnen Bauteile wurden über viele Monate gründlich getestet. Die beiden entgegengesetzt rotierenden Strahlen des Beschleunigers müssen nur noch eingeschaltet und aufeinander geschossen werden, dann werden die B-Teilchen in großer Anzahl produziert, und BaBar muss die dabei entstehenden Trümmer registrieren.

Dieses möglicherweise historische Experiment begann im Mai 1999. Während ich diese Zeilen schreibe, bin ich mir bewusst, dass es noch Monate dauern wird, bis sich aus den Ergebnissen auch nur ein Trend ablesen lässt. Und vermutlich werden noch Jahre vergehen, bevor wir im Detail wissen, wie unser Universum die vollständige Zerstörung vermeiden konnte. Doch die Reise hat begonnen. Die endgültigen Antworten werden wir jedoch erst finden, wenn wir noch tiefer in den Augenblick der Schöpfung hineinschauen können. Dazu benötigen wir das gewaltigste und energiereichste Instrument, das jemals gebaut wurde: den Large Hadron Collider (LHC) – den »Großen Hadronen-Beschleuniger« – am CERN. Dies könnte der letzte Akt von Luzifers Vermächtnis sein, und der Vorhang dazu wird sich im Jahr 2005 heben. Die Hoffnung ist, dass sich bei diesen Experimenten die lang gesuchte, absolute Symmetrie der Schöpfung offenbaren wird und damit gleichzeitig auch die Ursache, die diese Symmetrie so lange vor unseren Blicken verborgen hielt. Dann werden wir vielleicht auch wissen, wie die Strukturen – belebt und unbelebt – unseres heutigen Universums haben entstehen können.

Kapitel 13

LUZIFERS VERMÄCHTNIS

Einer meiner Kollegen studierte 1964 an der Universität von Edinburgh, und als er in jenem Jahr aus seinen Sommerferien zurückkehrte, fand er auf seinem Schreibtisch eine kurze Nachricht seines Professors: »Habe diesen Sommer etwas vollkommen Nutzloses entdeckt!«, unterschrieben: »Peter Higgs«. Vierzig Jahre später bereiten Wissenschaftler aus über 80 Ländern am CERN ein Experiment vor, das rund eine Milliarde Dollar kosten wird. Eines der zentralen Ziele dieses Experiments besteht darin, die »nutzlose« Idee von Peter Higgs zu testen. Hier wird sich zeigen, ob seine eigene Einschätzung dieser Idee richtig war oder ob er einen Nobelpreis erhalten wird.

Die theoretischen Physiker haben die Gesetzmäßigkeiten zwischen den Kräften und den Elementarteilchen zusammengetragen und so genannte Große Vereinheitlichte Theorien entwickelt, deren fundamentale Gleichungen für einen Mathematiker eine vergleichbare Schönheit ausstrahlen wie die Werke Shakespeares für einen Literaturfreund. Die Schönheit der Mathematik war in der Vergangenheit oft ein guter Ratgeber auf dem Weg zur Wahrheit (beispielsweise bei der Dirac-Gleichung, die von der Antimaterie »wusste«, bevor diese entdeckt wurde). Die Physiker vermuten, dass dies auch jetzt wieder der Fall sein wird. Es gibt jedoch ein Problem: Die fundamentalen Gleichungen sind nur dann vollkommen symmetrisch, wenn alle Teilchen – sowohl die Teilchen der Materie als auch die Vermittlerteilchen der Kräfte – masselos sind. Doch das uns vertraute Universum ist anders: Masse hält die Welt in Bewegung.

Im 17. Jahrhundert zeigte Isaac Newton die Äquivalenz von Gewicht und Masse und entwickelte daraus sein universelles Gravitationsgesetz. Zweihundert Jahre später zeigte Albert Einstein die Äquivalenz von Masse und Energie ($E = mc^2$). Die weit reichende Bedeutung dieser Relation offenbarte unter anderem die fürchterliche Kraft des Atomkerns sowie die Möglichkeit der Umwandlung von Materie und Antimaterie in Energie (und umgekehrt), die uns am LEP (siehe Seite 256 ff.) neue Einsichten in die Schöpfung erlaubte. Obwohl Newton und Einstein diese großartigen Erkenntnisse hatten, wusste keiner von ihnen, was Masse wirklich ist. Die Higgs-Theorie erklärt den Ursprung der Masse. Gleichzeitig macht sie auch die Masse für die Zerstörung der vollkommenen Symmetrie nach der Schöpfung verantwortlich. Das Auftauchen von Masse gab dem Universum Inhalt und Form.

Die Higgs-Theorie umfasst einige der Ideen, die wir in den vergangenen Kapiteln erläutert haben: Bei tiefen Temperaturen können Strukturen und Muster auftreten und eine Symmetrie verbergen, die bei hohen Temperaturen offensichtlich ist. Diese Idee überträgt Higgs auf das gesamte Universum. Für Higgs gelten die wunderbar symmetrischen Gleichungen nur bei extremen Temperaturen – im Augenblick der Schöpfung. Ihre Lösungen für ein kaltes Universum, wie wir es heute vorliegen haben, zeigen diese ursprüngliche Symmetrie nicht. Nach den Erläuterungen der vergangenen Kapitel sollte das nicht überraschen; wir haben gesehen, wie die Natur Symmetrien verbergen kann. Die Verwirklichung dieser Theorie könnte auf Zusammenhänge zwischen scheinbar völlig unterschiedlichen Phänomenen hindeuten, und die Masse wäre der Grund, warum die wahre Einheit verborgen ist.

Die Masse wurde zum Hauptverdächtigen bei der Suche nach der Lösung des Geheimnisses um Luzifers Vermächtnis. Die Masse bricht die Symmetrie der Schöpfung, und sie ist gleichzeitig die Ursache für alle seit jener Zeit entstandenen Strukturen, Muster und Asymmetrien. Higgs hat die zu Grunde liegende Theorie formuliert, nun müssen die Experimente den Beweis liefern; und diese Experimente beginnen im Jahr 2006 am CERN.

Abb. 13.1: Peter Higgs. Auf der Tafel erkennt man eine Zeichnung zu einem Teil seiner Theorie.

Wenn man genau hinschaut, wird der Einfluss der Masse auf die grundlegenden Mechanismen in der Natur überall offensichtlich. Das Elektron ist ein wesentlicher Bestandteil aller Atome, trotzdem existieren in der Natur noch zwei scheinbar überflüssige Kopien (das Muon und das Tau – Seite 265), die sich nur hinsichtlich ihrer Massen unterscheiden. Es gibt auch drei Arten von Neutrinos (siehe Seite 265), d. h., die Familie der Elektronen und Neutrinos (die so genannten Leptonen) umfasst insgesamt sechs Mitglieder. Es gibt auch sechs Arten von Quarks, drei mit positiver Ladung (Up, Charm und Top) und drei mit negativer Ladung (Down, Strange und Bottom). Gibt es einen tieferen Grund, warum es sechs Teilchen von der einen Familie und ein halbes Dutzend von der anderen geben muss, oder handelt es sich um einen reinen Zufall?

Wahr scheint in jedem Fall zu sein, dass, abgesehen von den verschiedenen Massen, die drei Arten von Leptonen sowie die drei Arten von Quarks wie identische Teilchen erscheinen würden. So sind das Up-Quark (ein Bestandteil des Protons) und das Charm-Quark praktisch identisch, wenn man außer Acht lässt, dass das Charm-Quark mehr als ein Wasserstoffatom wiegt. Das dritte Mitglied in diesem Trio, das Top-Quark, wiegt fast so viel wie ein Goldatom. Wie eine solche Energie in einem heute noch nicht messbaren Volumen konzentriert sein kann, ist nur eines der Rätsel im Zusammenhang mit der Masse.

Das Standardmodell der Teilchen und Kräfte zeigt noch weitere Muster und Symmetrien, die durch die Massen verborgen werden. Beispielsweise sind die Stärke der elektromagnetischen und die der schwachen Kraft intrinsisch gleich. Ihre Wirkung unterscheidet sich nur auf Grund von Massen. Das Quantenbündel der elektromagnetischen Strahlung, das Photon, ist masselos und fliegt mit Lichtgeschwindigkeit umher. Die entsprechenden Bündel der schwachen Strahlung, das W- und das Z-Boson, wiegen mehr als ein Eisenatom. Diese großen Massen erschweren ihre Erzeugung und beschränken daher ihren Wirkungsbereich, wodurch die schwache Kraft – zumindest bei Zimmertemperatur – wirklich schwach erscheint. Wie wir jedoch gesehen haben, ist der Einfluss der Masse bei den extremen, am LEP erreichbaren Energien kaum noch von Bedeutung, und das W und Z zeigen sich in ihrer wahren Gestalt. Bei vergleichsweise tiefen Temperaturen, wie sie z. B. in der Sonne herrschen, ist ihr Einfluss jedoch auf Grund ihrer Massen geschwächt. Anderenfalls wäre auf der Erde niemals Leben entstanden.

In den vorangegangenen Kapiteln ging es uns um die Symmetrie zwischen Materie und Antimaterie, die bei der »Großen Annihilation« zerstört wurde. Erst dadurch wurde ein überwiegend aus Materie bestehendes Universum möglich. Ohne Massen wäre das jedoch das Ende der Geschichte gewesen. Es gäbe keine Atome, keine Strukturen und kein Leben. Unsere Existenz beruht auf einigen sehr delikaten Beziehungen zwischen den Massen der fundamentalen Teilchen, wie die folgenden Beispiele verdeutlichen. (Eine ausführlichere, allerdings auch etwas technischere Diskussion, wie die Parameter des Standardmodells unser Alltagsleben beeinflussen, findet man beispielsweise in Robert Cahns Artikel in *Reviews of Modern Physics*, Band 68, S. 951–959, 1996.)

Im Zentrum der Atome befindet sich der Kern aus Protonen und Neutronen. Das Neutron ist etwas schwerer als das Proton, daher ist das Neutron instabil bzw. umgekehrt das Wasserstoffatom stabil. Diese Massen- und Stabilitätsverhältnisse sind eine Folge der Quarkmassen: Das Down-Quark ist etwas schwerer als sein Up-Partner. Warum die Natur gerade diese Möglichkeit gewählt hat, wissen wir nicht. Doch wäre es anders, das Up-Quark also schwerer als das Down-Quark, dann wäre das Proton schwerer als das Neutron und somit instabil. Wasserstoffkerne würden zerfallen und dabei Positronen emittieren. Diese wiederum würden auf Elektronen treffen, und ihre gegenseitige Annihilation würde das Universum mit intensiven Gammastrahlen verseuchen. Außerdem wären die Neutronen das stabile Endprodukt der Schöpfung. Die Sterne bestünden in diesem Fall aus Neutronen statt aus Protonen, und die in ihrem Inneren geschmiedeten »chemischen Elemente« hätten mit den uns vertrauten Elementen nichts gemein.

Die Hülle der Atome besteht aus Elektronen. Alles deutet darauf hin, dass es sich bei Elektronen um fundamentale Teilchen handelt. Woher ihre Masse kommt und warum sie gerade den bekannten Wert hat, ist ebenfalls eine der grundlegenden Fragen, die mit unserer Existenz zusammenhängen. Auch hier könnte die Higgs-Theorie die Antwort bereithalten. Das Elektron im Wasserstoff kreist um das zentrale Proton mit einem Radius, der von der Elektronenmasse abhängt. Schwerere Elektronen hätten zur Folge, dass die Atome – und damit die gesamte Materie – kleiner wären. Außerdem könnten in diesem Fall einige der radioaktiven Prozesse und Umwandlungen der chemischen Elemente nicht mehr stattfinden, und viele der wichtigen Elemente wären vermutlich niemals entstanden. Umgekehrt bedeutet ein leichteres Elektron, dass die radioaktiven Kernumwandlungen immer noch anhielten und unsere Materie vollkommen anders geartet wäre.

Könnte man die Elektronenmasse langsam abschalten, würde man mit kleiner werdender Masse den Radius der Atome anwachsen sehen. Für eine zu kleine Elektronenmasse wären die Atome so ausgedehnt, dass ein Zusammenhalt kaum noch möglich wäre.

Kalte Materie wäre bereits ein Plasma aus geladenen Teilchen, wie wir es heute im Inneren der Sonne vorliegen haben. Das Universum wäre eine »Suppe« aus Strahlung und Teilchen, aber ohne feste Materie, ohne Strukturen und ohne die für das Leben notwendigen chemischen Elemente.

Diese Feinabstimmung der Parameter gilt nicht nur für die elementaren Teilchen der Materie, sondern auch für die Quantenbündel der Kraftfelder, wie das Photon und das W- und Z-Boson. Wir hatten bereits gesagt, dass Stärke und Wirkung der schwachen Kraft durch die Massen von W und Z bestimmt werden. Das W-Boson ist an einem für unser Alltagsleben notwendigen Prozess der schwachen Wechselwirkung beteiligt: der Fusion von Protonen bei der thermonuklearen Verbrennung in der Sonne. Das Z-Boson hat einen Einfluss auf die Supernova-Explosionen, die den Kosmos mit schweren chemischen Elementen versorgen. Ohne diese Explosionen würden den Planeten, den Pflanzen und allen Lebewesen einige wichtige chemische Elemente fehlen. Wir bestehen aus Sternenstaub oder, falls Sie weniger romantisch veranlagt sind, aus nuklearem Abfall. Eine andere Masse des Z-Bosons würde den Ablauf einer Supernova-Explosion verändern. Ob das einen Einfluss auf unsere Entwicklungschancen gehabt hätte, ist nicht klar, doch die Masse seines Bruders, des W-Bosons, ist für unsere Existenz mit Sicherheit kritisch.

Bei einem doppelt so schweren W-Boson wäre die schwache Wechselwirkung noch schwächer. Die Kernreaktionen im Inneren der Sonne wären seltener, und ihr heißes Zentrum könnte dem Gewicht der äußeren Schichten weniger entgegenwirken. Die Sonne würde schrumpfen und ihre Oberflächentemperatur von gegenwärtig 5800° C auf 7000° C ansteigen. Wir könnten zwar die Schönheit des Regenbogens immer noch bewundern, doch jenseits des blauen Horizonts, im ultravioletten Bereich, wäre die Strahlung wesentlich intensiver, was die Entwicklung der Pflanzen drastisch einschränkte. In einer solchen Welt wäre die Fähigkeit, Hautkrebs zu widerstehen, einer der Tests der Evolution. Vielleicht hätten wir unter solchen Umständen entstehen können, doch die andere Möglichkeit, ein leichteres W-Boson, wäre mit Sicherheit unser Verhängnis gewesen. Nicht, dass wir vorzeitig gestorben wären – wir wären niemals geboren worden.

Wie ich schon gesagt habe: Wir sind Sternenstaub. In den Sternen wurde der Wasserstoff zu den Bausteinen der Aminosäuren verschmolzen – hauptsächlich Kohlenstoff, Stickstoff und Sauerstoff –, und durch die Supernova wurden diese Elemente im Kosmos verteilt. Wenn genügend Atome dieser Elemente zusammenkommen, entwickeln sie Selbstbewusstsein. Wie genau das vor sich geht, wissen wir nicht, in jedem Fall benötigt dieser Vorgang aber eine beachtliche Menge an Zeit. Auf der Erde musste die Sonne über vier Milliarden Jahre scheinen, bis intelligentes Leben entstehen konnte. Ein leichteres W-Boson hätte die Sonne schneller verbrennen lassen. Gegenwärtig hat sie die Hälfte ihres Lebens hinter sich, und wir sind hier. Eine doppelt so schnelle Verbrennung hätte die Sonne ausbrennen lassen, bevor die meisten primitiven Lebensformen sich hätten entwickeln können.

Ein Universum, in dem die W- und Z-Bosonen wie die Photonen masselos sind, wäre ein seltsamer Platz. Die elektrisch geladenen Teilchen, beispielsweise die Elektronen, wären durch die elektroschwachen Kräfte vermutlich permanent gebunden, ähnlich wie die Quarks in den Protonen und Neutronen. In unserer Welt ist die gluonische Strahlung der Kraftfelder der Quarks in den Protonen und Neutronen gefangen. In einer Welt mit masselosen W- und Z-Bosonen wäre die elektromagnetische Strahlung innerhalb der Atome gefangen. Die Physik eines solchen Universums können sich Sciencefictionautoren überlegen.

Diese alternativen Welten, in denen das Neutron leichter als das Proton ist oder das Elektron etwas leichter oder schwerer ist als in unserer Welt oder die Übermittler der Kräfte leichter oder sogar masselos sind, zeigen, wie die Dinge auch hätten sein können. Obwohl wir sehr viel von den physikalischen Gesetzen verstehen, denen die Teilchen und Kräfte in unserer Welt gehorchen, wissen wir doch nicht, warum unsere Welt gerade diese ist und nicht eine von denen, die »auch hätten sein können«.

Es wird viel von einer endgültigen Großen Vereinheitlichten Theorie geträumt, doch gegenwärtig müssen wir die Werte für die Massen der Elementarteilchen immer noch in unsere Berechnungen hineinstecken. Wir verstehen nicht, warum die Massen diese »magischen« Werte haben oder warum Elementarteilchen überhaupt eine Masse besitzen. Doch wenn wir uns überlegen, wie unsere Welt aussähe, wenn auch nur einige dieser Werte etwas anders wären, dann beginnen wir zu begreifen, von welchen Feinheiten unsere Existenz abhängt und was wir noch alles zu erklären haben. Seit der Entdeckung des Muons (einer schweren Kopie des Elektrons) im Jahr 1947 stellen wir uns diese Fragen, und der Nobelpreisträger Isidor Rabi meinte lapidar über das Muon: »Wer hat denn das bestellt?« Heute sind wir jedoch in der besonderen Lage, diese und ähnliche Fragen (beispielsweise nach der Ursache der Massen oder den Gründen für die Existenz der »überflüssigen« Kopien des Elektrons und der Quarks) nicht mehr nur der Philosophie zu überlassen, sondern einer wissenschaftlichen Untersuchung zugänglich zu machen. Die Beantwortung dieser fundamentalen Fragen ist das Ziel einiger tausend Physiker, die sich zurzeit am CERN zusammenfinden. Bevor ich auf die beabsichtigten Experimente genauer eingehe, möchte ich zunächst kurz umreißen, worin die »nutzlose Idee« von Peter Higgs besteht.

Das »Higgs-Feld«

Die Überprüfung der Idee von Higgs ist vermutlich das größte und teuerste wissenschaftliche Unternehmen der Geschichte. Als die englische Regierung 1993 darüber beriet, stellte der damalige Wissenschaftsminister William Waldegrave den Physikern eine brisante Aufgabe: Damit er ihr Anliegen in den Diskussionen mit anderen Kabinettmitgliedern besser vertreten konnte, sollten die Physiker ihm helfen und eine kurz gefasste Erläuterung der Higgsschen Idee formulieren. Als Anreiz versprach Waldegrave dem Verfasser des besten Versuchs eine Flasche Champagner der Extraklasse. Die eigentliche Schwierigkeit bestand jedoch darin, dass die Beschreibung auf eine DIN-A-4-Seite passen musste. Die Aufmerksamkeit viel beschäftigter Politiker lässt eben nach einer Seite rapide nach.

Es liegt jedoch eine große Gefahr in der Annahme, dass so etwas überhaupt immer möglich sei. In den Medien werden Wissenschaftler oft von Leuten befragt, die wenige oder gar keine wissenschaftlichen Vorkenntnisse besitzen (und manchmal sogar stolz darauf sind). Diese Leute wollen sofortige und leichte Erklärungen. Ein Scheitern wird als Beweis dafür angesehen, dass die Wissenschaftler den Kontakt zur Realität verloren haben. Die Aufgabe von Mr Waldegrave war zwar nicht von dieser Art, trotzdem war ich etwas besorgt.

Ich musste an Richard Feynman denken, der nach der Verleihung des Nobelpreises für Physik von einem lokalen Fernsehreporter gebeten wurde, den Zuschauern seine Arbeit in »weniger als 20 Sekunden« zu beschreiben. Feynman konterte, dass die Arbeit kaum einen Nobelpreis verdient hätte, falls das möglich wäre! Ich erwähnte diese Geschichte in dem Begleitschreiben zu meinem eigenen Entwurf auf die Herausforderung von Mr Waldegrave und fügte noch hinzu, dass ich durch die Bitte irritiert sei, solche tiefgründigen Ideen auf einer einzigen Seite zu beschreiben, ich würde aber die Herausforderung annehmen, falls er umgekehrt in der Lage sei, mir auf einer einzigen Seite das Abkommen von Maastricht zu erläutern. Weder er noch ich hatten Erfolg. Doch die Flasche Champagner gewann Professor David Miller vom University College in London.

Wenn du die Aufmerksamkeit deiner Leser gewinnen willst, identifiziere dich mit ihnen! Der Entwurf von David Miller basiert auf einer Analogie aus der Politik. Man denke an eine Cocktailparty, die von den Mitgliedern der konservativen Partei von Waldegrave besucht wird. Die Partygäste sind gleichmäßig im Raum verteilt und unterhalten sich jeweils mit ihren unmittelbaren Nachbarn. Dann betritt plötzlich die frühere Premierministerin Margaret Thatcher die Szene und schickt sich an, durch den Saal zu gehen. Die Leute in ihrer Nähe fühlen sich zu ihr hingezogen und bedrängen sie. So-

(a)

(b)

Abb. 13.2: Eine Serie von Cartoons von David Miller zur Erklärung der Higgs-Theorie. In (a) entsprechen die Partygäste dem Higgs-Feld; in (b) betritt eine berühmte Politikerin den Saal, die in (c) von allen Seiten bedrängt wird.

(c)

bald sie vorbeigegangen ist, lösen sich die Leute wieder von ihr ab und kehren zu ihrer ursprünglichen Haltung zurück. Eine Traube von Anhängern umringt Mrs Thatcher und bremst so ihr Vorankommen. Einmal in Bewegung, ist es schwerer, sie zu stoppen, und einmal zum Halt gebracht, ist es schwerer für sie, sich wieder in Bewegung zu setzen, da die Menschentraube sich neu organisieren muss. Sie besitzt unter diesen Umständen eine größere Trägheit, oder anders ausgedrückt: Zusammen mit der Traube der Anhänger besitzt sie eine größere Masse als gewöhnlich.

Übertragen auf drei Dimensionen und mit einigen Abänderungen, die der Relativitätstheorie Rechnung tragen, besteht hierin die grundlegende Idee von Higgs. Die Massen der Teilchen sind das Ergebnis ihrer Wechselwirkung mit einem Feld, das den ganzen Raum durchdringt – den Partygästen in Millers Beispiel. Dieses Feld, das so genannte Higgs-Feld, wird durch ein vorbeifliegendes Teilchen lokal beeinflusst, und diese Störung des Feldes verleiht dem Teilchen seine Masse. Wir können die Analogie von Miller auch noch etwas weiter treiben: Hätte statt Mrs Thatcher der Vorsitzende einer

Oppositionspartei den Raum betreten, wäre er von den Partygästen vielleicht ignoriert worden und hätte unbehelligt durch den Raum gehen können, wie beispielsweise ein masseloses Photon.

Obwohl durch das Beispiel von Miller der Grundgedanke der Higgs-Theorie veranschaulicht wird, berührt es nicht solche Fragen wie die Abhängigkeit von der Temperatur bzw. Energie oder warum das LHC notwendig ist, um die Higgssche Vermutung zu beweisen. Zur Beantwortung dieser Fragen wollen wir zunächst an zwei grundlegende Tatsachen erinnern, die wir in den vorangegangenen Kapiteln erörtert hatten: Wenn physikalische Systeme sich selber überlassen sind, suchen sie sich einen Zustand niedrigster Energie; dabei verändern sie möglicherweise ihre Phase. Dies ist beim Gefrieren einer Flüssigkeit der Fall, wobei Energie in Form von Wärme abgegeben wird, oder auch wenn sich die einzelnen magnetischen Atome eines Eisenstabs gemeinsam ausrichten und das Metall dadurch zu einem Magneten wird. Bevor ich die Higgssche Idee für unser Universum vorstelle, möchte ich kurz einige der Tatsachen wiederholen, die wir im Zusammenhang mit der Natur von Magneten gesehen haben.

In Eisen und anderen Metallen besitzen die Atome ein Elektron, das durch seinen Spin wie ein kleiner Magnet wirkt. Die Richtung der Nord-Süd-Achse dieses Magneten ist dieselbe wie die Rotationsachse des Elektrons. Für ein einzelnes, isoliertes Elektron kann diese Achse in jede beliebige Richtung zeigen: Dies ist ein Beispiel für die Rotationssymmetrie des dreidimensionalen Raumes, wo keine Richtung vor einer anderen ausgezeichnet ist. In Metallen wie Eisen ziehen es benachbarte Elektronen jedoch vor, ihren Spin gleich auszurichten, da diesem Zustand eine niedrigere Energie entspricht. Damit der ganze Block eine minimale Energie besitzt, müssen sich alle Spins der Elementarmagneten in dieselbe Richtung drehen, und diese Richtung wird die Nord-Süd-Achse des gesamten Magneten. Wir haben hier ein klassisches Beispiel einer verborgenen Symmetrie vor uns: Die einzelnen Elektronen besitzen keine bevorzugte Drehachse, der gesamte Magnet jedoch hat eine ausgezeichnete Richtung – die Verbindungslinie seiner magnetischen Pole.

Dies sind die Verhältnisse in einem kalten Stück Eisen. Wenn die Temperatur jedoch über 900 °C ansteigt, reicht die zusätzliche Wärmeenergie vollkommen aus, um die einzelnen Elektronen aus der Gefangenschaft ihrer Nachbarn zu befreien. Die Rotationsachsen der Elementarmagneten zeigen in zufällige Richtungen, die Rotationssymmetrie ist wiederhergestellt und der Magnetismus verschwunden. Wird das Metall anschließend wieder abgekühlt, kehrt auch der Magnetismus zurück, doch die Richtung der Nord-Süd-Achse ist sehr wahrscheinlich eine andere als vorher. Die grundlegende Symmetrie des Raumes behandelt alle Richtungen gleich, doch die Lösungen bei tiefen Energien verbergen diese Symmetrie, indem sie zufällig eine spezielle Richtung auswählen: die Nord-Süd-Achse des Magneten.

Statt den Magneten zu erhitzen und die Spins zu befreien, können wir auch in der kalten, magnetischen Phase verbleiben und stattdessen den Spins einen kleinen Energiestoß versetzen, so dass sie wackeln. Die Richtung der einzelnen Spins, d. h. der lokale magnetische Nordpol, kann dabei regelmäßige Schwingungen ausführen. Diese Schwingungen bezeichnet man als Spinwellen. Ebenso wie die elektromagnetischen Wellen die Photonen als Quantenbündel besitzen, gibt es auch bei den Spinwellen Quantenbündel, die man als »Magnonen« bezeichnet. Diese Magnonen verhalten sich wie Teilchen, ähnlich den Photonen.

Stellen wir uns für einen Moment vor, wir seien fiktive Wesen und würden innerhalb eines Magneten leben. Was wären unsere Erfahrungen? Wir würden die unveränderlichen Eigenschaften des Magneten als »leeren Raum« interpretieren. Bei unseren ersten Versuchen, unser Universum zu beschreiben, wüssten wir nichts von der Rotationssymmetrie, da für uns durch das Magnetfeld eine Raumrichtung ausgezeichnet ist. Asymmetrie wäre für uns die natürliche Ordnung.

Doch nach einigen hundert Jahren erkennt einer dieser fiktiven Wissenschaftler, dass der »leere Raum« nicht wirklich leer ist, sondern eine Struktur besitzt – die Elektronen mit ihrem magnetischen Spin. Und dieser Wissenschaftler begreift, dass gerade diese Struktur zusammen mit der Tatsache, dass sein »Raum« eine Temperatur von weniger als 900 °C hat, diese Asymmetrie hervorruft. Die zu Grunde liegenden Naturgesetze sind symmetrisch. Zunächst ist das alles nur eine Idee, doch die Wesen überlegen sich ein Experiment zur Überprüfung dieser Idee: Wird das »Vakuum« über die kritische Temperatur erhitzt, sollte sich die wahre Symmetrie zeigen. Eine zweite Möglichkeit besteht darin, mit einer ausreichenden Menge an Energie aus dem »Vakuum« Magnonen zu erzeugen. Diese Magnonen sind der Beweis für eine Struktur des »leeren« Raumes. Das Einzige, was noch fehlt, ist die Technologie, einem kleinen Teil des Raumes die notwendige Energie zuzuführen.

Diese Wesen sind vielleicht gar nicht so fiktiv, denn unser wirkliches Universum ist gar nicht so verschieden von einem Magneten. Die Theorie von Higgs geht von der Annahme aus, dass das »Vakuum« in Wirklichkeit ein strukturiertes Medium ist, und die Magnonen unseres Universums sind bestimmte Teilchen dieses strukturierten Vakuums. Man bezeichnet diese Teilchen als Higgs-Bosonen. Wenn wir ein Higgs-Boson entdecken, ist das der erste direkte Hinweis auf die wahre Symmetrie unseres Universums.

Nachdem wir durch die Analogie von Miller und das Beispiel des Magneten vorbereitet sind, wenden wir uns wieder der Wirklichkeit zu und nehmen an, unser Vakuum enthalte ein von uns nicht wahrgenommenes Higgs-Feld. Ein letztes Mal erinnern wir an die beiden Grundregeln: Physikalische Systeme versuchen, einen Zustand niedrigster Energie einzunehmen, und dabei können sie ihre Phase ändern. Stellen Sie sich nun vor, Sie wollten einen Behälter absolut leer pumpen und seine Temperatur so weit wie möglich abkühlen. Anschließend würden Sie vernünftigerweise annehmen, dass die Energie des Volumens in diesem Behälter nicht mehr weiter herabgesetzt werden kann, denn wenn Sie dem Behälter irgendetwas zugeben, addieren Sie auch die Energie dieses »Etwas«. Doch nach der Higgs-Theorie hat das Higgs-Feld die seltsame Eigenschaft, dass es die Energie in einem Behälter weiter *herab*setzt, wenn es diesem Behälter *zu*geführt wird, zumindest solange die Temperatur unterhalb des kritischen Werts von 10^{17} °C liegt.

Heutzutage ist das Universum überall wesentlich kälter, und das seit dem Augenblick, als sich das Universum unter 10^{17} °C abkühlte, ungefähr 10^{-14} Sekunden nach der Schöpfung. Seit diesem ersten Augenblick ist das Higgs-Feld in die Struktur des Universums verwoben.

Diese Idee klingt zunächst sehr unrealistisch. Der gesamte Raum – in uns und um uns herum – ist mit diesem Higgs-Feld angefüllt. Doch warum nehmen wir dieses Higgs-Feld nicht wahr? Die Antwort lautet: Wir nehmen es wahr! Sämtliche Strukturen, alles Existierende und alle Wesen geben Zeugnis davon, dass das Higgs-Feld den Elementarteilchen eine Masse verliehen hat. Das zumindest glauben die Theoretiker.

Wie wir in Kapitel 9 gesehen haben, gehören Phasenübergänge und Symmetrieänderungen zusammen, und die Higgssche Theorie bildet da keine Ausnahme. In unserem Fall handelt es sich um eine Symmetrie zwischen den Materieteilchen und den Vermittlerteilchen der Kräfte. In der heißen Phase liegt eine so genannte Supersymmetrie vor, die alle Materieteilchen und Kraftüberträger vereint. Ähnlich wie sich beim Gefrieren von Wasser aus der ursprünglichen Rotationssymmetrie sechs Wachstumsrichtungen der Eiskristalle »herauskristallisiert« haben, entstehen auch die Teilchenstrukturen, wenn sich das Universum unter die kritische Higgs-Temperatur abkühlt. Ein Aspekt dieser Strukturen besteht darin, dass die Teilchen eine Masse und somit unterschiedliche Identitäten erhalten.

Aus theoretischer Sicht erscheinen diese Ideen zwingend, doch wir sollten nicht vergessen, dass es sich hierbei zunächst nur um einen mathematischen Formalismus auf einem Stück Papier handelt. Der entscheidende Schritt besteht darin, diese Ideen experimentell zu überprüfen und zu sehen, ob das Universum wirklich auf diese Weise seinen Anfang genommen hat. Unsere fiktiven Wesen mussten dazu ein lokalisiertes Gebiet in ihrem Magneten auf 900 °C erhitzen. Wir haben eine ähnliche Aufgabe, allerdings beträgt die notwendige Temperatur rund 10^{17} °C! So wie die Photonen die Quantenbündel des elektromagnetischen Feldes sind und die Magnonen die Quantenbündel der Spinwellen in Magneten, so sollte auch das Higgs-Feld seine Teilchenbündel haben: die Higgs-Bosonen. Nach der Theorie erhalten diese Higgs-Bosonen ebenfalls ihre Massen durch die Wechselwirkung mit ihrem eigenen Feld.

Eine kritische Frage der geplanten Suche lautet: Wo soll man suchen? Oder anders ausgedrückt, wie schwer ist das Higgs-Boson? Seine Masse konnte mittlerweile auf einen bestimmten Bereich eingeschränkt werden, und die Experimente sind so angelegt, dass dieser Bereich überdeckt wird. Wir wissen, dass das Higgs-Boson mehr als 100 GeV wiegen muss (das ist ungefähr das 100fache der Protonenmasse), anderenfalls hätte man es bereits am LEP finden müssen. Andererseits kann es auch nicht schwerer als 600 GeV sein, da ansonsten das Verhalten einiger bekannter Teilchen nachweisbar anders wäre. Einige neuere Versionen der Higgs-Theorie gehen von mehr als einem Boson aus. In diesen Fällen könnte eines dieser Bosonen leichter als 200 Protonenmassen sein und würde entweder während des letzten Jahres am LEP gefunden oder in den nächsten Jahren am Fermilab in Chicago. Um jedoch den gesamten Bereich bis 600 GeV erkunden zu können, brauchen wir den »Large Hadron Collider« (LHC) am CERN. (»Hadron« ist eine Sammelbezeichnung für die Protonen und Atomkerne, die bei diesem Beschleuniger verwendet werden.) Selbst wenn es ein vergleichsweise leichtes Higgs-Boson geben sollte, das am LEP oder am Fermilab gefunden werden kann, ist das LHC trotzdem notwendig, um das gesamte Spektrum von Higgs-Bosonen zu erfassen. Nur dann haben wir eine Chance, die wirklichen Geheimnisse der Schöpfung aufdecken zu können.

Das LHC

Während beim LEP leichte Elektronen und Positronen zum Einsatz kommen, sollen am LHC zwei entgegengesetzt umlaufende Protonenstrahlen denselben 27 Kilometer langen Ring durchlaufen, der im Moment noch zum LEP gehört. Protonen sind rund 2000-mal schwerer als Elektronen und haben eine dementsprechend größere

Schlagkraft. Sie erreichen höhere Energien – das entspricht früheren Epochen des Universums –, als sie am LEP möglich sind.

Die Magneten im LEP sind jedoch zur Führung von Elektronen gedacht und viel zu schwach, um die schweren Protonen in der Spur zu halten. Dazu bedarf es stärkerer Magnetfelder, als sie jemals am CERN in einem Beschleuniger verwendet wurden. Die Magneten am LEP werden daher entfernt und durch einen neuen Satz ersetzt. Die Stromversorgung dieser Magneten ist ein großes technisches Problem, das unter Ausnutzung der Supraleitfähigkeit gelöst werden soll. Unter Supraleitfähigkeit versteht man die Eigenschaft bestimmter Materialien, Elektrizität ohne Widerstand oder Energieverlust leiten zu können. Dadurch wird der Strombedarf am LHC wesentlich gedrosselt. Supraleitfähigkeit stellt allerdings seine eigenen Forderungen: Damit die Magneten als Supraleiter arbeiten können, müssen die Temperaturen am LHC bei ungefähr 300 °C unterhalb der Zimmertemperatur liegen. Das ist kälter als der leere Raum in unserem Universum. Eine supraleitende Anlage bei so niedrigen Temperaturen über eine Länge von 27 Kilometern wurde noch niemals vorher gebaut. Jeder einzelne Magnet hat eine Länge von über 14 Metern, und für den gesamten Ring werden mehr als 1200 solcher Magnete benötigt.

Die Elektronen- und Positronenstrahlen am LEP tragen entgegengesetzte elektrische Ladungen, und daher genügt ein einzelner Magnetring, um sie in entgegengesetzter Richtung im Kreis herum zu leiten. Am LHC werden jedoch zwei Protonenstrahlen in entgegengesetzter Richtung beschleunigt, daher benötigt man zwei Magnetringe. Effektiv besteht das LHC daher aus zwei Beschleunigern. Um die ganze Sache so kompakt und ökonomisch wie möglich zu halten, wurden spezielle Magneten mit zwei Röhren – eine für jeden Strahl – entworfen. Die Protonen werden frontal aufeinander geschossen, ähnlich wie beim LEP, doch mit viel größerer Wucht und mit mehr Endprodukten, die nachgewiesen und analysiert werden müssen. Die Detektoren am LEP wären dafür vollkommen ungeeignet und werden durch Kolosse ersetzt, die sogar die Giganten am LEP wie Zwerge erscheinen lassen werden.

Einer der Detektoren mit der Bezeichnung CMS ist ein Monster von 12 500 Tonnen. Während MS sich auf seine technische Beschaffenheit als Magnetisches Spektrometer bezieht, steht das C für »compact«! Wir mögen uns einen solchen Giganten nur schwer als kompakt vorstellen können, doch im Vergleich zu dem anderen Detektor mit der viel sagenden Bezeichnung ATLAS ist er wirklich klein. ATLAS steht übrigens für »A Toroidal LCH Apparatus« (eine torusförmige LHC-Apparatur), was sich auf seine Donut-förmige Gestalt bezieht. Vergleicht man die Größe von CMS mit einem Marinekreuzer, dann ist ATLAS ein Schlachtschiff. Mit 20 Metern Höhe ist er doppelt so hoch wie die LEP-Detektoren und vergleichbar mit einem Bürogebäude. Diese Abmessungen der Detektoren am LHC sind notwendig, um die Kollisionsprodukte verfolgen zu können, deren Energien weit über den Energien am LEP liegen. Die Überreste fliegen schneller als alles bisher Bekannte, und um ihre Geheimnisse entziffern zu können, liegt die Stärke der Magnetfelder in den Detektoren am Rande des technologisch Machbaren. Die Energie der Magnetfelder im CMS beispielsweise würde ausreichen, um 18 Tonnen Gold zu schmelzen.

Die Protonen am LHC werden in Bündeln beschleunigt, die in jeder Sekunde 40 Millionen Mal aufeinander treffen. Dabei wird es jedes Mal zu rund 20 einzelnen Kollisionen zwischen zwei Protonen kommen; pro Sekunde ergibt das insgesamt 800 Millionen Kollisionen. Mit nur einer Milliardstel Sekunde zwischen zwei aufeinander folgenden Kollisionen werden die Überreste der einen Kollision immer noch durch den Detektor fliegen, während die nächste bereits stattfindet. Wenn jede Person auf der Erde gleichzeitig 20 Telefongespräche führen würde, entspräche das ungefähr der Datenrate bei diesen Experimenten. Diese Flut an Information muss daher mit einer unvorstellbaren Geschwindigkeit verarbeitet werden. Die inneren Sensoren von ATLAS enthalten mehr als zehn Milliarden Transistoren – das entspricht der Anzahl der Sterne in unserer Milchstraße. Die technologischen Anforderungen haben in verschiedenen Bereichen neue Grenzen für Forschung und Entwicklung gesetzt, beispielsweise in der Informationsverarbeitung, der

Supraleitfähigkeit und bei der Herstellung von Detektoren, die über längere Zeiträume intensiver Strahlung ausgesetzt sind und trotzdem fehlerfrei arbeiten. Für viele Techniker definierte das Projekt selber das Äußerste des technologisch Machbaren. Die Entdeckung des Higgs-Bosons wäre nur ein Bonus.

Supersymmetrie und die fünfte Dimension

Mit der Gravitation haben wir im ersten Kapitel unsere Reise in die Welt der Symmetrie begonnen, und wie Ihnen vielleicht aufgefallen ist, habe ich seitdem kaum mehr etwas darüber gesagt. Die Gravitation ist nicht Teil des Standardmodells der Teilchen und Kräfte. Zwischen einzelnen Atomen ist sie so schwach, dass sie für Experimente in der Teilchenphysik irrelevant ist. Im Rahmen einer endgültigen Theorie muss sie jedoch berücksichtigt werden. Dazu existieren einige verblüffende Ansätze, die auch am LHC für Überraschung sorgen könnten. Es gibt in Bezug auf die Symmetrie zwischen Teilchen und Kräften möglicherweise einen Aspekt, den ich bisher noch nicht erwähnt habe und der unser Bild von der Symmetrie und ihrem Verschwinden vervollständigen könnte. Zudem liegt hier vielleicht der Schlüssel, wie sich Gravitation – Masse – und die anderen Kräfte vereinen lassen. Dieser Aspekt hat die Physiker gegen Ende des 20. Jahrhunderts sogar an die Möglichkeit glauben lassen, dass es noch eine fünfte Dimension gibt, die am LHC sogar nachgewiesen werden könnte.

Dieser letzte Teil des Puzzles wird als »Supersymmetrie« bezeichnet (üblicherweise mit SUSY abgekürzt) und ist die Verbindung aus zwei Symmetrien, denen wir bereits begegnet sind. Einerseits haben wir eine Symmetrie zwischen Leptonen und Quarks erkannt, andererseits haben wir offensichtliche Gemeinsamkeiten zwischen den verschiedenen Trägern der Kräfte ausgemacht. Da die Kräfte auch durch Teilchen vermittelt werden und diese Teilchen umgekehrt die Kräfte ebenfalls verspüren können, liegt die Frage nahe, ob es eine Beziehung zwischen den Teilchen der Materie – Leptonen und

Quarks – und den Vermittlerteilchen der Kräfte gibt. SUSY geht von einer solchen Beziehung aus.

Sämtliche Teilchen wären nach dieser Vorstellung in der ursprünglichen Hitze des Big Bang vereinigt gewesen, hätten beim Abkühlen des Universums ihre Massen erhalten und wären dadurch zu unterschiedlichen Bausteinen geworden. Diese Idee ist erstaunlich und zeigt einmal mehr, welche delikaten Prozesse für unsere Existenz notwendig waren. Die Materieteilchen und die Vermittlerteilchen der Kräfte unterscheiden sich allerdings in einer wesentlichen Hinsicht, nämlich in ihrem Spin. Der Spin der Elektronen ist halb so groß wie der Spin der Photonen und wird daher als $^1/_2$ definiert. Alle Leptonen und alle Quarks haben diesen Spin. Gemeinsam bezeichnet man sie als »Fermionen« (nach dem berühmten italienischen Physiker Enrico Fermi). Im Gegensatz dazu ist der Spin der Photonen in diesen Einheiten gleich eins. Das Gleiche gilt für die W- und Z-Teilchen und ebenfalls für die Gluonen. Teilchen mit einem Spin, der einer ganzen Zahl entspricht, bezeichnet man als »Bosonen« (nach dem indischen Physiker Satyendra Bose). Das Higgs-Boson hat nach der Theorie von Higgs überhaupt keinen Spin, also den »ganzzahligen« Spin null.

SUSY vereint Fermionen und Bosonen – zumindest auf dem Papier. Sollte diese Form mathematischer Dichtung in der Natur realisiert sein, gäbe es ganze Familien von Teilchen, Fermionen und Bosonen, die auf ihre Entdeckung warten. Ursprünglich, am Anfang der Zeit, waren sie und die uns bekannten Teilchen einheitlich. Als sich das Universum abkühlte und die Teilchen ihre Massen erhielten, wurde diese Partnerschaft aufgehoben. Die Quarks und Leptonen endeten als Leichtgewichte, während ihre bosonischen Superpartner (die Squarks und Sleptonen) vergleichsweise schwergewichtig wurden. Ihre Massen entsprechen ungefähr der charakteristischen Energie des Higgs-Phänomens.

Sollte das Universum tatsächlich so strukturiert sein, dann können wir von Glück sagen, dass gerade die Leptonen und Quarks zu Leichtgewichten wurden und nicht die Squarks und Sleptonen. Bestünde unsere materielle Welt aus Bosonen statt aus Fermionen, hätten sich niemals Atome bilden können, geschweige denn Lebewesen wie wir. Während biologische und chemische Vorgänge auf der Eigenschaft der Moleküle beruhen, Verbindungen einzugehen und sich zu transformieren, hängen die Stabilität der Materie und die Reichhaltigkeit der Chemie davon ab, dass manche Dinge einander meiden. Das wiederum, so sagt uns die Quantenmechanik, liegt daran, dass die Bausteine der Atome bzw. der Materie Fermionen sind – also Spin $1/2$ haben. Fermionen sind wie Kuckucke (zwei in einem Nest ist einer zu viel), während sich Bosonen eher wie Pinguine verhalten (je mehr, desto lieber). Ein Beispiel für das Letztere sind Laserstrahlen, bei denen sich eine große Anzahl von Photonen (Bosonen) wie ein Kollektiv verhält. Doch warum fallen Sie nicht durch den Boden hindurch, obwohl Atome – sowohl die Ihrer Füße als auch die des Bodens – zum größten Teil aus leerem Raum bestehen? Atome durchdringen sich nicht einfach und fallen zu einer strukturlosen Form zusammen. Der Grund liegt in der »Kuckucksnatur« ihrer fundamentalen fermionischen Bestandteile: Ein Elektron duldet kein zweites Elektron an seinem Platz – Einsamkeit ist die Folge.

Wären jedoch elektrisch geladene Bosonen die leichtesten Teilchen im Universum, würden die daraus bestehenden Moleküle zu einem einfachen Tropfen verschmelzen. Die gegenseitige Anziehung dieser Tropfen wäre so groß, dass sie untereinander weiter verschmelzen und dabei immer kleiner würden. In einer solchen Welt, in der die Squarks und Sleptonen die leichten Teilchen wären, würde die Materie wie ein gespenstischer Schleim aus einem Horrorfilm zusammenfallen. Sollte SUSY wirklich ein Teil der ursprünglichen Symmetrie der Schöpfung gewesen sein, dann können wir von Glück sagen, dass die Symmetriebrechung zu leichten Fermionen und nicht zu leichten, elektrisch geladenen Bosonen führte. Ob SUSY tatsächlich die ursprüngliche Einheit der Schöpfung war und – wenn ja – wie es beim Abkühlen des Universums zu der für uns glücklichen Wahl gekommen ist, sind weitere Fragen für die Experimente am LHC.

Es hat den Anschein, als ob die Theoretiker beim Auskundschaften der Möglichkeiten der Supersymmetrie über die lang gesuchte »Theorie von Allem« gestolpert sind, die so genannte Superstring-Theorie. Die Superstring-Theorie ist in mehrfacher Hinsicht außergewöhnlich. Für lange Zeit schien es unmöglich, eine Theorie der Gravitation zu entwickeln, die sowohl mit der Quantenmechanik als auch mit der Relativitätstheorie im Einklang steht. Seit der Entdeckung der Superstring-Theorie, die diese Eigenschaft besitzt, sind viele Theoretiker überzeugt, die einzige und wahre Beschreibung der Natur gefunden zu haben.

Eine ihrer vielen bizarren Folgerungen besagt, dass es sich bei allen Kräften in der Natur eigentlich um Gravitation in höheren Dimensionen handelt. Zu Beginn des 20. Jahrhunderts galten die drei Dimensionen des Raumes als selbstverständlich. Dann verknüpfte Einstein Raum und Zeit und gab uns das moderne vierdimensionale Bild, bei dem die Gravitation das Ergebnis einer Krümmung dieser »Raum-Zeit« ist. Sollte sich die Superstring-Theorie als richtig erweisen, dann könnte es neben den drei bekannten Richtungen (oben-unten, vorne-hinten, rechts-links) noch weitere, »innere« Richtungen geben. Man glaubt, dass diese höheren Dimensionen beim Big Bang zusammengeschrumpft sind, während sich die uns vertrauten Dimensionen mit dem Universum ausgedehnt haben. Bis vor kurzem dachte man, die Skala der geschrumpften Dimensionen sei so klein, dass sie (falls überhaupt jemals) bis weit ins 21. Jahrhundert hinein bei keinem Experiment wahrgenommen würde. Doch seit kurzem wird vermutet, dass wir eine dieser Dimensionen, die »fünfte Dimension«, möglicherweise bald entdecken können. Die Raum-Zeit gleicht nach diesen Ideen einem Emmentaler Käse, der von kleinen Blasen durchsetzt ist. Die Größe dieser Blasen wäre mit unseren heutigen Möglichkeiten gerade eben messbar.

Sollte sich SUSY tatsächlich als Teil des Plans der Natur erweisen, würde das die Chancen für die Superstring-Theorie deutlich verbessern. Ursprünglich nahm man an, dass die Gravitation bei höheren Energien stärker wird und sich schließlich mit den anderen Kräften vereint. Dies sollte bei einer Energie von ungefähr

10^{19} GeV – der so genannten Planck-Energie – der Fall sein. Andererseits sollte sich das Higgs-Boson bereits bei rund 10^3 GeV zeigen, also einem Wert, der augenscheinlich keinen Zusammenhang mit der Planck-Energie hat. Doch im Jahr 1999 entdeckten einige Theoretiker bei ihrem Versuch, die zu Grunde liegende Mathematik besser zu verstehen, ein Schlupfloch. Wenn es eine fünfte Dimension gibt, deren Ausdehnung nicht viel kleiner als die derzeitige experimentelle Auflösbarkeit ist, dann könnte die Planck-Skala für viele Phänomene weniger relevant sein, als wir uns das mit unserer vierdimensionalen Sichtweise vorgestellt haben. Es wäre sogar möglich, dass sich die Ursache der Gravitation, die Bausteine der Raum-Zeit, bei den gleichen Energien bzw. Temperaturen zeigen wie das Higgs-Phänomen.

Bei vielen theoretischen Physikern sorgt diese Möglichkeit derzeit für Aufregung. Sehen wir am LHC vielleicht zum ersten Mal die wirklichen Fundamente der Realität? Die seit langem gesuchte Vereinigung der Einsteinschen Gravitationstheorie mit der Quantentheorie, die Vorstellung von Kräften als dem, was wir von höheren Dimensionen wahrnehmen, und die Realisierung der ursprünglichen Symmetrie der Natur könnten in greifbare Nähe gerückt sein. Die Idee höherer Dimensionen hat Philosophen und Sciencefictionautoren seit Jahrzehnten fasziniert. Jetzt glauben viele Physiker, dass wir ihre Konsequenzen in naher Zukunft messen können.

Wie die fiktiven Wesen im Inneren des Magneten, die plötzlich die Existenz des Magneten um sich herum wahrnehmen und damit die Erkenntnis ihrer eigentlichen Realität, können wir uns innerhalb der nächsten zehn Jahre auf einige überraschende Erkenntnisse durch den LHC gefasst machen. Und wenn wir die wahre Symmetrie der Schöpfung einmal kennen, werden wir auch die Ursachen für die Brechung dieser Symmetrie besser verstehen. Denn hier liegt der Ursprung unserer Existenz. Hätte die Schöpfung ein für alle Zeiten perfekt symmetrisches Universum hervorgebracht, dann wäre jegliche Form von intelligentem Leben, das sich über diese Dinge Gedanken machen könnte, unmöglich geworden.

Gewisse Anordnungen von Kohlenstoffatomen, Stickstoffatomen und einigen weiteren Elementen haben die Fähigkeit zur Selbsterkenntnis erlangt. Sie können in den Himmel schauen, Maschinen bauen und Fragen zur Realität stellen. Nichts davon hätte ohne Asymmetrie geschehen können. Durch die bei der Abkühlung des Universums entstandenen Asymmetrien wurden Lebensformen erst möglich. Warum diese Asymmetrien gerade so und nicht anders sind, gehört zu den größten Rätseln unserer Existenz. Möglicherweise gibt es nur einen einzigen Grund für alle Asymmetrien, eine Ursache für sämtliche Strukturen und Formen. Meine Faszination begann in den Gärten der Tuilerien mit einer kopflosen Statue, und daher ist dieses Buch – und vielleicht sogar sein Inhalt – das Vermächtnis Luzifers.

Epilog

Drei Jahre später kehrte ich wiederum an einem schönen Frühlingstag zu den Tuilerien zurück. Nichts schien sich verändert zu haben. Die Züge schlängeln sich immer noch durch Südengland, durch Nordfrankreich reist man immer noch am besten mit hoher Geschwindigkeit, und in Paris ist der Frühling immer noch zeitlos. Wie eh und je kommen die Liebespärchen in die Tuilerien, spazieren entlang der symmetrisch angeordneten Wege, bewundern die gepflegten Blumenbeete und bleiben an den Statuen stehen. Doch etwas hatte sich verändert: Es gab keinen kopflosen Luzifer mehr. Zwei gleich aussehende und vollständige diabolische Zwillinge betrachteten sich von gegenüberliegenden Seiten der Mittellinie des Parks. Die teuflische Asymmetrie war behoben worden. Hätte ich nicht drei Jahre früher ebenfalls die Gärten besucht, hätte ich nie den entscheidenden geistigen Anstoß zu meiner Frage erhalten.

Doch die Anzeichen sind da, man muss nur hinsehen. Und die Frage wurde bereits gestellt, eine halbe Stunde Spazierweg von den Tuilerien entfernt, allerdings 150 Jahre früher.

Ich verließ den Garten an seiner Südseite, überquerte die Seine und betrat die Alleen des linken Ufers. Diese führten mich an den Grand Écoles und der Académie des Sciences vorbei (wo 100 Jahre früher Henri Becquerel die Entdeckung der Radioaktivität bekannt gegeben und damit einen Grundstein für die moderne Wissenschaft gelegt hatte) zum Collège de France (wo im Jahr 1835 Jean Baptiste Biot die Drehung der Polarisationsebene von Licht an Zuckerkristallen beobachtet hatte). Die Entdeckung Biots gab den ersten Hinweis auf eine Asymmetrie in den Molekülen, die für das Leben von so großer Wichtigkeit ist. Und fast 100 Jahre später war es Becquerel, dessen Entdeckung schließlich auf eine intrinsische Asymmetrie im Bauplan der Natur führte. Schließlich erreichte ich das Institut Pasteur. Es war Louis Pasteur, der als Erster die Bedeutung der Spiegelasymmetrien von Molekülen für unser Leben erkannte.

Die ersten Hinweise auf Luzifers Vermächtnis stammten nicht aus den Tuilerien und auch nicht aus den letzten Jahren des Millenniums, sondern sie kamen von der anderen Seite der Seine. Im Jahr 1860 machte Pasteur, der nichts von radioaktiven Kernumwandlungen, der elektroschwachen Symmetrie oder von Z-Teilchen wusste, die folgenden prophetischen Bemerkungen: »Das Leben, so wie es sich uns darstellt, ist eine Funktion der Asymmetrie des Universums und der Folgen aus dieser Tatsache. Das Universum ist asymmetrisch. Das Leben wird von asymmetrischen Vorgängen bestimmt.« Und dann folgt seine große Einsicht und Erkenntnis, deren Wahrheit vielleicht bald erwiesen sein wird: »Ich kann mir sogar vorstellen, dass alle Lebewesen in ihrer Struktur und in ihren äußeren Formen letztendlich eine Folge der kosmischen Asymmetrie sind.«

ABBILDUNGSNACHWEIS

Abb. 2.3: Anglo-Australian Observatory, Foto: David Malin.

Abb. 2.4: NASA / Godard Space Flight Center / Science Photo Library / Focus.

Abb. 3.2: The Royal Collection. © 2001 Her Majesty Queen Elizabeth II.

Abb. 3.4: Roland Seitre / Still Pictures.

Abb. 3.7: Martine Hamilton Knight / Arcaid.

Abb. 10.2: M.C. Eschers symmetrische Zeichnung E67. © 2001 Cordon Art B. V. – Baarn, Holland. Alle Rechte vorbehalten.

Abb. 11.1: Mary Evans Picture Library.

Abb. 11.3: Mit freundlicher Genehmigung von CERN.

Abb. 11.4: Mit freundlicher Genehmigung von CERN.

Abb. 11.5: Mit freundlicher Genehmigung von CERN.

Abb. 11.6: Mit freundlicher Genehmigung von CERN.

Abb. 12.2: M. C. Eschers symmetrische Zeichnung E18. © 2001 Cordon Art B. V. – Baarn, Holland. Alle Rechte vorbehalten.

REGISTER

Ragnar Kvam jr.
Im Schatten

David S. Landes
Wohlstand und Armut der Nationen

Hermann Lübbe
›Ich entschuldige mich‹

Michael Maar
Warum Nabokov Harry Potter gemocht hätte

Ivan Nagel
Das Falschwörterbuch

Hans-Joachim Neubauer
Einschluss

Charles Officer / Jake Page
Die Entdeckung der Arktis

Neil Postman
Die zweite Aufklärung

David Remnick
King of the World

Edward W. Said
Am falschen Ort

Hartwig Schultz
Schwarzer Schmetterling

Konrad Seitz
China

Richard Sennett
Respekt im Zeitalter der Ungleichheit

Wolf Jobst Siedler
Ein Leben wird besichtigt

Dava Sobel
Längengrad

Tom Standage
Die Akte Neptun

Eberhard Straub
Albert Ballin

Michael Thumann (Hg.)
Der Islam und der Westen

Judith Thurman
Colette

Matthias Wegner
Hanseaten

Jonathan Weiner
Zeit, Liebe, Erinnerung

Richard von Weizsäcker
- *Drei Mal Stunde Null?*
- *Vier Zeiten*

Kleine Weltgeschichte

Karen Armstrong
Kleine Geschichte des Islam

Paul Johnson
Die Renaissance

Hans Küng
Kleine Geschichte der katholischen Kirche

Mark Mazower
Der Balkan

Richard Pipes
Kommunismus

Eberhard Straub
Eine kleine Geschichte Preußens

Michael Stürmer
Das Deutsche Reich 1870 – 1919

Rober S. Wistrich
Hitler und der Holocaust

Gebrauchsanweisung für das 21. Jahrhundert

Christian Ankowitsch
Generation Emotion

Michael Braungart / William McDonough
Einfach intelligent produzieren

Dietmar Dath
Schöner rechnen

Thomas Fischermann
Next Economy

Bas Kast
Revolution im Kopf

Life Counts

»Ein verblüffend umfassender Überblick, ein großer Wurf.« Süddeutsche Zeitung

M. Gleich, D. Maxeiner,
M. Miersch, F. Nicolay
Life Counts
Eine globale Bilanz des Lebens

Wie viele Blauwale, wie viele Ameisen und Bäume gibt es auf unserem Planeten? Eine umfassende Bestandsaufnahme des Lebens auf dieser Welt.

Ausgezeichnet von *Bild der Wissenschaft* als das »Wissenschaftsbuch des Jahres 2000« in der Kategorie Überblick: »Überraschende Fakten über den Planeten Erde, präsentiert in verständlichen Texten, meisterhaften Illustrationen und Grafiken. Life counts – das Leben zählt, das Leben zählen.«

Berliner Taschenbuch Verlag
Weitere Informationen: www.berlinverlag.de